高 等 学 校 教 学 用 书

外 国 城 市 建 设 史

沈玉麟 编

中国建筑工业出版社

目　　录

第三篇　近代资本主义社会的城市

第四篇　现　代　城　市

第一篇　古　代　的　城　市

第一章　城　市　的　起　源

一、从狩猎、自然采集到饲养家畜

原始社会大约有几十万年的时间，原始人过着完全依附于自然的狩猎与采集经济生活，即猎人有时穴居、巢居，有时跟踪兽群游猎。旧石器时代，人们为谋取生存，游猎范围较广。而旧石器时代晚期，人类转入了相对定居的生活，开始出现了土窑。有的居住地有好几个土窑（图1-1）。

考古学家发现，大约在一万五千年前的中石器时代，部落居民点出现了。渔民与猎人不同，渔民往往需要一个基地，以便于捕捉鱼类、贝壳、收集海藻以及采集块茎植物为生。那些滨水定居点有三个特征：（1）茅屋或帐篷选址显示出某种相对的秩序或者受自然条件如气温、日照、潮汐和风的影响。（2）建筑物布局显示出社会的等级关系。（3）避邪符咒与占卜盛行。

中石器时代的主要特点：一是出现了细石器，二是发明了弓箭，三是绵羊与狗的驯养，这是驯养家畜的开始。当人们学会了饲养家畜，社会发展进入了一个新的阶段，但为了寻找牧草和适宜气候，他们还不得不经常流动，并从事实物交换。他们活动于过冬暂息点与夏季放牧地之间，具有良好水源地方成了定居点，主要以帐篷为家。

二、农业革命与农业居民点

一万或一万二千年以前，即新石器时代中期，一个新时代开始了，即农业革命。在与自然的长期斗争中，原始人学会了播种，以及有组织的采集，使农业与畜牧分离开来，产生了第一次社会大分工。那时原始的农业和畜牧业为人们提供了经常的食物积存，因而人们进入了永久的定居生活，并使得经常性的交换成为可能。土地耕作者的居民点产生于公元前7000～前4000年（图1-2）。

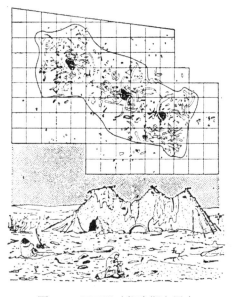

图1-1　旧石器时代晚期定居点
（今乌克兰）

人的定居同避寒暑风雨，同罗盘上的方位与基地自然条件密切结合起来。陶器的出现是人们定居生活的证明。新石器时代的住所有了很大的进步，并且具有明显的地方特色。房屋

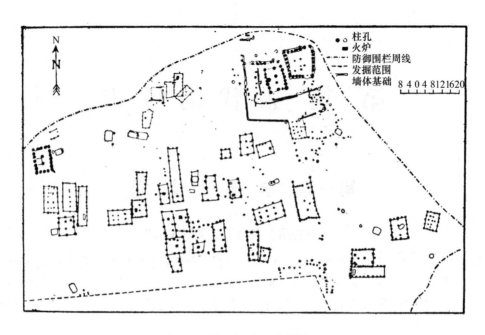

图1-2 新石器时代居民点（今德国Hallstatt）

设计的造型，吸取了容器塑造的构思（图1-3）。

今天已很难找到原始农村定居点的遗址。唯一可以肯定的最早的农村定居点是那些建立在农业区的定居点，其中主要的是在尼罗河、底格里斯河、幼发拉底河、印度河、长江和黄河等冲积平原上。埃及、巴勒斯坦、叙利亚、美索不达米亚和伊朗的定居点大约在公元前5000年已经具有村落形式。埃及与两河流域的早期农村居民点以6～60户组成一个群居村落。每户有火炉，户内供家神。村内有小庙，村外有基地。村子周围用土木工事围出一个安全地带，使人与牲畜在遭到袭击时得以保存自己。

三、城市革命与城市的产生

随着第一次社会大分工，人类从使用石器的劳动工具进化到使用金属工具，而金属制造技术的不断改进，使原始手工业的整个面貌起了变化。手工业逐渐从农业中分化出来，从而产生了第二次社会大分工。随着第二次社会大分工，出现了直接以交换为目的的生产，即商品生产，货币也随着流通。于是一个不从事生产而只从事产品交换的阶级——商人出现了，产生了第三次大分工，从而城市就开始形成。

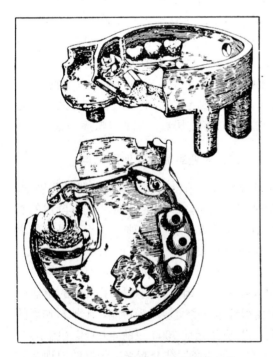

图1-3 新石器时代房屋吸取容器造型
（今乌克兰）

这是继人类社会第一次革命——农业革命后的另一次革命——城市革命。城市的产生，对传播人类文化的贡献，仅次于文字的发明。

第一批城市诞生的时间是在公元前 4000～前 3000 年，是在原始社会向奴隶社会发展的过程中产生的，是在早期阶级社会技术和经济很不发达的基础上形成的。由于生产工具的进步，促使了生产力的飞速发展。商人和手工业者摆脱了对土地的依赖，自然地趋向于有利于加工和交易的交通便利的地点聚居，产生了固定的交换商品的居民点，这就逐渐地形成了最早城市的最初雏形。

所以，马克思在阐述首批城市形成时指出，这些城市有的是在对外贸易的有利点形成，有的则在同正在形成的国家首领和长官交换自己劳动收入的有利地点形成。

这个时期，由于生产力与社会分工的发展，人们有可能生产比自身的消耗更多的产品，这样就有了人剥削人的可能。

为了掠夺财富与奴隶，各部落之间展开了连年不断的战争，从而产生了设防的城市。

所以恩格斯说，用石墙、城楼、雉堞围绕着石造房屋的城市，已成为部落或部落联盟中心，这是建筑艺术的巨大进步，同时也是危险增加和防卫需要增加的标志。

他还进一步指出，在新的设防的城市周围屹立着高峻的墙壁并非无效，它们的壕沟深陷为氏族制度的墓穴，而它们的城楼已经耸入文明时代。

第二章　古埃及的城市

第一节　古埃及社会背景

　　埃及是世界上最古老的文明古国之一，位于非洲东北部尼罗河的下游。埃及是沙漠中的绿洲，几乎终年无雨，尼罗河是唯一的水源。由于尼罗河贯穿全境，每年河水泛滥，土地肥沃，成为古代文化的摇篮。早在公元前4000年左右，埃及进入金石并用时期，出现了铜器，生产力有了较大的增长。这里的原始公社开始解体，向奴隶制过渡，而于公元前3500年左右，埃及成立了两个王国，即上埃及和下埃及。经过长期的战争，在公元前3200年左右建立了统一的美尼斯（Menes）王朝，历史上称为第一王朝，首都建于尼罗河下游的孟菲斯。

　　古代埃及的历史上大致可分为4个时期：古王国时期（公元前3200年～公元前2400年），中王国时期（公元前2400年～公元前1580年），新王国时期（公元前1580年～公元前1150年），晚期（公元前1150年～公元前30年）。在3000年中更换了30个王朝。

　　埃及的奴隶制直接从氏族贵族演化而来。国家机器特别横暴，形成了中央集权的皇帝专制制度。有很发达的宗教为这种政权服务，并实行政教合一，国王被尊称为"法老"。

　　古埃及人在宗教影响下，认为人在现实世界是极为短暂的，而人死后，灵魂是永生的，要在千年之后复活，死后的世界是永存的。所以皇帝的陵墓和庙宇成为主要的建筑物。如金字塔的建设常位于远离尼罗河泛滥区的西岸高地，而城市则位于尼罗河东岸。作为神圣与永恒的庙宇建设亦常与城市分离。他们认为城市与住房甚至宫殿都是短暂的而非恒久的，用黏土、土坯和芦苇等不耐久的材料搭些草棚泥屋。所以至今也没发现这个时期城市遗址中宫殿与住屋等完整遗物。

　　由于从事大规模水利工程和建造金字塔都需集中大量人力，并且尼罗河绿洲的农业开发也需集中人力，这些为城市居民点的建立创造了条件。古埃及人民在建设工程中发展了几何学、测量学，创造了起重运输机械，并学会了组织几万人的劳动协作。其他如天文学、历法、数学、医学、美术、文学等均达到最高的水平。这些成就对城市和建筑的发展起着重要的推动作用。

　　为防御水患，古埃及的城市均筑于高地或人工砌筑的高台上。古希腊历史学家希罗多德（Herodotus）描写埃及的城市为"洪水泛滥时有似希腊爱琴海的岛屿"。这些土砌高台有时高达13米。

第二节　古埃及城市概况

　　古埃及象形文字中城市一词以圆形或椭圆形内划十字组成。其圆形或椭圆形代表城墙，十字代表街道。城市以十字街划分为4个部分。

孟菲斯古城

古王国第一王朝的国王美尼斯统一了全国。他在尼罗河三角洲的最南端建立了孟菲斯城。城市以白色城墙围绕，故当时命名为白城。地方神泼塔（Ptah）神庙建于南城墙以外。前四个王朝法老的金字塔与第五王朝的太阳神庙均建于远离城市的沙漠边缘。

第三王朝国王裘萨在他的顾问、建筑师英霍德甫（Imhotep）帮助下重建了孟菲斯城，并且在萨瓜勒（Saqqarah）按照国王生前的生活方式设计了国王坟墓。裘萨的基地约有3600 米 ×1600 米，大致等于孟菲城的内城大小，孟菲斯和墓地都是坐北朝南。英霍德甫在尼罗河上游将河道东移，从而使城区面积增加了 6.6 公里 ×13.2 公里。

古埃及以花岗石材料建成的庙宇、陵墓、方尖碑、狮身人首等建筑群组成独立的死者之城。远处与它遥遥相对的城市以沙漠中的生者之城作为它的陪衬。城市即使是首都也认为是短暂的。如公元前 1369 年定都的阿克赫泰登城（Akhetaton）仅使用了 16 年。

孟菲斯城由于附近庙宇与金字塔，即死者之城的存在，持续了千年之久。它在第三到第六王朝期间有很大发展，成为当时的大城市。而到公元前 2263 年在一次革命中全被毁坏。

古王国后期，战乱频仍。十二王朝的国王重新统一了埃及，拉开了中王国历史的序幕。为解决人口日益增长的需要，开垦了尼罗河三角洲上的发雍（Fayun）绿洲，建造了巨大的人工水库。农业与工商业均有发展，出现了比较繁荣的城市。它的首都设在一个城堡里，此城名叫伊套伊（图 2-1）。它的四周布满了堑濠，城防坚固厚实。从中可以看出早期城市的一种职能。

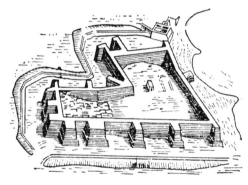

图 2-1　伊套伊

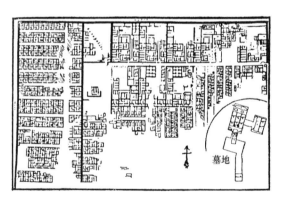

图 2-2　卡洪城

卡洪城

古埃及有名的城市卡洪（Kahun）（图 2-2）就是十二王朝时期于公元前 2000 多年建成的。城市平面为长方形，边长 380 米 ×260 米，有砖砌城墙围着。城市又用厚厚的死墙划分成东西两部分。城西为奴隶居住区，有一条南北向大街从东侧城门贯穿这一区。仅 260 米 ×108 米的地方就挤着 250 幢用棕榈枝、芦苇和黏土建造的棚屋。该区仅有一条 8 ～ 9 米宽的南北向道路通向南城门。厚墙以东又被一条东西长 280 米的大路将城东分成南北两部分。这里道路宽阔、整齐并用石条铺筑路面。东西大路的北部为贵族区，面积与城西奴隶区差不多，仅排着十几个大庄园。每个大庄园均是深宅大院。尤其是西端有一片用墙围着的建筑群，大概是显贵的住所；占地 60×45 平方米，拥有六、七十个房间，有几层院落。路南则是商人、手工业者、小官吏等中产阶层住所。它的平面成曲尺形，房屋零散地分布着。

城东有市集，城市中心有神庙，城东南角有一大型坟墓。贵族住宅朝向北来凉风的方位，而西部劳动人民居住区，却迎着由沙漠吹来的热风方位，反映了明显的阶级差别。

对古代卡洪城有不同猜测，长期以来被认为是为修筑金字塔而筑的一个小城，而这个城市恰是位于通往法尤姆绿洲的要道上，也可能是为开发绿洲而建的城市。

底比斯城

中王国时期，城市与"死者之城"的界限逐渐不太明显。如十一王朝首都底比斯（Thebes）（图2-3），虽死者之城位于尼罗河左岸，城市位于尼罗河右岸，二者仍是分隔的。但魏伟的神庙如卡纳克（Karnak）与鲁克索（Luxor）神庙则是位于城中，与"生者之城"结合在一起。底比斯在以后王朝有很大发展而成为古埃及最宏伟的城市。传说城市人口最盛时到达 10 万人口。底比斯位于峡谷，两岸悬崖峭壁。在这里，金字塔的设计构思已不适应，皇帝们在山岩上凿石窟作为陵墓，利用原始拜物教中的巉岩崇拜来神化皇帝。

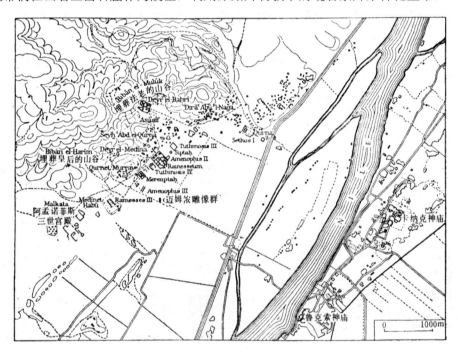

图 2-3 底比斯城

底比斯于公元前 661 年，为亚述人所毁。接着又于公元前 525 年为波斯国王捣毁。公元前 24 年罗马人又来加深破坏。加之此处常受尼罗河侵淹，今天只能大致辨别城市的原来格局。估计此城面积可达 9 公里 ×6 公里（包括内外城），有条很长的中轴线由西南向东北贯穿全城。

阿玛纳城

新王国时期统治阶级为加强中央集权，国王自称为神，崇拜皇帝不再在金字塔或崖墓的祭堂里，而是宫殿和庙宇结合在一起，在大殿里拜谒国王。皇帝阿克亨纳顿（Akhenaten）于公元前 1370 年左右在阿玛纳（Tel-El-Amarna）建立首都（图2-4、图2-5、图2-6），此城面临尼罗河，三面山陵环抱，无城墙，用 10 年时间建成。史传在皇帝统治期间实行新政，主张开创新的生活方式，崇拜太阳或光明，提倡现实性的艺术、妇女享受同等权利以及较为开明的社交礼节等。这些治理措施也反映在新城建设上。它的格局采取沿尼罗河稍呈弯曲的带形，长达 3.7 公里，宽约 1.4 公里，顺着尼罗河流向，规划了灵活的道路系统。道路基本为棋盘式。这个城市与古埃及其他城市不同，没有神秘、巫术、昏暗、阴沉的感觉。

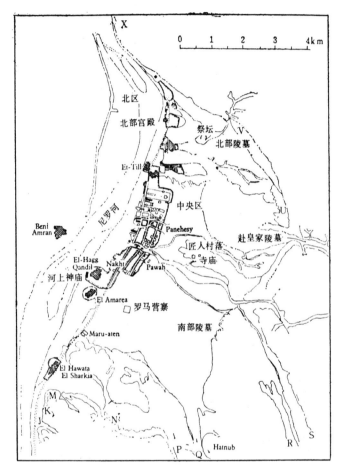

图 2-4　阿玛纳城总平面

　　城市分北、中、南三个部分。以三条道路自南至北通过这三个部分。道路与尼罗河平行。北部为劳动人民住区，有似卡洪城，以几何形道路机械地密集地排列劳动人民住房（图 2-7），中部为帝皇统治中心，有皇宫、阿顿神庙和许多国家行政与文化建筑物。中部东西向有一宽阔的皇家御路，上架天桥，使路北的神庙与官衙通过天桥连接其南的皇宫，因此，城市中心的面貌比较生动。南部为高级官吏们的府邸。那里有四合院宅第和各种附属用房以及花园。街道也有部分绿化。

　　这座城市在规划上有所创新，有明确的分区，特别是已经有了明显的市中心区。中心区内，皇宫居中，大小两个阿顿庙分列左右。皇宫之后是行政与文化机构。此城其后由于底比斯的阿蒙（Ammon）僧侣的诅咒反对，市民纷纷离开城市，一朝的光明城市又淹没在风沙下。

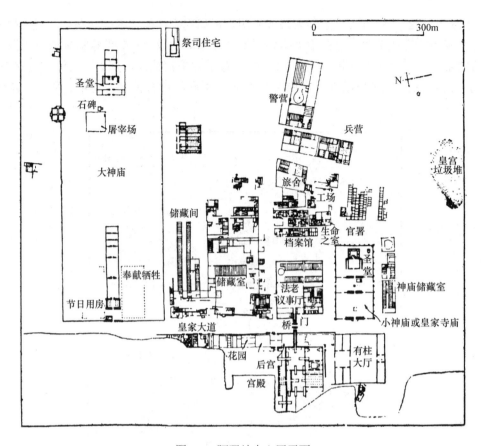

图 2-5　阿玛纳中心区平面

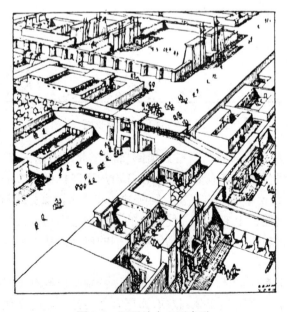

图 2-6　阿玛纳中心区鸟瞰

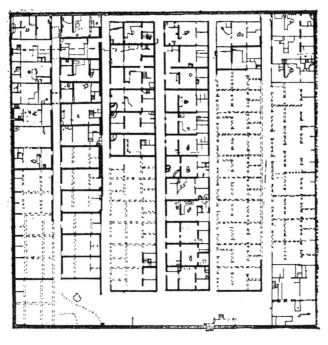

图 2-7　阿玛纳劳动人民住区

第三节　古埃及城市建设的成就及其影响

古埃及城市建设的成就及其对后世的影响有下述各个方面：

1. 在用地选择上，注意因地制宜。村、镇、庙宇建于尼罗河畔的天然或人工高地上，有利于解决水源与交通运输。金字塔建于尼罗河两岸远离河道的高地沙漠上，使法老尸体不受河流泛滥之患。

2. 最早运用功能分区的原则。如卡洪城主要分两个区，阿玛纳分三个区，均体现了功能分区原则。

3. 最早应用棋盘式路网。对其后古希腊希波丹姆规划形式的形成有重要影响。

4. 早期规划的"死者之城"以及新王国时期规划的阿玛纳城均出色地进行了建筑群与城市景观设计。在卡纳克与鲁克索神庙的群体设计中，运用了2公里长的中轴线布局，两边布置约1000具人面狮身像。规划中应用了对称、序列、对比、主题、尺度等建筑构图手法。在阿玛纳的建设中也采用了类似的规划手法。

第三章　两河流域和波斯的城市

第一节　古代西亚文明及其概况

古代西亚文明发源于幼发拉底和底格里斯的两河流域及伊朗高原地区。

两河流域的南部，即下游为巴比伦，上游为亚述，气候干燥。上游积雪融化后形成每年的定期泛滥，土地肥沃。早在公元前 4000 年，苏马连（Sumerian）人和阿卡德（Akkadian）人在这里创造了灿烂的文化和建立了许多的奴隶制国家。公元前 19 世纪初古巴比伦统一了两河上下游。统一的国家有利于大规模水利工程的开拓。公元前 16 世纪初，古巴比伦灭亡。两河下游先为埃及帝国和亚述帝国所占。从公元前 17 世纪后半叶至 6 世纪后半叶，又建立了新巴比伦王国（也称迦勒底王国）。这是两河下游文化最灿烂的时期。新巴比伦为波斯帝国所灭。

两河上游的亚述国家，公元前 8 世纪征服了巴比伦等国，建立了领土远达小亚细亚、阿拉伯与埃及等地的大帝国。公元前 7 世纪末被后巴比伦所灭。

公元前 6 世纪中叶，在伊朗高原建立了波斯帝国，领土遍达西亚、埃及、中亚和印度河流域。公元前 4 世纪后半叶，被马其顿帝国所灭。

两河流域信仰多神教，但君主制将国王神化，崇拜国王和崇拜天体结合起来，故宫殿常与山岳台（Ziggurat）邻近。而山岳台往往又与庙宇、仓库、商场等在一起，形成城市的宗教、商业和社会活动中心。波斯信奉拜火教，露天设祭、没有庙宇，世俗建筑占主导地位。两河流域与波斯同周围地区的文化交流亦较频繁，城市建设常汲取外来影响。

为避免水患和潮湿，两河流域地区的大型建筑，一般都建造在高大的土台之上。这些地区因战争比较频繁，加上建筑材料耐久性差，所以当时建筑遗存绝少，现只从一些城市遗迹考古挖掘中得知一个粗略的梗概。

古代西亚在科学上最伟大的成就是天文学和数学。建筑方面也有极大的成就。宫殿和寺庙有着大量的浮雕装饰，反映了古代西亚的军事、政治和社会经济生活。

第二节　古代西亚与波斯城市概况

乌尔城

约公元前 3000 年，苏马连人和阿卡德人在两河流域南部建设了一些城市。这些城市是建在农村公社的自然经济基础上的农村公社的中心。经考古发掘，在乌尔（Ur）等地发现了筑城遗址。乌尔城（图 3-1）约建于公元前 2000～前 2100 年。城市平面为卵形，有城墙与城壕，有两个港口通往水面。城市面积为 88 公顷，人口 34000。在乌尔城的平面中可以看到由厚墙围抱的宫殿庙宇和贵族僧侣的府第高踞西北高地，而墙外是普通平民和奴隶的居住地，分划明显，防卫森严。起着天体崇拜作用的山岳台（月神台）（图 3-2）是夯土的，外贴一层砖，砌着薄薄的凸出体。第一层基底面积为 65 米 ×45 米，高 9.75 米，有 3 条大坡道登上第一层。第二层的基底面积为 37 米 ×23 米，高 2.50 米。层层向上收缩，共计 7 层，总高约 21 米。顶上有一间不大的象征为神之住所的神堂。在这宫殿庙宇山岳台三位一体的土台上还布置了各种税收和法律等衙署、商业设施、作坊、仓库等，形成了一个城市公共中心。宫殿是四合院的，由若干院落组成。庙宇平面较规整，一般是四方形平面；由厚实的土坯墙包围起来。

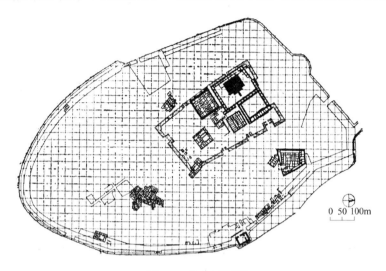

图 3-1 乌尔城平面

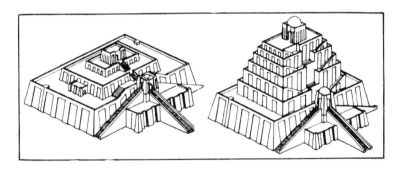

图 3-2 乌尔城山岳台

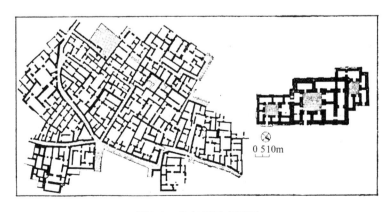

图 3-3 乌尔居民点平面

城市除中央土台外，还保留着大量耕地，有几处零星的居民点（图3-3）散居在耕地中。房屋密集排列，街宽仅3米左右，有利于阻挡暴晒的烈日。

巴比伦城与新巴比伦城

公元前3000年，两河流域建立了以巴比伦为首都的国家，建立了巴比伦城。此城于公元前19世纪初以及公元前16世纪先后为闪米特（Semite）人以及喀西特人亚述人所占，公元前689年为亚述国王平毁。公元前650年。迦勒底人灭亚述国后，建立了新巴比伦王国。重建的新巴比伦城（图3-4）成为西亚贸易和文化的中心。公元前6世纪尼布甲尼撒（Nebuchaduezzar）二世时，规划与建设达到高潮。城市人口达到10万，建设极其宏伟。

图3-4 新巴比伦平面

城市跨越幼发拉底河两岸，总平面大体呈矩形。由于防御需要，筑有两重城墙（图3-5）。这两重城墙间隔12米，墙厚6米，城东还加筑了一道外城。外城城墙较内墙更为坚厚。内城面积约350公顷，有9座城门。城市主轴为北偏西。主要大道叫普洛采西大道，宽7.5米。沿大道及河岸布置宫殿、山岳台与马尔都克神庙，成一排一列的布局。宫殿围有坚固宫墙，占有一个梯形地段，面积约4.5公顷。从东面入口进去，是一连串5个院子。宫殿附近是巴比伦城的正门——伊什达门。马尔都克神庙的圣地位于土台城寨上，背临幼发拉底河。圣地里有一个8层高的山岳台正对着大门，门西侧有两个方形院子，被狭长的房间围着，可能是朝圣者的旅舍。圣地南面围墙之外是马尔都克庙，里面套着方形的院子，中央轴线尽处是黄金的神像。马尔都克神庙正对夏至日出方向，以此为中心确定全城规划布局系统。城中小巷是曲折而狭窄的，有的小巷宽度约1.5～2米。

新巴比伦国王还为其皇后筑有空中花园（图3-6）。希腊人称之为世界七大奇迹之一。

花园建于 20 多米高的高处，引其下幼发拉底河的河水以浇灌高处的植物。

图 3-5　新巴比伦城墙

图 3-6　新巴比伦空中花园

古希腊历史学家希罗多德赞誉巴比伦是当时城市中最富丽的一个。城墙外有深阔的壕沟环绕，甚为壮观，城里规划整齐，路径明确。

在新巴比伦时期，城市工商业十分活跃，都城新巴比伦成为东方贸易的中心。

公元前 2 世纪，此城沦为废墟。20 世纪初对巴比伦城进行了系统的考古发掘。

尼尼微城

古亚述首都尼尼微的历史可追溯至公元前 3000 年。这个城市的全盛时期在公元前 1300 年国力强大时，此城选址于一个高差 25 米的山坡上。城分内外两圈，向北倾向底格里斯河。近河处有 35 个神庙，位于人工筑砌的高台上。市内的阿奴与阿达德（Anu-Adad）神庙有一对相同的观象台，用庙宇把它们连接起来。庙宇的前面还有一个用很厚的墙封闭起来的院子，庙宇和围墙有很强的防御性。

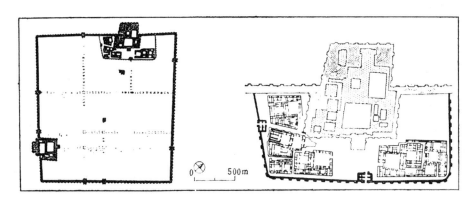

图 3-7　科萨巴德城平面

科萨巴德城（古称沙罗金城）

古亚述的科萨巴德城（Khorsabad），古称沙罗金城（Dur Sharrukin）（图3-7）。它邻近尼尼微城，建于公元前721～前705年。城市近于方形，面积约289公顷。4个城角朝着东西南北的正方位。宫殿（图3-8）建在西北城墙的中段，有一半凸出到城墙的外面，一半在城内。整个宫殿的地段连同山岳台都是建在一个高达18米，每边长300米的方形土台上。台上筑有高大的宫墙和宫门。宫城外有皇城，皇城内有贵族与官员的宅邸。这个城市既注意防御外敌，又注意防备城内的起义。

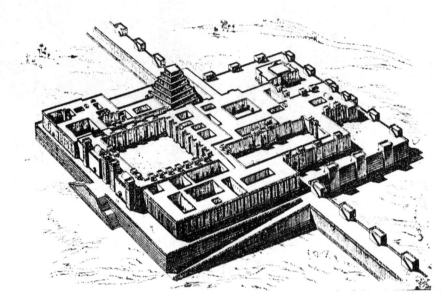

图3-8　科萨巴德宫殿

爱克巴塔纳

最早的一座米提亚——伊朗人首府爱克巴塔纳（Ecbatana），有座模拟宇宙的高地城堡。据古希腊历史学家希罗多德记载那座高地城堡围有7道城墙，涂有7种颜色——金、银、鲜红、蓝、琥珀、黑、白色分别代表太阳、月亮、火星、水星、木星、金星、土星。米提亚人崇拜星星，相信微观世界（即城堡城市）与宇宙的宏观世界是有联系的。

帕赛波里斯

波斯王大流士（Darius）于公元前520～前515年间建立的帕赛波里斯（Persepolis）保存了一些遗址，可是与其说是城市，倒不如说它是一个雄伟的宫殿建筑综合体。帕赛波里斯位于平缓山坡上，山坡被削成高约12米、宽450米、深300米的大平台，面向下面与山脉平行的一片平原。现遗存的大流士王立的碑文提到万能的神曾嘱咐大流士在此筑城。大流士为此恳求神保护此疆土。

帕赛波里斯宫（图3-9）占地13.5公顷，是一个宏伟的建筑群，象征波斯王国的权力和皇帝至高无上的地位。平面组合井然有序。地段的西北角是建筑群的大门。门前有非常气派的大台阶。地段的中央是两个巨大的接待厅，大厅的南边是宫殿、宝库、后宫等等。前面一座大殿的西柱廊是检阅台、俯瞰着平台下的旷原，那里搭着前来朝贡的贵族、总督、外国使节和小国王们的帐篷。

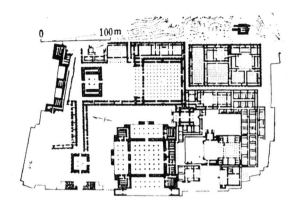

图 3-9　帕赛波里斯宫

第四章　古印度与古代美洲的城市

第一节　古印度城市

一、古印度文明与城市的兴起

印度是世界上古老的文化发源地之一。大约在公元前 3000 年左右，印度北部的原始部落即已开始解体，出现了许多奴隶制国家。

印度河文明（公元前 2600～前 1500 年）的早期城市主要是通过在莫亨约-达罗（Mohenjo-Daro）和哈拉巴（Harappa）两地的发掘而闻名于世。1922 年经考古发掘，证实了公元前 2500～前 1500 年间的史前文化——哈拉帕文化的存在。考古学家曾将莫亨约-达罗与哈拉巴视之为两个首都，假定为同一国家的二元统治。然而根据最近的调查与发掘，已证明比卡奈（Bikarner）地方沙漠之下，有一个叫卡里班干的都市遗迹，很可能尚有几处发达的中心存在。

雅利安人到印度后不久，给印度文化增添了新的色彩。约在公元前 1000 年某些定居点四周开始筑起护墙。住宅与城镇也开始制定规划准则。有些准则内载有建筑和雕塑规范。住宅和城镇的"吉兆"首先要求严格按罗盘基本方位定朝向。城内土地分块要按某种规格进行。每一城镇有东西长街叫作街道。另一条南北向街道，叫作宽街。城内顺城墙根有一环城街，供宗教游行用。城市中心是块高地，后来代之为窣堵波（Stupa）塔楼。潘陀族的首府印特拉勒斯特（Indraprastha）城和枯鲁族的哈斯底纳波勒（Hastinapura）城被当时的史诗描绘成气象万千的美丽都城。据传说，那两城是按天堂模式建造起来的。

二、古印度城市概况

莫亨约-达罗城

莫亨约-达罗城（图 4-1）是奴隶社会初期达罗毗荼人所建。莫亨约-达罗原意为死者的遗丘。

此城周长 5 公里多，平面为方形，约 1 公里见方。当时人口估计为 30000～40000 人。有 3 条南北大道与两条东西大道，分划如棋盘。棋盘内又分别划成直角交错的小径。城市主要干道与建筑物均按当地主要风向取正南北向。

与古印度其他文化遗迹相似，莫亨约-达罗分成两群。两侧稍高的是"卫城"。东侧是较广而低的原市街地。

城西条形地带 1/3 的中间地段是高地遗丘（图 4-2）。它建于洪水位以上，以 13.1 米高的砖砌厚墙围护，主要建筑物有窣屠婆、大谷仓、大浴场、列柱厅及两个大型建筑物。较为突出的是大浴场与大谷仓。大浴场中央有大浴池。周围有廊、房。浴池的水由东廊屋内水井通过引水槽供应。排水设施完备。邻近浴场，有一座砖砌的大谷仓，东西长 50 米，南北长约 30 米，有通风孔道和装卸设备。

图 4-1　莫亨约-达罗平面

图 4-2　莫亨约-达罗高地遗丘

东市街地以道路划成较大的街坊（图 4-3）坊内又以众多的小径划分为更小的坊。居住房屋面向小径，面积大小不一。有的房屋是两层的，排水系统比较完善。

图 4-3　莫亨约-达罗东市街地

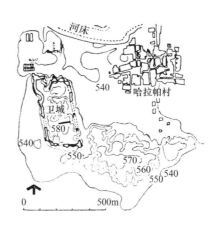

图 4-4　哈拉巴城

哈拉巴城

哈拉巴（图 4-4）的规模和平面与莫亨约-达罗大致相同。它的西城中央也有高地城堡，设置行政中心。北部有仓库和劳动人民居住地。道路系统、排水系统以及住宅区布置都证明当时技术水平曾达到相当高度，计划性相当周密。

华氏城

华氏城始建于公元前 5、6 世纪，是古代印度奴隶制国家最有名的首都。因位于恒河与桑河两大河流的汇合处，使它具有商业及战略上的重要性。根据公元前 4 世纪一个在孔雀帝国的希腊使节记载说，华氏城是当时印度最大的城市，长 9.5 里，宽 1¾ 里，城的周围有城墙和宽阔壕沟，上有 570 座城楼和 64 座城门。城中的孔雀皇宫较当时的波斯王宫还要奢华。有些记载显然是夸大的，但也说明此城的工程浩大，我国著名僧人法显于公元 5 世纪初访问过印度，在华氏城住了 3 年，看到有 2 个大佛教寺院，吸引了来自印度各地的佛学学生，还有一个很出色的医院。

第二节　古代美洲的城市

一、古代美洲历史文化概况

在欧洲殖民者入侵之前，美洲各族人民已经创造了丰富的物质财富和精神文化，对人类作出了卓越的贡献。那时他们大部分地区还处于原始公社阶段，但是在中美洲和南美洲的某些地区已开始进入阶级社会，并形成 3 个巨大的文化中心，即墨西哥地区、古代玛雅（Maya）地区和中代印加（Inca）地区。

墨西哥地区

约在一万年至五千年前，墨西哥地区已出现较高的石器时代文化。约在公元前 10 世纪中期，出现了奥尔梅克文化。奥尔梅克人用整块石头雕凿了重达 30 多吨的巨大石刻人头像。到公元前 10 世纪末期，以墨西哥城西北数十公里的特奥蒂瓦坎（Teotihuacan）为中心，建立了最初的奴隶制国家。公元 1325 年阿兹台（Aztec）人从北方来到墨西哥地区，建立丹诺奇迪特兰城（Tenochtitlan），这就是现在墨西哥的前身。

古玛雅地区

古玛雅地区包括现在的墨西哥的尤卡坦半岛和危地马拉、洪都拉斯等国。玛雅文化也是世界著名的古代文明之一。

玛雅人的历史遗迹始于公元初期。在尤卡坦半岛南部的贝登伊查湖东北，建立了一些奴隶制的城邦国家，其中最大的是提卡尔城（Tikal）。此后兴起了大小不同的玛雅城邦不下百余个。公元 5～6 世纪之间建立了奇清、依扎城（Chichcen ltza）。公元 10 世纪时多尔台克人征服马雅。

玛雅是美洲文明的摇篮。玛雅的天文、历法和数学达到很高的水平。

古印加地区

印加人在 11～13 世纪时期在安第斯中部的库斯科谷地。公元 1438 年征服了一些部落，建立了国家。统治的地区从现在的厄瓜多尔和哥伦比亚南部到智利和阿根廷北部，包括秘鲁和玻利维亚在内。

印加的文化达到较高的发展水平。印加人也是伟大的石工建筑家，能从山上开下重量二百吨的大石块，通过几十里山地运到目的地，建造宏丽的金字塔式的庙宇和城堡。他们的建筑大量保存在马丘比丘（Machu Picchu）。印加人还是建筑道路的能手，有两条大道纵贯全国，长达数千公里，建设质量极高。

二、古代美洲城市

古美洲完整城镇遗址至今还极少发现。现有遗址，多数只限于宏伟的核心，即宗教中心或政治中心。尚未发现这些中心附近是否有居住区。有时，发现的居住区却没有神庙或举行宗教仪式的遗址，也没有集市遗址。

从选址来看，很少考虑交通方便，而主要考虑距肥沃土地的远近，就地取材是否方便，水源如何等等，还考虑到用山坡地进行建设，有利于防卫。

特奥蒂瓦坎城

特奥蒂瓦坎（图4-5）文字原意是天神降生之所，为印第安文化的发祥地之一，是当时国家的都城，也是巨大的宗教中心。

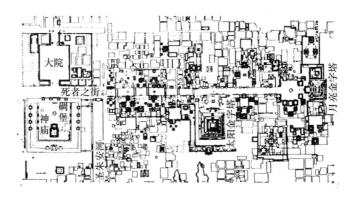

图 4-5 特奥蒂瓦坎城

特奥蒂瓦坎位于墨西哥中部高原的河谷，离现在的墨西哥城 48 公里。开始建设约在公元前 1 世纪，最繁荣的时期约在 3～9 世纪，城市面积达 18 平方公里。最盛时大约有 20 万人口，当时这里气候凉爽，土地肥沃，林木葱郁，有湖泊和河流，附近有黑曜石矿。在中美洲的宗教、政治和经济上处于领导地位。

城市中心主要建筑是一组举行宗教礼仪的纪念建筑物，分布在一条长达 2 公里的大道两侧，包括好几座雄伟的庙宇，如太阳神庙、月神庙和羽蛇神庙等，形状很像埃及的金字塔。庙宇以月神庙为主，在主轴线一端。其他建筑物形成若干个横轴，布局相当严谨。太阳与月亮神庙大概都建于公元一世纪。太阳神庙的金字塔分五层，高达 64.5 米，底部每边 210 米。这是迄今发现的中美洲各处建筑遗迹中最高的一处。羽蛇神庙的金字塔是古代墨西哥最引人注意的建筑之一，约建于公元 2 世纪。

丹诺奇迪特兰城

阿兹台克人的主要建设成就主要在丹诺奇迪特兰城（图4-6）。殖民者侵入前，丹诺奇迪特兰已发展成为一个 10 多万人的大城。城在盐湖中央，有 3 道堤把城市和岸连接起来。淡水用输水管从陆上送去。城市形状方正，被运河切割开。中央广场面积 275 米×320 米，四周分布着 3 所宫殿和 1 座多级金字塔。塔高 30 米，有 144 级台阶，基底为 100 米×100 米。宫殿和住宅都是四合院式，屋顶是平的，四周有雉堞。市内街道与运河交错，河上设有水闸，调节水量。城市中果木园和花园极多。阿兹台克人还在蓝色的湖面上用木筏制造了浮动的花园。

提卡尔城

玛雅人的城镇里，由于神庙、广场、金字塔、院落和回廊组合得非常优美而闻名。较突出的例子有提卡尔城（图4-7）。这是美洲最古老的城市之一。它的遗址占地10.5平方公里。建筑物分布在南北向的院落和广场的周围。城市有一座庙，造在高45米的3层金字塔上，庙顶有高耸的方锥台。庙与金字塔总高70米。金字塔脚下通常有一些四合院式的建筑物，大抵是宫殿或祭司们的住所。

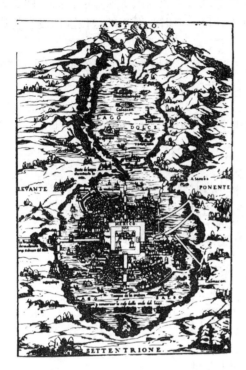

图4-6　丹诺奇迪特兰城

图4-7　提卡尔城中心区

奇清依扎城

公元7世纪初，多尔台克人从墨西哥高原来到奇清依扎城，与原来的土著玛雅人共同建造了这个城市。其中最重要的是一座24米高的金字塔式的庙。塔分9层，底座75米×75米。塔前不远有一密排柱子的大型建筑物。此城还有一座圆形的庙。

第五章　古希腊的城市

第一节　古希腊的自然条件与社会背景

古希腊是古典文化的先驱、欧洲文明的摇篮。它深深地影响着欧洲2000多年的建筑史与城市史。

古代希腊的地理范围，不仅是希腊半岛、就是爱琴海诸岛、小亚细亚沿海、地中海沿岸以至黑海沿岸某些地方，也是古代希腊人的活动舞台。

多山的希腊阻碍希腊人的陆上交通，但曲折的海岸线，爱琴海上星罗棋布的岛屿，使大海成为交通的主要通道。这一地区的居民利用大海促进了对外的交流联系，特别是希波战争以后，海上霸权使它有能力控制了黑海和地中海的贸易，从而保证了内部经济结构转向工商业和对外贸易，确立了以外贸为主的奴隶制商品经济结构。

在气候上，希腊属亚热带气候，很适宜于人的户外生活，因此体育盛行。

在地质上，盛产大理石与优良的陶土，给建筑的发展创造了优越的条件。

古希腊史以"爱琴文化"，即克里特（Crete）与迈西尼（Mycenae）文化为其开端，大约在公元前3000年至公元前2000年为其繁荣时期。

希腊本土的文化是从公元前12世纪发展起来的。它在古代历史上分为4个时期：荷马时期（公元前12世纪～公元前8世纪），古风时期（公元前7世纪～公元前6世纪），古典时期（公元前5世纪～公元前4世纪），希腊化时期（公元前3世纪～公元前2世纪）。其中古典时期是古希腊文化与城市建设的黄金时代。古典时期的文化是古希腊的代表。

希腊人所建立的国家，以一个城市为中心，周围有村镇，所以称为城邦。比较著名的有雅典、斯巴达、亚各斯、科林斯等。公元前479年，以雅典为首的希腊城邦，取得了反抗波斯入侵的战争胜利，使希腊的奴隶制进入了一个新的阶段，即建立了奴隶主的民主政治。它是所有奴隶制国家中的一种高度发展的国家形态，对希腊的经济、政治、文化、科学、艺术等各方面的发展起了促进作用。

公元前5世纪后半期，雅典人口中奴隶已占绝大多数，保证了手工业作坊、矿山、采石场与公共建筑工地有足够的劳动力，发展和繁荣了雅典的工商业。奴隶是古希腊社会财富和古希腊历史的主要创造者。

古希腊信奉多神教，反映对自然现象的崇拜。希腊的神是幻想的人，是永生不死的超人。在崇拜神的同时，承认人的伟大与崇高，相信人的智慧与力量，重视人所生活的现实世界。希腊的神被视为各行各业的守护神，所以在希腊各地庙宇盛行。它不仅是宗教的场所，也是建筑群和公共活动的中心。

古希腊神人同形的宗教信仰对维护自由民的民主政治是必不可少的。自由民经常要组织体育竞技、诗歌音乐会及演说活动，推动公民文化和体育素养的提高，促使平等、自由和荣誉的增长，维系雅典公民城邦主义的观念。

公元 330 年希腊北部的马其顿兴起，统一了希腊全境。亚历山大在不断发动侵略战争之后，使国土大大扩张，成了横跨欧、亚、非三洲的庞大帝国。从此，希腊的历史进入了普化时期。城市经济与建设活动因战争掠夺而繁荣起来。希腊的城市建设也随着帝国势力而伸展到各地。

第二节　爱琴文化的城市

公元前 2000 年，爱琴海诸岛及其沿岸大陆的城市中已经有相当发达的经济和文化。它的中心先后在克里特岛和巴尔干半岛上的迈西尼。

克里特

爱琴海的克里特岛由于地处欧亚非三大洲的航线上，商业很盛，传说岛上有 90 ～ 100 个城镇，如高尼亚城（Gournia）、摩里亚城（Mollia），费斯塔城（Phaestus）等。其中占统治地位的是诺索斯城（Knossos），号称众城之城。

这些城镇是围绕高地上的防守据点或宫殿而形成的，都是不规则形，街道弯曲，住宅参差拥挤，一般没有设防的城墙，居民主要是手工业者和商人，按职业分区聚居。城市建筑全部是世俗性的，主要的类型有住宅、宫殿、别墅、旅舍、公共浴室、作坊等等。后期城镇建设受神话影响，每一城镇都有自己的保护神。

在诺索斯城（图 5-1）有规模很大的米诺斯王宫，还有国王的宫殿、外国商人的旅舍、公共浴室等。

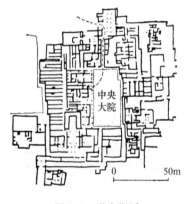
图 5-1　诺索斯城

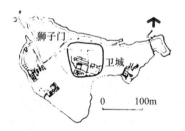
图 5-2　迈西尼平面

迈西尼

公元前 2000 年后半叶，继克里特之后，迈西尼（图 5-2）成为爱琴世界的中心。迈西尼的主要城市建设是城市核心的卫城。卫城里有宫殿、贵族住宅、仓库、陵墓等。外面有一道以极大的石块砌成的城墙包围着。宫殿建在山岗高处的一片人工筑成的平台上，可以从它的平屋顶上眺望远处。卫城（图 5-3）有个举世闻名的城门叫狮子门，城墙在门的两侧突出，使门前形成一个狭长的过道，加强了防御性。

迈西尼的泰仑卫城（Tiryns）（图 5-4）建于公元前 14 ～前 12 世纪，设防严密险固。泰仑城和它的王宫都反映当时的建设有一定的水平，成为希腊建筑的雏形。

图 5-3　迈西尼卫城　　　　　　　　　　　　　　图 5-4　泰仑卫城

第三节　希腊古风时期古典时期的城市

　　荷马时代以后，公元前 8 至前 6 世纪，是古希腊生产力迅速发展的时期，也是社会经济制度剧烈变化和文化艺术繁荣的时期。公元前 594 年梭伦改革，禁止雅典人变成奴隶，赋予平民参加政治、军事活动的权力增大，提倡农田水利，种植橄榄葡萄，发展手工业，鼓励外地工匠移居雅典。发展商品生产和对外贸易，保证了工商业经济迅速发展。古代希腊文化是直接受古代东方文化影响的情况下发展起来的，但由于没有特权的僧侣阶层，使文化艺术科学的发展较少受到阻碍。古典时期伟大哲学家柏拉图的名篇《理想国》表达了人类对理想城市的设计，给人类留下了丰富的历史遗产，为世界文明宝库增添了光辉。亚里士多德所著《政治篇》探讨了城邦的社会、人口、家庭、伦理、贸易、宗教组织、边防等问题，实际上是西方城市理论研究的开端。

　　希腊工商业奴隶主在经济实践活动中认识了许多新事物，也接受了古代东方国家某些数学天文等方面的知识，推动他们进一步认识周围的物质世界。平民在反对奴隶主贵族的斗争中以它的原始的唯物主义世界观，同代表传统保守势力的奴隶主贵族的唯心主义世界观作了艰巨的斗争。希腊的朴素唯物论和朴素的、先进的奴隶制民主政治以及发达的科学技术促进了希腊城市建设的发展。

一、圣地建筑群与卫城

　　在共和制城邦里，受崇拜的守护神以及民间的自然神的圣地发展了起来。有一些圣地的重要性超过了旧的卫城。它们不同于以防御为主的卫城。在圣地里，定期举行节庆，人们从各地汇集，举行体育、戏剧、诗歌、演说等比赛。节日里商贩云集，圣地周围也建起了竞技场、旅舍、会堂、敞廊等公共建筑。在圣地中心，建立起神庙。圣地建筑群突破了旧式卫城的格局，它是公众欢聚的场所，是公众活动的中心。

　　各地圣地建筑群善于利用各种复杂地形和自然景观，构成活泼多姿的建筑群空间构图。圣地中心的神庙在构图上统率全局，它们既照顾远处观赏的外部形象，又照顾到内部各个位置的观赏。德尔斐（Delphi）的阿波罗（Apollo）圣地（图 5-5）与奥林比亚（Olympia）圣地（图 5-6）是这类圣地的代表。

　　回顾先前的氏族制时代希腊的政治、军事和宗教中心是卫城。卫城位于城内高地或山顶，并视为神圣地段。在贵族寡头专政的城邦里，神庙及其他建筑的规划构图，同自然环境不相协调，无生气感。拜斯顿（Paestum）的卫城就是如此。

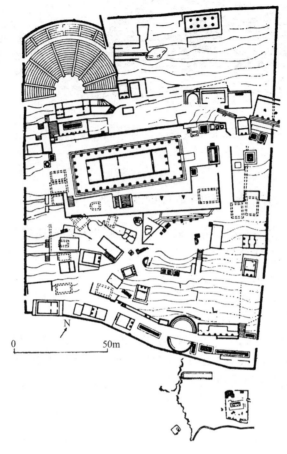

图 5-5　德尔斐的阿波罗

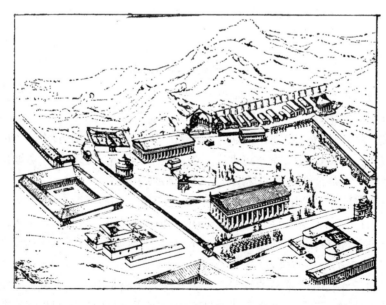

图 5-6　德尔斐的奥林比亚圣地

圣地建筑群与卫城两种建筑群布局的不同，反映着贵族文化和平民文化的对立。由于共和制城邦比贵族专制的城邦进步，终于创造了以自由的，与居住环境和谐协调的古典时期雅典卫城建筑群。

二、古典时期的雅典与雅典卫城

雅典

希波战争以后，希腊城邦奴隶制经济进入全盛期。手工业、商业、航海业高度发展。科学文化的进步和民主思想的抬头，自由民、城市平民的地位的提高，使城镇建设从只考虑帝王和神灵转向为整个城镇团体服务。在城镇形态上也有所变化，如雅典、作为全希腊的盟主，进行了大规模的建设。目标是把它建成为一个宗教文化中心，并纪念希波战争的胜利，使原来是一个破落不堪的小城市，变成了拥有许多重要建筑物的城市。

雅典（图5-7）在公元前5世纪的全盛时期，人口未超过10万人。由于水源和食物供应的困难，古希腊城市很少有超过1万人口的。中等城市的人口则通常为5000～7000人。

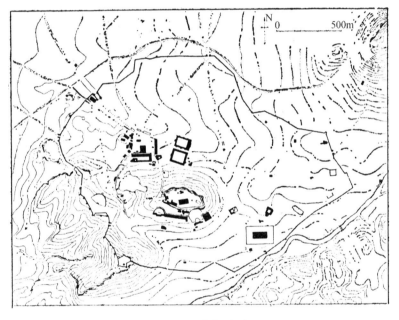

图5-7　雅典平面

雅典与希腊其他城市一样，在希波战争前，未建造城墙。希波战争后修建了雅典与距雅典8公里的滨海庇拉伊斯城（Piraeus）的城墙以及修建了从雅典至庇拉伊斯公路两边的城墙。在其南法勒伦（Phaleron）又修建了一道城墙（图5-8）。这样，就完成了从雅典至海滨的完整防御体系。

雅典背山面海，城市布局不规则，无轴线关系。城市的中心是卫城，最早的居民点形成于卫城山脚下。城市发展到卫城西北角形成城市广场（Agora）（图5-9），最后形成整个城市。与其他早期希腊城市一样，广场无定形，建筑群排列无定制，广场的庙宇、雕像、喷泉或作坊或临时性的商贩摊棚自发地、因地制宜地、不规则地布置于广场侧旁或其中。广场是群众集聚的中心，有司法、行政、商业、工业、宗教、文娱交往等社会动能。雅典

25

中心广场上有一个敞廊,面阔46.55米,进深两间、18米。这是公布法令的地方。城市街道曲折狭窄,结合地形自发形成。一般小巷仅能供一人牵一驴或一人背一筐行走。街道的无系统、无方向性,有利于巷战阻敌。道路无铺装,卫生条件差。

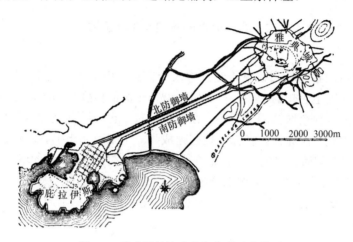

图 5-8 雅典至滨海庇拉伊斯的防御体系

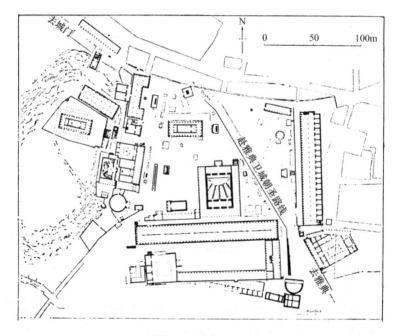

图 5-9 雅典广场

雅典全盛时期进行了大规模的建设。建筑类型甚为丰富,有元老院议事厅、剧场、俱乐部、画廊、旅店、商场、作坊、船埠、体育场等。剧场位于山坡,利用山地半圆形凹地进行建设,既节约土方,又有利于保持良好音质效果。体育场的建设亦充分利用合适地形。

为强调给公民平等的居住条件,以方格网划分街坊。居住街坊面积小,贫富住户混居同一街区。仅用地大小与住宅质量有所区别,临街巷的住宅,在外观上区别不大。

古典盛期的作家狄开阿克(Dicaearchus)描写雅典,满是尘土而十分缺水。大多数住区肮脏、破败、阴暗。

雅典卫城

雅典卫城（图 5-10、图 5-11）在希波战争中全部被毁。战争胜利后，重新建造（公元前 448 ~ 前 406 年），为时 40 年，是当时宗教的圣地和公共活动的场所，同时也是雅典极盛时期的纪念碑。

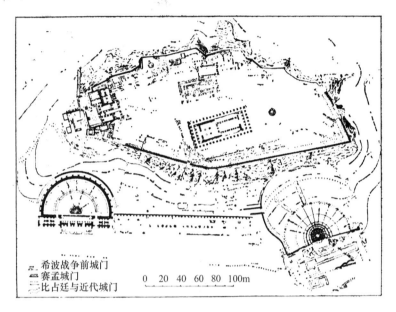

图 5-10　雅典卫城平面

图 5-11　雅典卫城透视

雅典卫城在城内的一个陡峭的高于平地 70 ~ 80 米山顶上，用乱石在四周砌挡土墙形成大平台。平台东西长约 280 米，南北最宽处为 130 米。山势险要。只有一个上下孔道。

卫城发展了民间圣地建筑群自由活泼的布局方式。建筑物的安排顺应地势，同时照顾山上山下的观赏。

雅典卫城的建筑是三向量的实体。卫城的建筑布局不是刻板的简单轴线关系，而是经过人们长时期的步行观察思考和实践的结果。卫城的各个建筑物是处于空间的关键位置上，如同一系列有目的的雕塑。从卫城内可以看到周围山峦的秀丽景色。它既考虑到置身其中时的美，又考虑到从城下四周仰望时的美。其视觉观赏均是按照祭祀雅典娜大典的行进过程来设计的，即在山下绕卫城一周，上山后又穿过它的全部。它使游行的行列在每一段路程中都可以看到不同的优美的建筑景象。为了照顾山下的游行行列的观瞻，建筑物大体上沿周边布置，为照顾山上的观瞻，利用地形把最好的观赏角度朝向人们。

游行队伍进入卫城大门之后，迎面是一尊高达 10 米的金光闪烁持长矛的雅典娜青铜雕像。这个雕像丰富了卫城的景色，并统一了分散在周边的建筑群。绕过雕像，地势越走越高，右边是宏伟端庄的帕提隆（Parthenon）神庙，体现了雅典人的智慧和力量。向左边可以看到在白色大理石墙衬托下秀丽的伊瑞克提翁（Erechtheon）神庙女像柱廊。其装饰性强于纪念性，起着与帕提农神庙对立统一的构图作用。

为体现城市为平民服务，在卫城南坡有平民活动中心、露天剧场和竞技场等。

1940 年希腊多加底斯（Doxiadis）分析雅典卫城（图 5-12），发现其中建筑布置、入口与各部分的角度都有一定关系，并证明它合乎庇撒格拉斯（Pythagoras）的数学分析。

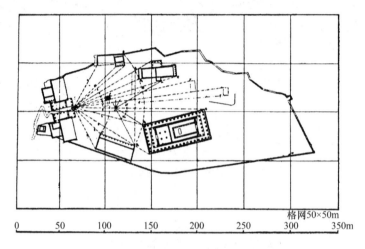

图 5-12　多加底斯对雅典卫城的分析

雅典卫城是古希腊文化珍宝之一。它出色地体现了希腊民主政治的进步，平民对现实生活的讴歌，和城邦对自己的力量的信心。

三、希波丹姆规划形式与米利都城

希波战争前，希腊城市大多为自发形成。道路系统、广场空间、街道形状均不规则。许多城市的外部空间以一系列"∟"形空间叠合组成（图 5-13），造型变化多姿。公元前 5 世纪的规划建筑师希波丹姆（Hippodamus）于希波战争后从事大规模的建设活动中采用了一种几何形状的，以棋盘式路网为城市骨架的规划结构形式。这种规划结构形式虽在公元前 2000 多年前古埃及卡洪城、美索不达米亚的许多城市以及印度古城莫亨约-达罗等城市中早已有所应用，但希波丹姆却是最早地把这种规划形式在理论上予以阐述，并大规模地在重建希波战争后被毁的城市予以实践。在此之前，古希腊城市建设，没有统一规划，路网不规则，多为自发形成。自希波丹姆以后，他的规划形式便成为一种主要典范。

希波丹姆遵循古希腊哲理，探求几何和数的和谐，以取得秩序和美。城市典型平面为两条垂直大街从城市中心通过。中心大街的一侧布置中心广场，中心广场占有一个或一个以上的街坊。街坊面积一般较小。

希波丹姆根据古希腊社会体制、宗教与城市公共生活要求，把城市分为3个主要部分：圣地、主要公共建筑区、私宅地段。私宅地段划分3种住区：工匠住区、农民住区、城邦卫士与公职人员住区。

希波丹姆的规划形式在他本人的实践中有所体现：公元前475年左右希波丹姆主持米利都（Miletus）城的重建工作。公元前446年左右希波丹姆规划建设了拱卫雅典的城郊滨海口岸庇拉伊斯。公元前443年希波丹姆从事建设塞利伊城（位于今意大利）。

自公元前5世纪以后，古希腊城市大多按希波丹姆规划形式进行建设，特别是其后希腊化时期地中海沿岸的古希腊殖民城市，其中最有代表性的是建于公元前4世纪至公元前3世纪的普南城（Priene）。

米利都城

希波丹姆在历史上被誉为"城市规划之父"。他的规划思想，在米利都城（图5-14）建设工作中完整地得到体现。米利都城三面临海，四周筑城墙，城市路网采用棋盘式。两条主要垂直大街从城市中心通过。中心开敞式空间呈"凵"形，有多个广场。市场及城市中心位于三个港湾的附近，将城市分为南北两个部分。北部街坊面积较小，南部街坊面积较大。最大街坊的面积亦仅30米×52米。

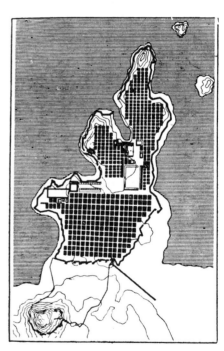

图5-13　古希腊城市外部空间以一系列　　　　　图5-14　米利都城平面
　　　　　　"凵"形空间叠合组成

城市中心（图5-15）划分为4个功能区。其东北及西南为宗教区，其北与南为商业区，其东南为主要公共建筑区。城市用地的选择适合于港口运输与商业贸易要求。城市南北两个广场呈现一种前所未有的崭新的面貌，是一个规整的长方形。周围有敞廊，至少有3个周边设置商店用房。

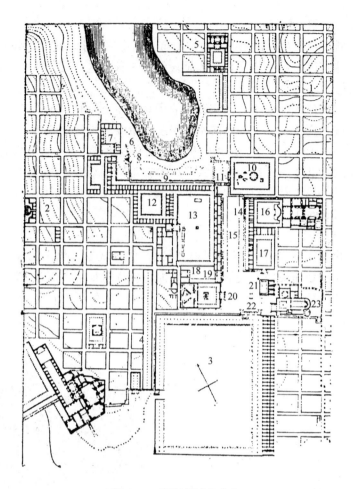

图 5-15　米利都城市中心

1—剧院；2—陵墓；3—南广场；4—仓库；5—罗马浴池；6—港湾小纪念碑；7—犹太教堂；8—港湾大纪念碑；
9—港湾门廊；10—阿波罗圣堂；11—港湾门户；12—小市场；13—北广场；14—爱奥尼柱廊；15—朝圣道路；
16—卡庇塔斯浴场；17—体育馆；18—阿斯克莱平神庙；19—皇家祭礼圣堂；20—议政厅；21—女神庙；22—北门；
23—基督教堂（公元前 5 世纪）

第四节　希腊化时期的城市建设

一、城市建设概况

公元前 4 世纪后半叶，奴隶制经济的发展突破了城邦的狭隘性。马其顿统一了希腊，随后建立了版图包括希腊、小亚细亚、埃及、叙利亚、两河流域和波斯大帝国的国家。这个时期叫作希腊化时期（Hellenistic Period）。由于东方古国的经济与文化同希腊的经济、文化交汇在一起，手工业、商业和文化达到比希腊古典时期更高的水平。因此城市的规划与建设也有很大的发展。

希腊化时期的城市大多按希波丹姆规划系统进行规划建设。这种布局规整、模式统一的规划在当时殖民城市建设量大、规划力量不足的情况下被广泛采用。对一些主要为外国商人及水手居留的港口城市，有易于辨认路径与方向性强的种种优点，故希腊古典时期离雅典城8公里远的海港口岸庇拉伊斯也是按照希波丹姆系统进行建设的。

希腊化时期城市建设的主要特征是与广场规整、划一。从城市功能分区、道路系统、邻里住区的划分，一直到市中心与广场的规划布局都是严格按几何和数的规律进行规划设计的。

希腊化时期卫城和庙宇已不再是城市的中心。新的城市中心是喧嚣的广场。广场的周围有商店、议事厅和杂耍场等。广场往往在两条主要道路的交叉点上。在海滨城市里，它靠近船埠，以利贸易。

城市广场普遍设置敞廊，沿一面或几面。开间一致，形象完整。例如阿索斯（Assos）城的中心广场（图5-16），平面为梯形，是一个两侧有大尺度敞廊的广场，敞廊高两层。这些敞廊用于商业活动。有时中央用一排柱子把它隔为两进，后进设单间的店铺。有的敞廊墙面饰以壁画或铭文，记录战争的胜利、帝皇的授赏、城市的法律条文或哲学家的格言。这种市中心敞廊有时与相接的街旁柱廊形成长距离的柱廊序列。街旁柱廊或房屋檐口高度一致，形成气势壮阔的轴线布局与透视景象，这在希腊前期是未曾采用的。希腊前期街道一般宽约4米。至希腊化时期的亚历山大城的主要街道卡诺匹克大街，宽约33米。这时房屋已普遍达到二、三层高。前期希腊城市主体建筑须位于城山之巅或城市高处以突出其高大形象，而希腊化时期的城市主体建筑可以在平地上以其本身的建筑体系与高度突出自己。

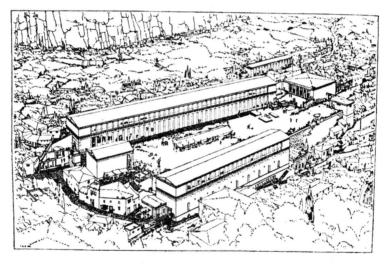

图5-16　阿索斯广场

希腊化时期城市供水自附近山巅蓄水供应，有的城市有原始的下水道。城市有绿化种植和花园。城市环境卫生条件较希腊前期为好。

二、希腊化时期的城市

普南城

普南城（图5-17、图5-18）始建于公元前6世纪，于公元前4世纪亚历山大执政时进行了彻底重建。

城市背山面水，位于向阳的陡岩脚下。建城最初，以城上底米特神庙为基础，顺地势往下发展并与地形配合，建起自上而下蜿蜒的城墙。城墙 2.1 米厚，设有塔楼。

城市面积甚小，仅为古罗马庞贝城的 1/3，建于 4 个不同高程的宽阔台地上。从城市岩顶至南麓竞技场、体育馆高差 97.5 米。第一层台地最高，是底米特神庙。第二层是雅典娜波利亚斯神庙。第三层为市场、鱼市场以及会堂。第四层最低，建有竞技场、体育馆。

城市按希波丹姆规划形式进行建设，顺等高线有 7 条 7.5 米宽的东西向街道，与之垂直相交的有 15 条 3～4 米宽的南北向台阶式步行街。市中心广场居城市显要位置，占道路交叉处中心地带的两个整街坊与局部其他地段。广场（图 5-19）面积与城市公共活动的要求相适应，是商业、贸易与政治活动的中心。广场东、西、南三面均有敞廊。廊后为店铺与庙宇。广场北面是 125 米的主敞廊（图 5-20）。广场上设置雕塑群，位于西面与广场隔开的是鱼肉市场。

普南城的面积东西 600 米，南北 300 米。约有 80 个街坊。街坊面积甚小，每块仅 47 米×35 米。每街坊约有 4～5 座住屋，估计全城可供 4000 人居住。居屋以 2 层楼房为多，一般没有庭院。

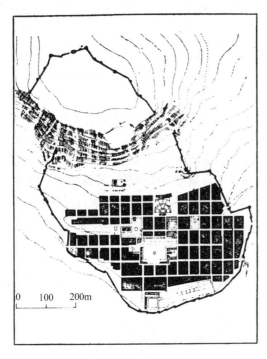

图 5-17　普南城平面

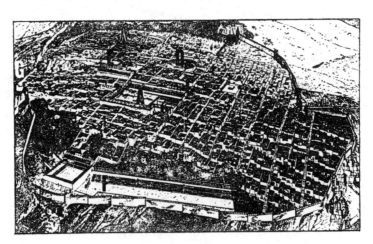

图 5-18　普南城鸟瞰

A—市中心广场；B—宙斯神庙；C—体育馆；D—剧场；E—雅典娜神庙；F—竞技场；G—城市主要入口

希波丹姆规划系统，在古希腊长期实践过程中，有所发展，这就是从米利都城单纯的棋盘式街道，发展到塞里纳斯（Selinus）城（图 5-21）的有显著的城市轴线，更进而到普南城的道路与建筑之有计划的配合。多加底亚斯（Doxiadis）也曾对普南城加以分析，研究它的角度、位置、视点等的关系，经过几何和数学分析，证实这些城市在规划时曾有一定的思想和意图。

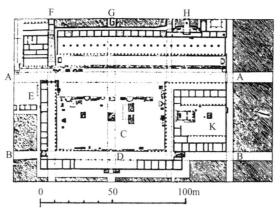

图 5-19　普南广场

A-A—横贯城市的主要东西街道；B-B—横贯广场南部有级梯登上广场街道；C—市中心广场；D—柱廊大厅；E—鱼肉市场；F—上坡人行梯道；G—北敞廊；H—议政厅；K—宙斯神庙

图 5-20　普南广场主敞廊

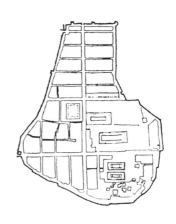

图 5-21　塞里纳斯城

亚历山大城

亚历山大城（图 5-22）是马其顿亚历山大远征东方时，于公元前 332 年在埃及北部，濒地中海南岸创建的。它是古代世界最大最美的城市，是当时地中海的经济贸易文化艺术中心，是地中海与东方各国进行各方面交流的中心。

亚历山大城有一个较完整的路网，骑马和乘车都很方便。最阔的街道 2 条，每条有 33 米，彼此交错成直角。城中有最壮丽的庙宇和王宫。宫殿占全城面积 1/4 至 1/3。王宫的一部分包括有名的亚历山大博物园、包括图书馆、动植物园、研究院、集会的厅堂以及游览的场所等。图书馆藏书达 70 万卷，这是自亚述设王室书库以来，古代最大的藏书机构。当时古希腊科学家如欧几里得、阿基米德等都到达亚历山大。亚历山大城在文化上的功绩，超过古希腊任何城邦。

　　亚历山大城法洛斯岛上的灯塔，建于公元 275 年，古罗马占领时期。这是世界上最早的灯塔，相传塔高约 122 米，塔基由耐海水腐蚀的玻璃块填充，隙间灌以熔化铅水。塔顶有一个巨大火盆，火焰终年不息，其后有一个用花岗石制作的反光镜。

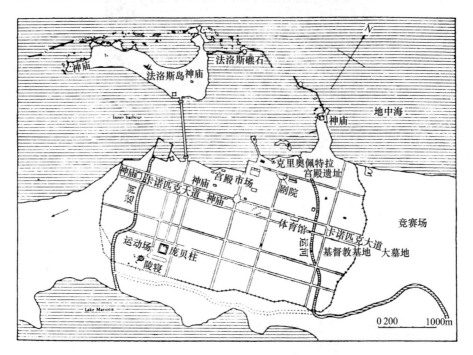

图 5-22　亚历山大城

第六章　古罗马的城市

第一节　古罗马历史背景与建设概况

古罗马时代是西方奴隶制发展的最高阶段。罗马人依仗着巨量的财富和奴隶、卓越的营造技术和性能很好的材料、希腊与东方各国的建筑型制和造型方法，并结合自己的传统创造出罗马独有的建筑与城市建设风格。

在城市建设上，罗马人不像希腊人那样善于利用地形，而是强力地改造地形，这是罗马能使用大量奴隶劳动的缘故。

古罗马的地理位置最初在意大利境内。随着国势的强大，领土日益扩展。到罗马帝国时代，版图已扩大到欧亚非三洲。图拉真皇帝（公元98～117年）执政时期，人口达到1亿以上（罗马帝国本土意大利人口800万左右）。当时罗马城市之多、之大，是世界古代文明中罕见的。整个帝国的版图上城市数以千计，仅就西班牙一省来说，重要的城市就有400座，次要的城市也有293座。当时中小城市都有几万人口。大城市人口可达几十万或近百万。稠密的海陆商业贸易网维系着帝国的经济生活。物资流动大多是由市场商品经济及自由贸易机制维系。帝国各地密如蛛网的公路运输系统、巨额金银的开采、巨量奴隶劳动以及《万民法》为发展经济提供了物质和法律的保证。

古罗马的历史大致可分为3个时期，即伊达拉里亚（Etruria）时期（公元前750年～公元前300年）、罗马共和国时期（公元前510年～公元前30年）和罗马帝国时期（公元前30年～公元476年）。从公元395年开始，罗马帝国分裂为东西两部分。东罗马帝国建都在君士坦丁堡。西罗马帝国建都于罗马城。分裂以后的罗马已经不可能维持国家的统一，西罗马帝国于公元476年灭亡。东罗马则发展为封建制的拜占庭帝国。

古罗马的历史可上溯到公元前8世纪、伊达拉里亚统治拉丁姆平原。它是古罗马最早的有文化的民族。它曾经和埃及、腓尼基、希腊文化相结合，形成罗马文化的萌芽。他们在建筑技术上有一定成就，用石头建造城墙、庙宇和墓穴。

罗马共和国的最后100年中，由于国家的统一、领土的扩张、财富的集中，城市建设得到很大的发展。建设的项目首先是为军事与运输需要的道路、桥梁、城墙等等。其次是为奴隶主的日常享乐需要的剧场、浴室、输水道、府邸等等以及广场、船港、交易所兼法庭的巴西利卡（Basilica）等。城市住宅投机已盛行，而神庙已退居次要地位。

罗马帝国时期、国家的建设更趋繁荣。除继续建造剧场、斗兽场、浴场以外，为皇帝们营造宣扬帝功的纪念物、如广场、凯旋门、纪功柱、陵墓等等，建造了皇帝的宫殿如帕拉丁（Palatine）山上和其他地方极其豪华的宫殿。这时候罗马城里建造了大量出租的公寓。罗马极盛时期人口达100万。

大多数皇帝滥行建设，为个人树碑立传。公元1世纪罗马帝国奥古斯都皇帝夸耀说，他得到的是砖造的罗马，留下的是大理石的罗马。

罗马国家的所有城市都建有极其众多的公共设施。自由民的城邦爱国主义精神就是从这些公共活动中产生的。他们在这里选举自己的执政官，进行各种政治纲领的辩论。城市的公共生活铸造了罗马精神，形成了自由民生活的精神支柱。

这种罗马公民的城邦爱国主义精神以及宗教上的神人同形思想信仰，是从古代希腊城邦形成的文化中继承下来的。

奥古斯都的御用建筑师维特鲁威（Vitruvius）于公元1世纪末写了一本建筑论文集，即《建筑十书》，这是全世界遗留至今的第一部最完备的和最有影响的建筑学与城市规划珍贵书籍。

第二节　伊达拉里亚时期的城市建设

早期的城市不同于希波战争以前的希腊先建城市、后建城墙，而是先筑城墙，以一种统一的模式、修筑城市。在城市建设上有两点较为明显，一是早期伊达拉里亚城市，均建于山岩或高地之上。二是以宗教思想为指导，城市地区的划分极为明显。城市规划遵循城市奠基仪式所规定的条例，要求城市有一个规则的平面布局。城市的奠基仪式规定四个建设阶段，即（1）选址；（2）划分地区，地区再分地块；（3）确定街道走向；（4）城市奠基仪式。在划分地区、地区再分地块的阶段，规划师企图在规划的土地上反映天体模式。主轴代表世界轴线，地区分块反映宇宙模式，而分块的居住区代表了人对世界的认识。

罗马古作家伐尔（Vahl）曾写过一本书叙述伊达拉里亚人民如何建设城市。据说，当时是由宗教方面的长老在建城基地上以牛牵犁划出一个圆圈作为城市花园，并由此把城市划分成四个部分。南北向道路称为Cardo，东西向道路称为Decumanus，在两者相交处建神庙。罗马城内七丘之一的帕拉丢姆（Palatium）为古代伊达拉里亚的居住区。

今天已被发现的一座伊达拉里亚早期城市是在马尔扎波多（Malzabato）附近。它建于公元前6～前5世纪，城方路网是方格形的，大多数街道是东西向的，有一条15米宽的干道南北贯穿全城。这条干道两边有略高出路面的人行道，有一些地方有几块高出中央路面的石头连接左右人行道，以方便行人在雨天过街。路边有明沟，雨水通过它流入暗沟而排出城外。

城市街坊是方格形的。街坊内是个大院子。周围密排着住房。临街有商店和作坊。

第三节　罗马共和时期的城市建设

一、罗 马 营 塞 城

公元前3世纪至公元前1世纪，罗马人几乎征服了全部地中海沿岸。公元前275年占领地中海沿岸的派拉斯（Pyrrhus）营地，并把它作为城堡的模式，于是就形成了古罗马营塞城设计的原型。这种营塞城的模式（图6-1）是有方正的城墙。城市平面为正方形，朝向罗盘的基本方位。中间的十字交叉道路通向方城的东南西北4门。在道路交叉处建神庙。营塞城的外形已不复是圆形而改用方形，因这时已不用选高地为城址。

今日欧洲有 120～130 个城市是从罗马营寨城发展起来的（图 6-2）。有些城市还可看见原来面貌。其中最典型的营寨城市当推建于公元 100 年、即罗马帝国时期的北非城市提姆加德（Timgad）。此城建后 150 年被北非风沙淹没，直到近代才被发掘，故完整地保存了当时风貌。

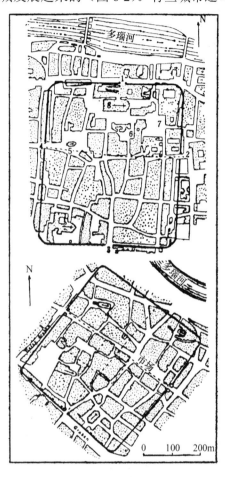

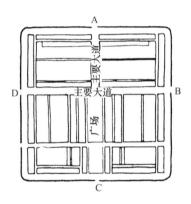

图 6-1　罗马营寨城

图 6-2　沿多瑙河的两个罗马营寨城（位于今拉蒂斯本与维也纳）

二、共和时期的古罗马城与罗马共和广场

据传，古罗马城的建城奠基日是公元前 753 年。这个城市（图 6-3）是在一个较长时间里自发形成的。它没有一个统一合理的规划。共和时期，罗马城市仍是自然发展，布局比较紊乱。可是市中心（图 6-4）的建设却有着光辉的成就。这个古城由著名的罗马七丘组成，其中帕拉丢姆为七丘之心，面积约 300 米×300 米，向西北倾斜。山顶有自然的蓄水池，供应全城用水，四周有墙以资保护。古罗马城在公元前 4 世纪筑起了城墙，城市保留有空地，作为被敌包围时的粮食供应地。城市中心广场在帕拉丢姆以北，后来在这里逐步形成广场群，即著称于世的共和广场（Republican Forum）（公元前 504 年～公元前 27 年）和建于帝国时期的帝国广场（Imperial Forum）（公元前 27 年～公元 476 年）（图 6-5）。共和时期的罗马广场（图 6-6）是由广场群组成，是城市社会、政治和经济活动的中心，周围的房屋比较散乱。广场为市民欢聚的公共活动性质比较强烈，很像希腊普化时期的城市广场。共和时期的广场建筑物彼此在形式上与整体不甚协调，其建筑群体现了政治军事权力的逐步增长。每一建筑群都比以前的规模更大。这些建筑群组成了古罗马的城市空间。

其中罗努姆广场（Forum Romanum）全部用大理石造成，大体呈梯形，完全开放，在它的四周有巴西利卡、庙宇和经济活动的房屋，它是一个公众活动的场所。它的南面是凯撒广场（Forum of Julius Caesar），建于公元前 54 ～前 46 年、从共和向帝国的转变时期。广场

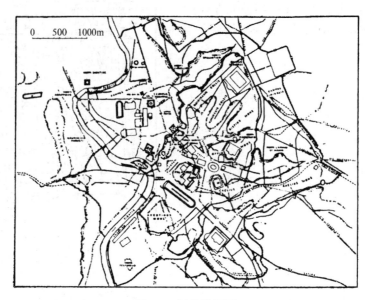

图 6-3　罗马城平面

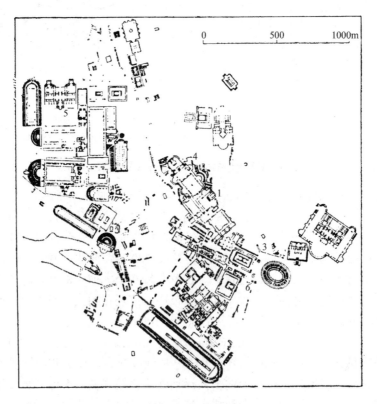

图 6-4　罗马市中心

1—奥古斯都广场；2—提图斯凯旋门；3—斗兽场；4—图拉真广场；5—万神庙；6—君士坦丁凯旋门

面积为 160 米 ×75 米。这个广场仍保留了一些公共性质，两侧有敞廊，廊后是经营高利贷的银钱业铺面。广场深处是凯撒家族的保护神维涅尔（Vener）神庙。庙前立着凯撒的骑马铜像。这个广场比以前建造的广场，较为封闭，且是轴线对称。共和时期的城市广场有很丰富的雕像装饰。这些雕像大多是在战争中掠夺来的，安置在广场的边沿。

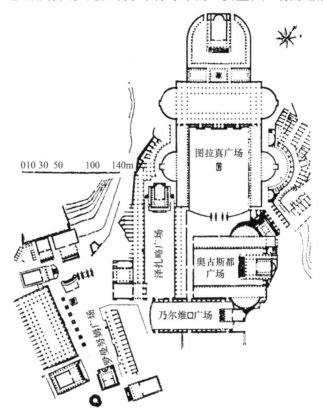

图 6-5 罗马共和广场和帝国广场平面

图 6-6 罗马共和广场鸟瞰

三、庞贝城

共和时期的著名城市庞贝（Pompeii）（图 6-7）始建于公元前 4 世纪左右，是公元 79 年维苏威火山爆发时被淹没的罗马共和时期古城。它原来是规则的营寨城市，后逐渐发展为古罗马的重要商港和休养城市。该城位于维苏威火山脚下，当时约有 2 万人口。主要街道的走向，主要公共建筑物和大府邸的轴线，基本上是对着维苏威火山的。整个城市有以火山为中心统一构图的思想。

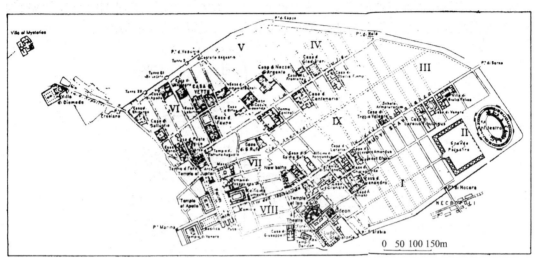

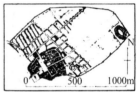

图6-7　庞贝城平面

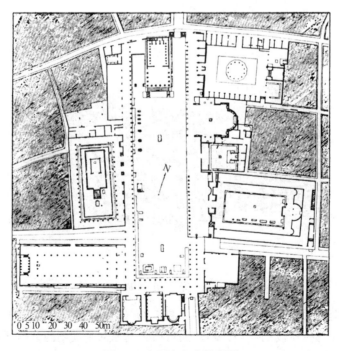

图6-8　庞贝中心广场平面

庞贝城城墙高 7～8 米，有 8 个城门，城市平面不规则，东西长 1200 米，南北宽 700 米，略似椭圆形。通过市中心广场的十字形道路宽约 6～7 米。次要街道为 2.4～4.5 米之间，工程设备很好，道路坚固。通往广场的街道用块石整砌，一般的道路用乱石砌筑，道路都有缘石和人行道。在道路上人工地做出车辙的转弯半径。城西南角是市中心广场（图 6-8、图 6-9）面积为 117 米 ×33 米。广场上的主要建筑物有城市守护神朱比特神庙、法庭、交易所、市场、公秤公尺陈放室、行政机关、会议厅等。北端正中立着朱比特神庙，其背景正对着维苏威火山的顶峰。

图 6-9　庞贝中心广场遗迹

广场周围建筑物是先后建的、较零乱，所以后来沿边建造了一圈两层高的柱廊，既衬托出了朱比特神庙的立面，又由于柱廊的统一而使总体很完整。当广场上举行各种表演时，两层柱廊就成了看台。广场地坪比四周柱廊低，显然广场内是不能有车辆进入的。

城市南部还有一个三角形的广场，其上有神庙、其北有大小两个剧院、各容 5000 及 1500 人。东端有大斗兽场，可容 20000 人，即全城的成人都可容纳在内。

城市一般住房和商店是一层或两层的，房屋围绕天井。较突出的是市中心附近的潘萨府邸，单独占据了整整一个街坊，南北长 97 米，东西宽 38 米，三面临街。后面是大花园，约占整个府邸用地的 1/3。府邸的沿街部分有敞开的店面和面包房。

第四节　罗马帝国时期的城市建设

罗马帝国时期是古罗马历史的鼎盛时期，在辽阔的地跨欧亚非三洲的幅员内，到处兴建或扩建城市，如首都罗马和罗马帝国广场的建设，如商港巴尔米拉（Palmira）和俄斯提亚（Ostia）的建设，如军事营塞城阿奥斯塔、提姆加特的建设等。

一、罗马城和罗马帝国广场

罗马城

至公元 2 世纪，罗马城市的发展已突破 13.86 平方公里的奥留良城墙范围，城墙外可自由发展。替伏里（Tivoli）附近的阿德良皇帝的离宫即位于罗马城郊。在通往城郊的道路上有坟墓、庙宇、军事设施以及体育运动设施。

罗马在公元 3 世纪时人口已超过 100 万。其粮食供应是通过梯伯（Tiber）河口的俄斯提亚（图 6-10）运入罗马的。俄斯提亚人口为 5 万人，距罗马 18 公里。罗马人在俄斯提亚建设了图拉真港湾（Harbour of Trajan）与克劳提亚斯港湾（Harbour of Claudius）。城市与港湾均筑防御城墙。古罗马一度曾缺粮缺水时，城市居民向郊外迁徙，使郊外沿梯伯河两岸的建设蓬勃发展。

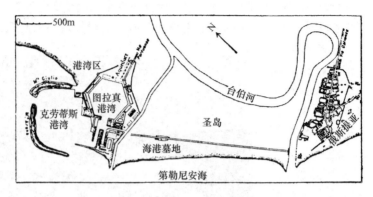

图 6-10 俄斯提亚与港湾平面

罗马城市用水量很大，故从几十公里之外把水源源送入城市。仅罗马城就有 11 条输水道（图 6-11）。

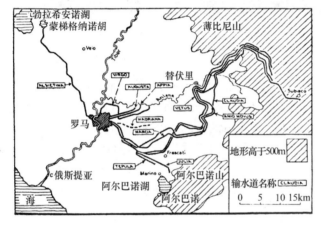

图 6-11 罗马输水道

罗马城内有位于巴拉丁山上的皇帝宫殿（图 6-3），建造年代先后不一，用地紧张狭小，建设比较零乱，但供消遣和生活享乐所需的跑马场、剧场、斗兽场、浴场等规模宏大。马克西玛斯（Maximus）跑马场可容纳 25 万观众。剧场可容纳 10000～25000 观众。斗兽场可容纳 5 万观众，浴场可容纳 2000 多人至 3000 人，其中卡拉卡拉浴场（Thermae Caracalla）占地 575 米×365 米，用地内除浴场外，还有俱乐部、交谊厅、演讲厅、体育场、储水库、花园和商店等。公元 3 世纪时，古罗马城内大型浴场有 11 所，中小型浴场更是遍布全城。

帝国晚期罗马城有公寓 46602 所，有的高达七八层，向高处恶性发展。不少公寓因质量差，造成倾塌，故奥古斯都皇帝执政时规定高度不得超过五六层，房高不能超过 18 米。

罗马街道最宽的仅 6.5 米，一般大街为 4.8 米。当时法规规定小街的宽度不得小于 2.9 米。远在共和时期凯撒皇帝执政时即规定在罗马城内白天不得行驶车辆，故罗马城晚间车声喧嚣。

罗马城市建设的成就集中在中心地区广场群与建筑群，但城市总体布局比较零乱。它是由许多点凑合而成，而未形成完整的系统。

罗马帝国广场

在罗马共和时期，共和广场是城市社会、政治和经济活动的中心。到了帝国时期，帝国广场（图 6-5）改变了性质，成为皇帝们为个人树碑立传的纪念场地。皇帝的雕像开始站到广场中央的主要位置。广场群以巨大的庙宇、华丽的柱廊来表彰各代皇帝的业绩。广场形式又逐渐由开敞转为封闭，由自由转为严整，其目的在于塑造一个供人观赏的三度空间艺术组群。

帝国广场是从共和广场的轴线中段向西北延伸约300米左右。这里原是一块山间的空地。帝国广场由奥古斯都广场（Forum of Augustus）和杜拉真广场（Forum of Trajan）等多个广场群组成。它们的建筑布局不同于共和广场。共和广场上的建筑物强调自我突出，与广场整体不甚协调。而帝国广场的建筑实体从属于广场空间，由广场上的方形、直线形和半圆形的空间组成。每个空间都有柱廊连接，端部的主要建筑物起着主要装点作用。广场群的设计手法是每个帝皇所建筑的广场建筑群与另一个帝皇的广场建筑群在用地布置上彼此垂直相交，以多个彼此相交的垂直轴组成一个完整的整体（图6-12）。柱廊把各种空间联系起来，也是各个空间的过渡。这种设计手法使一些相隔较长时间修建的建筑物之间建立了内在的秩序。帝国广场以奥古斯都广场和图拉真广场为主体。这些广场群辉煌开阔，明朗而有秩序，由巨大建筑物构成巨大空间。

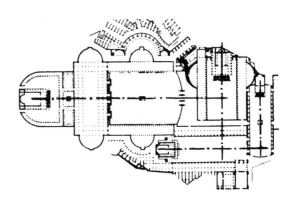

图6-12　帝国广场建筑群之间以垂直轴相交

奥古斯都广场（公元前42年～公元前2年）已没有社会和经济活动意义，纯粹为帝皇歌功颂德而建造。战神庙高高地立在大台阶上，两侧各有一个半圆形的讲堂。广场面积为120米×83米，广场周围有高达36米的围墙围起与城市隔绝。

图拉真广场（公元109～113年）轴线对称，有多层纵深布局。广场正门是3跨的凯旋门，进门足120米×90米的广场。两侧敞廊中央各有一半圆厅。在轴线交点上，立着图拉真的骑马青铜像。广场底部是巴西利卡。巴西利卡之后是一个24米×16米的小院子，中央立着高达35.27米的纪功柱。院子左右是图书馆。穿过这个院子，又是一个围廊式院子，内有崇拜图拉真的庙宇，是广场的艺术高潮所在。图拉真广场一连串空间的纵横、大小、开间的变化反映了用建筑艺术手法造成神秘威严的气氛来神化皇帝的设计思想。

二、阿 德 良 离 宫

罗马郊外替伏里附近的阿德良离宫（Hadrian Villa）（图6-13）建于公元114～138年，是运用实体和空间的观念在自然背景中组织复杂庞大的建筑群体的范例。离宫有许多不规则的空间以不规则的角度相接，或运用曲折的轴线使空间相互联系。在轴线转折处通常有一个过渡，先进入一个小的空间，然后再与大空间相接，使人们无从感觉它的不规则形和空间的无秩序。整个建筑群被安置在几个台地上，以适应复杂的地形。

三、营寨城提姆加德、兰培西斯和阿奥斯达

帝国时期所建的一批有重要军事意义的城市如北非提姆加德、兰培西斯（图6-14）以及阿奥斯达（Aosta）都是由军队在短时期内建成的。这三个城市的规划布局的共同特征是

按照罗马军队的严谨的营寨方式建造的。城市有两条互相垂直的大干道成十字交叉或十字式相交，在交点处是城市的中心广场。在这里可进行阅兵式。城市路网为方格形。城市里有剧场、浴场等大型公共建筑。在主要道路起讫点和交叉处，常有壮丽的凯旋门。在凯旋门之间有很长的列柱街，形成极其雄伟的街景。

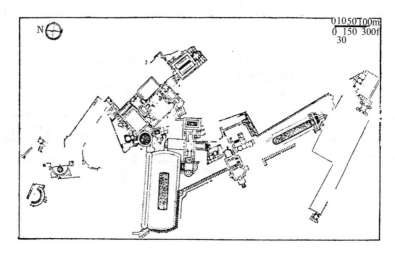

图6-13　哈德良离宫

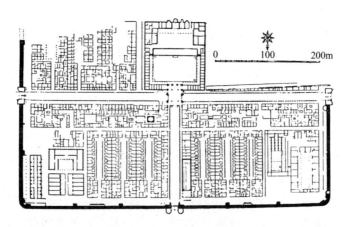

图6-14　兰培西斯城

　　提姆加德（图6-15、图6-16）城市平面正方形，350米见方，东西有12排街坊，南北11排，每个街坊25米见方。城市广场比道路高出2米，用台阶连接。广场面积为50米×42米。广场四面有建筑环绕，并且有柱廊，柱距2.5～3米，高5米。由于柱廊比例恰当，故感觉广场规模很大。提姆加德城外山头有地方神的神庙。

　　北意大利的阿奥斯达（图6-17）南北道路（Cardo）已不在中央而在偏西部，也用了平行的道路。当时可能由于有两支军队同时驻扎，因此有两个中心。

四、罗马帝国时期的列柱街和城市工程

　　罗马帝国时期，城市工程设施达到很高水平。有的城市大街宽达20～30米。像巴尔米拉（图6-18），干道甚至达到35米，有两侧人行道。街道上铺着光滑平坦的大石板。在

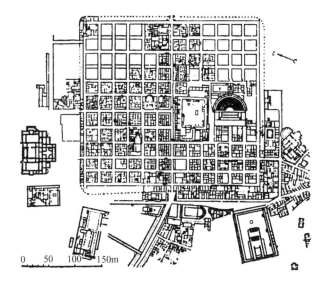

图 6-15　提姆加德平面

图 6-16　提姆加德遗迹

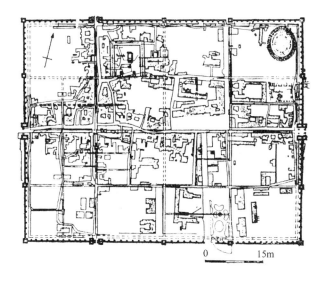

0　　　15m

图 6-17　阿奥斯达城

巴尔米拉、提姆加德等城市里，干道两侧有长长的列柱，通常列在车行道与人行道之间。在北非提姆加德等太阳暴烈地区，人行道上有顶子，形成柱廊。

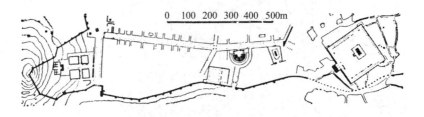

图6-18 巴尔米拉列柱街

除道路外，古罗马在桥梁、城墙、输水道等建设中都有突出成就。罗马城里的特勃里契桥的跨度长达24.5米，用连续的大石券，甚至是重叠二三层的大石券绵亘数十公里飞架起来的输水道，已成为具有很大表现力的纪念性构筑物。

早在公元前5世纪前后，古罗马修建了第一条上水道和下水道，后来又修建了大渗水池。

五、维特鲁威的《建筑十书》

维特鲁威的论文集《建筑十书》是古罗马建设辉煌的历史总结。论文集总结了希腊、伊达拉里亚和罗马的建筑设计和城市建筑经验。在城市建设上，对城址选择、城市形态、城市布局等提出了精辟的见解。

关于城址选择，他指出必须占用高爽地段，不占沼泽地、病疫滋生地，必须有利于避浓雾、强风和酷热，要有良好的水源供应，有丰富的农产资源以及有便捷的公路或河道通向城市。

关于建筑物选址，他探讨了建筑物的性质，同城市的关系，地段四周的现状、道路、地形、朝向、风向、阳光、水质、污染等等。

关于街道的布置，他研究了街道与常风向的关系，与公共建筑位置的关系。对广场的设计，他提出了建设性的意见，以及研究用当地动物内脏试验的方法进行饮用水的试验等。

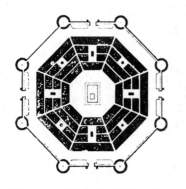

图6-19 维特鲁威理想城市方案

他继承古希腊希波克拉底、柏拉图和亚里士多德的哲学思想和有关城市规划的理论，提出了理想城市的模式。他绘制的理想城市方案（图6-19），其平面为八角形，城墙塔楼间距不大于箭射距离，使防守者易于从各个方面阻击攻城者。城市路网为放射环形系统。市中心广场有神庙居中。为避强风，放射形道路可不直接对向城门。

维特鲁威的理想城市模式对其后文艺复兴时期的城市规划有极重要的影响。

第二篇 中 古 的 城 市

第七章 西欧中世纪封建城市

第一节 西欧中世纪社会概况

罗马帝国晚期、奴隶和隶农起义结合日耳曼人等蛮族的入侵，摧毁了西罗马奴隶制帝国，出现了众多割据的蛮族王国，西欧进入了封建社会。其社会特点是封建主世袭领地的分封和教会的庄园化。

中世纪初期（公元5～10世纪）的特点是城市处于衰落状态。以农业为主的日耳曼人由北向南迁徙，它们的生产方式不需要城市，战争亦使商路断绝。落后的自然经济，使城市手工业和商业极端萧条，这样就使得5～10世纪的西欧文化处于极端破落的状况。

农业与家庭手工业结合的自然经济使生活中心转入乡村。罗马时代的大城市多数荒废，有的变为封建国家的行政中心、教会中心或军事据点而不再是手工业和商业的经济中心，如古罗马城从100万人口降至4万人口。它们在各地建设的设防城塞，也大多在战火中被毁。当时西欧各个小的国家又分成许多更小的贵族领地，仅有的一些建筑活动，大多是城堡或教堂建筑。在这个漫长的时期中几乎没有城市建设，也很难找到与古代城市的连贯性。

西欧城市兴起于9～10世纪，始于意大利，而后扩展到尼德兰、法国、德意志的莱因河流域及南部地区。在手工业和农业急剧分化的过程中，从农村居民中分化出来的手工业者和商人聚居于一定的地点。不仅出现了保留着半农业性质的、规模不大的城市；而且过去曾经是大型经纪商和手工业生产中心，以及重要的行政、政治和宗教中心的城市，在规模上也获得较大的发展，如威尼斯、热那亚、佛罗伦萨、米兰、罗马、那波利、巴黎、伦敦、布鲁日、根特、科隆、卢卑克等城市。

初期的城市和乡村一样，完全依附于封建主，城市建立在世俗和宗教的大领主的领地内。但是在11～12世纪，城市发展出现质的飞跃，中世纪西欧城市中的商人和手工业者成立了行会（Guild），采取了各种形式的斗争，如从武装起义直到向封建主贩卖某些优惠权，从而摆脱了这种依附关系，获得了自治。自治意味着建立一个政治机构来对新经济结构进行调节，设立一种保护机构来对抗领主，以维护市民生活和商业贸易，并为市民文化的生长提供土壤。城市市民享有个人自由，设立城市法庭，建立选举产生的政权机构。在自治城市中，城市议会是其中主要机构，它掌管行政事务、税收，对商业、手工业实行监督，领导城市武装力量，使某些城市转变成某种意义上的集体领主，有些城市实际成为独立的城市共和国。

12～13世纪由于手工业和商业的繁荣，货币开始流行，城市变为商业活动中心，人口逐渐集中到城市中来。正是在这些城市里，城市建设得到很大的发展。许多新的建筑类型如市政厅、关税局、基尔特厅（手工业行会会所）、教会附设的学校、医院等开始出现。这个时期由于交通的发展以及贸易往来带来的文化交流，使得城市的建筑环境形态发生进一步的变化。

第二节　西欧封建城市的规划建设特征

中世纪西欧的城市是自发成长的。这些城市主要在三种类型的基础上发展起来。第一种是要塞型。城市最早是军事要塞，是罗马帝国遗留下来的前哨居民点，以后发展成为新社会的核心和适于居住的城镇。第二种是城堡型。城市是在封建主的城堡周围发展起来的。城堡周围有教堂或修道院。在教堂附近形成广场成为城市生活的中心。第三种是商业交通型。这类城市是由于其地理位置的优越，而在商业、交通活动的基础上发展起来的，因而要道、关隘、渡口通常是进行商品交换的手工业者和商人的聚居区。

中世纪西欧的城市由于各封建主、各城市共和国之间常有战争，一般都选址于水源丰富、粮食充足、易守难攻、地形高爽的地区，四周以坚固的城墙包围起来。随着经济的发展，市区不断扩大，因而又不断扩建城墙。城市因受城墙的束缚，往往规模很小，人口少则几千人，多则几万人。当城市发展，城墙外产生城郊区。它们主要是手工业者居住的市街地，同行者多聚居一条街，以铁匠街、木匠街、织布街等命名。

中世纪早期城市是自发形成的，以环状与放射环状为多。以后工商业发展，也建造了一些方格网状城市。特别是一些无历史遗迹的新建城市常采用方格网状的规划布局，如1246 年法国路易第九时期建于伦河（Rhone）口的爱格尼斯、慕茨（Aignes Mortes）城和1264 年在法国斯柯尼（Gascony）建的维伦纽符 - 苏尔 - 洛特城（Villeneuve-sur-Lot）（图7-1）等。

中世纪欧洲有统一而强大的教权，教堂常占据城市的中心位置。教堂庞大的体积和超出一切的高度，控制着城市的整体布局。教堂广场是城市的主要中心，是市民集会、狂欢和从事各种文娱活动的中心场所。有的城市尚有市政厅广场与市场广场（Marketplace）。市场广场主要从事商业贸易与市民公众活动，与希腊的广场（Agora）和罗马的广场（Forum）非常相似。这里是城市中公众活动最活跃的地方。各种广场均采取封闭构图。广场平面不规则，建筑群组合、纪念物布置与广场、道路铺面等构图各具特色。道路网常以教堂广场为中心放射出去，并形成蛛网状的放射环状道路系统。这种系统既符合城市逐步发展、一圈圈地向外延伸的要求，又适应设置死胡同和路障以在巷战中迷惑或消灭来犯者。

中世纪城市划分为若干教区。教区范围内分布着一些辖区小教堂和水井、喷泉。井台附近有公共活动场地。一般市民的住所往往与家庭和手工作坊结合，住宅底层通常作为店铺和作坊，房屋上层逐层挑出，并以形态多变的山墙朝街。

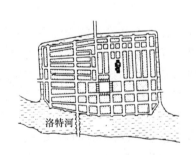

图 7-1　维伦纽符 - 苏尔 - 洛特城

中世纪城市有美好的城市环境景观。它充分利用城市制高点、河湖水面和自然景色。

城市具有人的尺度的亲切感，建筑环境亲切近人。

建筑群具有美好的连续感、丰富感与活泼感，给人以良好的美的享受。

城市的环境视觉秩序通过建筑物之间的相似与相异的明确分野而取得。教堂、领主的城堡与一般的居民住房在材质、尺度、体量、装饰等各方面都有明确的差异，而大量的砖木混合结构的民居由于乡土建筑的传统和技术材料的缓慢演变而十分雷同，这样构成了对比鲜明的城市建筑群体。

城市的弯曲街道既可挡冬季寒风，防夏日暴晒，又具有丰富多变的视觉效果。弯曲的街道排除了狭长的街景，把人的注意力引向接近人的细部。当步行穿过一个城镇时，人们可能在对连续景观的一瞥中，被一个教堂的塔楼吸引住，或者这塔楼在城市景观中不断地出现。中世纪欧洲的每个城市都有它自己的特色。以城市主色调为例，有红色的锡耶纳（Siena）、黑白色的热那亚、灰色的巴黎、色彩多变的佛罗伦萨和金色的威尼斯等，每个城市都有它生动的自我特色。

第三节　意大利中世纪城市

意大利原来是在西罗马帝国疆域内。自西罗马帝国崩溃后，这一带先后建立封建国家。意大利封建化开始早、进程快，城市的兴起也比其他西欧国家早。它把许多从罗马时代保存下来的城市仍作为设防的据点，这些城市在 9～10 世纪已变成手工业和商人的居住地。

意大利的佛罗伦萨、威尼斯、热那亚、比萨等城市是当时欧洲最先进的城市，是最早战胜封建主而建立的城市共和国。在这些城市里教堂、市政厅、商场、府邸占据主导地位。城市中建立的高塔，有的附属于教堂，有的是独立的，这些塔实际上是城市独立的纪念碑。

佛罗伦萨

佛罗伦萨（图 7-2）是当时意大利纺织业和银行业比较发达的经济中心。城市最初仅在阿诺河的一边。平面为长方形，路网较规则。公元 1172 年在原城墙

图 7-2　佛罗伦萨平面

外扩展了城市，修筑了新的城墙，城市面积达 97 公顷。公元 1284 年又向外扩建了一圈城墙，城市面积达 480 公顷。到 14 世纪佛罗伦萨已有 9 万人口，市区早已越过阿诺河向四面放射，成为自由布局。

佛罗伦萨以市中心西格诺利亚广场（又称凡契奥广场）（Piazza Della Signoria 或 Piazza

Vecchio）（图7-3）著称于世。这是意大利最富趣味的广场之一。它是一个象征城市共和国独立而带有纪念意义的市民广场。广场上有市政厅（Palazzo Vecchio，1288～1314年），塔楼高达95米，作为城市的标志（图7-4）。还有兰齐敞廊（Loggia dei Lanzi，1376～1382年），是市民举行庆祝仪式用的。广场呈L形，形成3个互相关联的空间构图。L形广场角部有八角形喷泉雕像。这个喷泉在建筑构图手法上犹似转轴以突出L形空间。L形的西部广场与东部广场之间有骑马像，使这两个空间在造型上有所过渡。市政厅前有大卫像等雕像，敞廊内部亦安置雕像。雕像的布置方式有三，即以建筑为背景布置雕像，以建筑为景框安置雕像以及在广场中心位置布置的雕像。

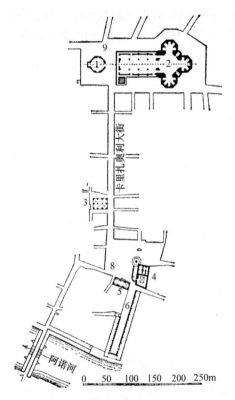

图7-3　西格诺利亚广场平面

1—洗礼堂；2—佛罗伦萨大教堂；3—圣密歇尔教堂；
4—市政厅；5—兰齐敞廊；6—乌菲齐大街；7—桥；
8—西格诺利亚广场；9—教堂广场

图7-4　西格诺利亚广场上的市政厅

这个广场的空间似乎是渗透到周围的建筑实体中去，但进入广场的道路是各有对景的，因此从街道望入广场总是封闭的。

威尼斯

意大利最富庶最强大的城市共和国是威尼斯（图7-5）。它是当时沟通东西方贸易的主要港口，也是意大利中世纪最美丽的水上城市。城市水系作枝节状分布，一条大河从城中弯曲而过，形成以舟代车的水上交通。城市沿河布满了码头、仓库、客栈以及富商府邸。城市建筑群造型活泼、色彩艳丽，有敞廊与阳台，波光水色，夹持其中，构成了世界上最美的水上街景。

　　世界著名的圣马可广场（图7-6），经数百年的经营而形成于文艺复兴时期。但广场雏形已于公元830年形成。11世纪建造了拜占庭式的圣马可教堂。14世纪建造了总督府（Doges Palace 1309～1424年）和广场上独立的钟塔。钟塔于1902年倾塌，后按原状修复。总督府与圣马可教堂毗邻。总督府以方正的体量与稳定的水平划分，衬托着教堂的复杂的轮廓和蓬勃的向上的动势。它们之间又以富丽的券廊和绚艳的色彩取得协调。钟塔的造型也是别具一格，显示当时意大利海上强国的雄姿豪态。

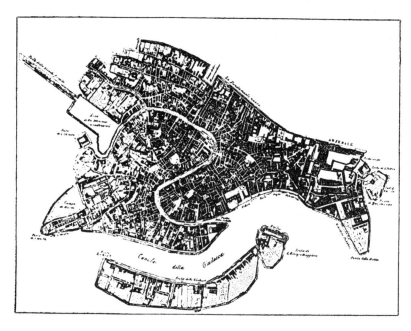

图7-5　威尼斯平面

锡耶纳

　　山城锡耶纳（Siena）（图7-7）也是意大利著名城市。锡耶纳是由几个行政区组成的。每一区有自己的地形和小广场。美丽的市中心坎波（Campo）广场（图7-8）是几个区在地理位置上的共同焦点。它像是整个城市的集中的巨大生活起居室。广场上有一座显著的、处于中心位置的市政厅和高塔（图7-9）。广场的建筑景观是由高塔控制的。城市街道均在坎波广场上汇合，经过窄小的街道进入开阔的广场，使广场具有异常的吸引力并产生戏剧性的美学效果。广场上重要建筑物的细部处理均考虑从广场内不同位置观赏时的视觉艺术效果。

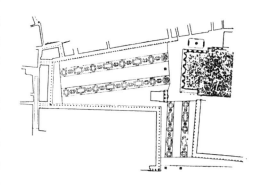

图7-6　圣马可广场平面

图 7-7　锡耶纳平面

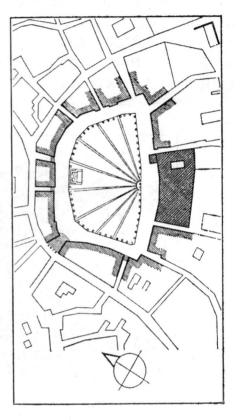

图 7-8　坎波广场平面

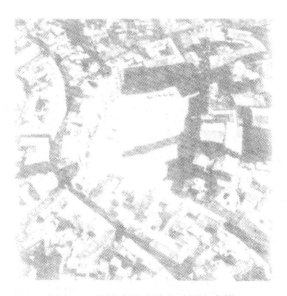

图 7-9　坎波广场上的市政厅和高塔

第四节 法兰西中世纪城市

法国的城市兴起很早。从 10 世纪起，已经发展起来。法国北部的城市从 11 世纪末起就开始作摆脱领主统治的斗争。12 世纪中期，路易七世统治时期，国王为打击封建主，需要利用城市的支持，城市也要求加强王权。于是城市与王权携手，路易七世发给城市的自治特许证就有 20 多起。

巴黎

法兰西封建国家于公元 888 年以巴黎作为首都。它是在罗马营寨城的基础上发展起来的。罗马城堡当时建立在塞纳河渡口的一个小岛上，即城岛（Ile de la Cite'）。后来在河以南扩展了城市（图 7-10），在中世纪它几次扩大了自己的城墙。

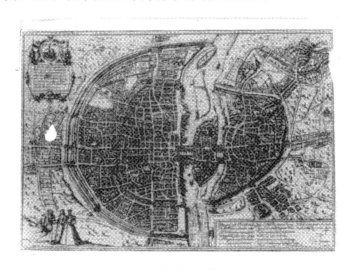

图 7-10 中世纪巴黎平面

中世纪的巴黎，街道狭窄而又曲折。市民房屋大多为木构，沿街建造，十分拥挤。菲利浦、奥古斯都统治时期（公元 1180 ～ 1225 年），修建了鲁佛尔堡垒。1183 年修建了中央商场（Les Halles）。位于城岛东南部的巴黎圣母院的主要工程也是在这时期进行的。13、14 世纪在城岛西北部兴建了宫殿，后毁于火灾。

卡卡松与圣密启尔山城

11 世纪末至 12 世纪是法国历史上城市迅速成长的时期。先是大的工商业中心在法国南部发展起来。但到 12 世纪北方城市也有比较显著的发展。而且在 11 世纪末北部城市已开始作摆脱领主统治的斗争。如卡卡松（Carcassonne）（图 7-11、图 7-12）是

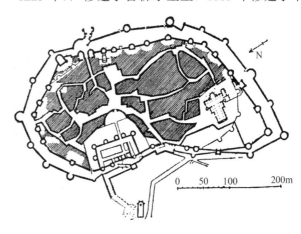

图 7-11 卡卡松平面

北方大城都鲁司入海的水陆交叉点。初为小村，后来先后建设了教堂、府邸及城墙。13世纪后再建城墙一座，有城楼60座，入口有塔楼、垛墙、吊桥等防御设施。城市平面近椭圆形，道路系统为蛛网状的放射环形系统。这一方面反映了城市建设的自发性，另一方面也是为了防御的需要。这个城市是13世纪法国的典型城市。

图7-12 卡卡松鸟瞰

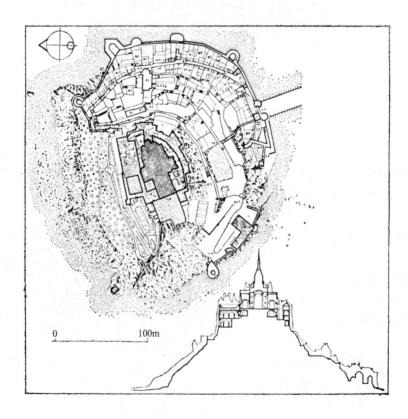

图7-13 圣密启尔山城平剖面

圣密启尔山城（Mont S.Michel）（图 17-13、图 7-14）是 13 世纪重修的城堡。城市建立在一座小山上，是防御性很强的城市。位于山顶的主要建筑是教堂，成为这个城堡强烈的中心。教堂以庞大的体积和高耸的塔尖，突出了整个山城的巍伟险峻的气势。

第五节　德意志中世纪城市

德意志的封建土地所有制约形成于 10～11 世纪。这个地区不是罗马帝国的领地，经济比较落后，再加上频繁的战争，它的城市是不发达的。从 11 世纪末到 12 世纪初，封建化过程基本完成。城市在国家的经济发展中获得了一定的地位。13 世纪时莱茵河和多瑙河一带出现许多大城市如科伦、纽伦堡、鸟尔姆等。这些城市靠近边境，主要依靠对外贸易，与王权无紧密联系。此外有称为"帝国城市"的卢卑克、

图 7-14　圣密启尔山城鸟瞰

不来梅、汉堡、纽伦堡等。名义上从属于皇帝，实际上也具有某种独立地位。

纽伦堡

纽伦堡（图 7-15）始建于 1040 年。最早的居民点位于山丘和河流之间，有堡垒和市场。公元 12 世纪城市发展到河的另一岸。北部堡垒下有教堂及市场，与南部新区教堂遥遥相对。最初市民受堡垒中封建领主的保护，后来市民力量增大，扩建新区并加建全部城墙。纽伦堡于二次大战中被炸毁，战后恢复了部分古城面貌。此城虽有千余年历史，但城市的系统还是合理的。城市最重要的特点之一是有一个很高的堡垒，战后也恢复了原样。

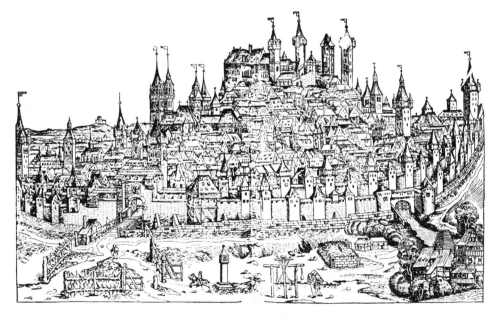

图 7-15　纽伦堡

卢卑克

卢卑克城（图7-16）建于1138年，是一个海上的商业城市，位于两条河的交点上，同时它也是一个产盐的贸易城，地形略似丘陵，四周有水环绕。入口处建有一座堡垒，城市中心（图7-17）有市场，面积很大，约有100米×240米，四周有圣玛丽教堂、市政厅及行会。圣马丽教堂建于最高点，其他小教堂及主教的教堂也在地形上的高点，远处看去城市轮廓线的变化很突出。

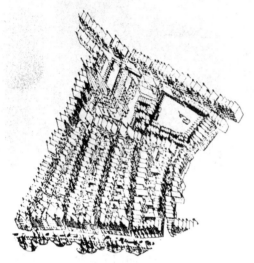

图 7-16　卢卑克平面

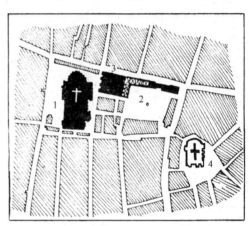

图 7-17　卢卑克市中心

1—教堂广场；2—市场广场；3—主要大街；4—教堂

诺林根

德意志中世纪的城市以诺林根城（Noerdlingen）（图7-18）最为典型。这个古城至今仍保存完好。它的建城历史可追溯到公元900年。公元1217年诺林根城成为独立的城市共和国之一。

城市平面以教堂广场为核心，并向外放射。道路呈蛛网状不规则形，转折较多，且较狭窄。教堂巍然屹立，以其巨大的体量与尺度突出了市中心的地位。教堂广场是集市贸易的中心和举行集会的地方。

图 7-18　诺林根平面

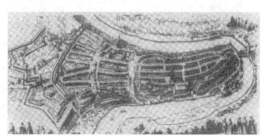

图 7-19　伯尔尼

诺林根有完整的城墙。不仅是防御的需要，也是建立新的城市体制和新的秩序的象征。

古城景色优美，城市机体和环境景观协调统一。城市空间主要采用封闭形式，把各自分散的建筑物组成绚丽多姿的建筑群体。城内多狭隘和向上的空间。高矗的尖塔、角楼、山墙等表达了超凡脱俗的效果。

除以上欧洲各国外，中世纪有名的历史古城尚有瑞士的伯尔尼（Berne）（图 7-19），比利时的布鲁日（Bruges）（图 7-20）和尼德兰的阿姆斯特丹（Amsterdam）（图 7-21）等。

图 7-20　布鲁日

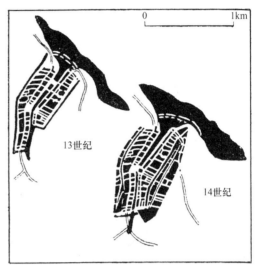

图 7-21　阿姆斯特丹

第八章 东罗马与俄罗斯的中世纪封建城市

第一节 东罗马与俄罗斯的中世纪社会概况

公元 3 世纪以后，当罗马帝国衰退时，罗马帝国东部的工商业较发达，人口也较多，古代许多重要文化中心转向东部。公元 395 年罗马帝国分裂为东、西两个，在东部建立了拜占庭帝国，建都君士坦丁堡。东罗马以巴尔干半岛为中心，属土包括小亚细亚、叙利亚、巴勒斯坦和埃及。公元 5～6 世纪，当西欧城市处于严重衰落状态，拜占庭已是一个强盛的大帝国。它的版图广大。帝国内存在着强大的王权，存在着官僚机构，城市仍旧统治着农村，继续保持着相当发达的商品经济。公元 5～6 世纪时，东罗马还有 600 座大小城市，城市人口占总人口的 1/14。

拜占庭的城市比较稳定，没有发生普遍的衰落现象。当时君士坦丁堡是繁荣的工商业中心，和阿拉伯、伊朗、印度等地进行贸易，是"沟通东西方的金桥"。政府从工商业中得到大量的税收，中央政权比较稳定。

拜占庭文化在中古时期的欧洲占有重要的地位。它的发展水平远超西欧。教会对文化的垄断远不如西欧教会。希腊罗马文化的传统在拜占庭未曾中断，它对埃及和西亚等东方文化兼收并蓄，丰富了拜占庭文化的内容，并使其具有综合的特色。人文主义最早出现在拜占庭。早在 11 世纪，拜占庭就发展了柏拉图的哲学思想，提出哲学应与神学分离。13 世纪以前，拜占庭就出现过类似意大利的文艺复兴思潮。当时人们热爱古典文学，崇拜理性力量，注重人的个性。拜占庭文化对俄罗斯、保加利亚以及南部斯拉夫各族影响较深。

东部欧洲居住着斯拉夫人。历史上的斯拉夫人可分为三支，即西斯拉夫人、南斯拉夫人和东斯拉夫人。许多东斯拉夫人的部落联盟在 8～9 世纪时发展为国家，称为公国。这些公国以统治者所在的设防城市为中心，幅员狭小，其中较大的为南方的基辅和北方的诺夫哥罗德。俄罗斯人所建立的罗斯国家也属于东斯拉夫。在 10～11 世纪时，生产力有了发展，封建土地所有制开始形成。罗斯的手工业从 11 世纪起有很大发展，对外贸易也相当发达。11 世纪时，罗斯有 80 多个城镇，少数较大的城市是地方经济的中心。到 12 世纪罗斯分裂成许多封建小国，互相混战。公元 1237 年蒙古人侵占罗斯，至 1480 年才撤出罗斯。200 多年蒙古的侵入与统治，使许多罗斯城市被摧毁，乡村遭洗劫，罗斯社会经济受到严重破坏。

公元 13 世纪末，莫斯科公国成立，莫斯科大公领导了反蒙古的斗争，在各公国中的地位大为提高。

公元 1510 年俄罗斯国家的统一基本完成。国家最高权力掌握在莫斯科大公手里。通过领土扩张，16 世纪中叶伊凡四世时俄罗斯开始成为一个沙皇统治下的多民族国家。

在中古前半期，罗斯人从拜占庭吸取了较高的文化和艺术成就，拜占庭文化影响在城市建设和建筑艺术方面有卓越的成就，发扬了俄罗斯艺术的独特风格。

第二节　拜占庭的建设活动与首都君士坦丁堡

拜占庭的建设活动

拜占庭的城市建设活动，以首都君士坦丁堡最为活跃。公元334年君士坦丁皇帝就开始在这里培养大批年轻的建设者，并吸引各地人才来君士坦丁堡工作。公元5～7世纪，国家政权利用了帝国幅员内广大的人力物力，利用了希腊、罗马古典时代和东方各国的艺术成就，来建设君士坦丁堡，建造了城墙、城门、道路、水窖、巴西利卡和教堂等等。和一切欧洲中世纪国家一样，拜占庭时期最重要的是宗教建筑。但希腊和罗马的宗教仪式是在庙外举行的，而基督教的仪式是在教堂内举行的。拜占庭宗教建筑用若干个集合在一起的大小穹窿顶覆盖下部的巨大室内空间。这种被多个穹窿顶覆盖的空间把建筑处理成交流融会、宽阔多变，把有限的空间塑造成像是无穷无尽的空间。

尤其是查士丁尼大帝在位时期（公元527～565年），皇帝利用集中的财富，进行了大规模的建设活动。这种建设活动扩大到各地，尤其是意大利的拉温那（Ravena）城，因为那里是拜占庭皇帝代表的驻节地。

9世纪初，拜占庭建立了封建专制王朝，各地的建筑风格有逐渐统一的趋势。君士坦丁堡的建设成为全国的榜样。

首都君士坦丁堡

君士坦丁堡坐落在马尔马拉海西岸、黄金角的一个海拔100米的丘陵上，居高临下，港口沿博斯普鲁斯海峡伸长。城市周围筑有水陆防御工事，城墙高耸，碉堡林立。只要封锁住海峡，城市靠水的三面就保住安全（图8-1）。

防卫区仿古罗马七丘，筑于高丘之中。市中心区（图8-2）颇为壮观，有中央大道连贯六个广场。市中心区由王宫、圣索菲亚教堂、奥古斯都广场及竞技场组成。其中皇宫居中。它的东南沿海为御花园，东南角是竞技场，西边则为奥古斯都广场及圣索菲亚教堂。

公元532～537年查斯丁尼在位时期建的圣索菲亚教堂是东正教的中心教堂，是皇帝

图8-1　君士坦丁堡地理位置

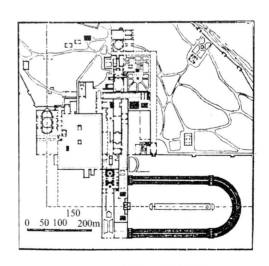

图8-2　君士坦丁堡市中心

举行重要仪典的场所，是拜占庭帝国极盛时期的纪念碑。圣索菲亚教堂的高达 60 米的大穹顶，极大地丰富了这个城市的侧影。教堂离海很近，四方来的船只远远就能望见，它塑造的城市轮廓线十分宏伟。

第三节　俄罗斯的建设活动和首都莫斯科

俄罗斯的建设活动

公元 10 ～ 13 世纪，诺夫哥罗德、基辅、莫斯科、下诺夫哥罗德等古老的俄罗斯城市成为封建主、贵族和公侯们政权的据点，并已成为相当繁荣的商业中心。这些城市一般是由要塞、内城与城厢地带构成的。后者居住着商人及手工业者，并设有市场。据说基辅繁荣时期有 6 个广场和将近 400 个教堂，拥有数万人口。当时诺夫哥罗德也差不多达到这样的人口数，已经有木头铺砌的道路和中世纪颇为先进的上水管，修起许多跨越大河的桥梁，宫殿和大部分教堂是石结构的。

俄罗斯城市属于当时欧洲先进城市之列。它们选择了最优美的地区，如靠近河流，位于丘陵地带。每个封建割据城市均有它们自己的克里姆林宫和豪华的教堂建筑。克里姆林对城市形态的形成曾起过很大的作用。它们的范围要比西欧的城堡大得多、雄伟得多，是城市的政治、行政、宗教和防御中心。这里除了封建主和上层僧侣的官邸外，还建有大教堂、官署、武器库和粮仓等。

封建主义的发展促使许多小城市的建立。公侯或贵族的庄园逐渐发展成不太大的城市——世袭城市。这里有着较发达的手工业生产和商业。城市规划结构多数是围绕着城市中心的克里姆林向外放射，形成放射环形规划系统。如弗拉基米尔城，雅罗斯拉夫城等的平面结构都是近似的。

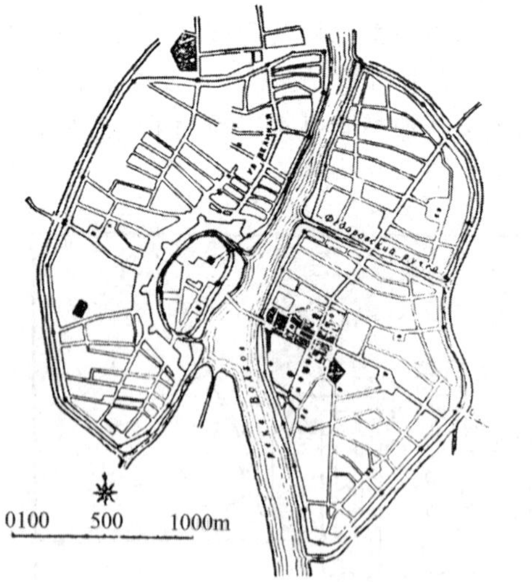

图 8-3　诺夫哥罗德

在 200 多年的蒙古人侵占下，俄罗斯的城市遭受了莫大的损失，许多小城市彻底地被破坏了。

在 14 ～ 15 世纪，俄国人从蒙古人的枷锁下解放出来，城市得到新的成长，手工业和商业繁荣起来，并出现许多新的城市。这时期，分裂的罗斯逐渐以莫斯科为中心团结起来。中央集权国家在莫斯科进行了大规模的建设。古城诺夫哥罗德（图 8-3）与基辅（图 8-4）也得到了较大的发展。

莫斯科

14 世纪时，莫斯科的建设主要集中在克里姆林宫（图 8-5）的重建和扩建。克里姆林宫的木墙换上了雄伟的锯齿形的砖石墙，并建造了许多高塔。15 世纪建筑了乌斯平教堂和多棱宫（图 8-6）；是新政权的象征，体现了俄罗斯民族的独立和国家的复兴。同时在莫斯科河旁边，克里姆林宫的对面建造了一个巨大的公共花园。16 世纪建造了瓦西里布拉仁教堂。这个建筑是伊凡四世为纪念攻破

图 8-4　基辅

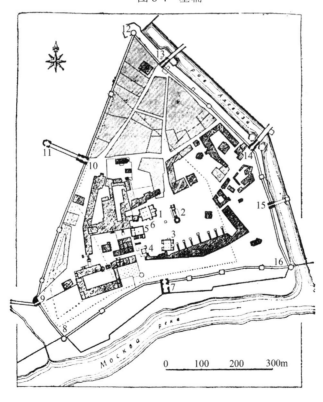

图 8-5　莫斯科克里姆林宫

1—乌斯平教堂；2—伊凡钟塔；3—阿尔汉格利斯克教堂；4—勃拉格维辛斯基教堂；5、6—多棱宫与契莱姆诺宫；
7、9、10、13、14、15—宫门；8、11、12、16—塔楼

蒙古人最后的根据地喀山而建造的。全民的胜利狂欢在这个教堂上凝结着，使它具有无比的兴奋和欢乐的表情。它建造在城市主要广场上，使它具有全民性。教堂墙面用红砖白石。9个绿色与金色蒜头穹顶像火苗一样向上跳跃，表现了激动、欢腾和人民喜悦的心情。这个建筑是象征民族解放与国家繁荣的建筑纪念碑。

俄罗斯中世纪的建设，因体现人民爱国的激情，在建筑艺术上达到很高的水平。

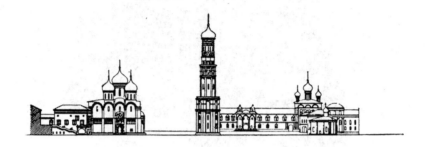

图 8-6　克里姆林宫内的乌斯平教堂、多棱宫与伊凡钟塔

第九章 阿拉伯国家与其他伊斯兰教国家 以及印度、日本的中世纪封建城市

第一节 阿拉伯国家与其他伊斯兰教国家中世纪封建城市

一、中世纪阿拉伯国家与其他伊斯兰教国家社会概况

6～7世纪初，阿拉伯贵族为了维护阶级利益、寻求新的商路、夺取土地和财富，要求建立一个统一的强大帝国。这种愿望反映在意识形态里，成为伊斯兰教产生的社会根源，而伊斯兰教的产生又促进了阿拉伯的政治统一。

约在公元610年左右，穆罕默德开始在麦加传教。公元630～631年，阿拉伯各地接受伊斯兰教。到公元632年穆罕默德病死时，整个半岛已基本上统一。

8世纪中叶，阿拉伯帝国最后形成，疆域东起印度河流域，西临大西洋，是一个地跨欧、亚、非三洲的大帝国，史称萨拉森帝国。

公元762年阿拉伯国家奠都巴格达，建立中央专制政权。8世纪中叶到9世纪中叶在阿拔斯哈里发统治下是阿拉伯帝国繁荣强盛的时期。封建生产关系建立后，生产力得到发展。那时在巴格达有着繁荣的工商业，埃及、印度、中国、拜占庭的商人都聚集在巴格达。城市里舟车辐辏，有宏伟的宫殿、草木葱茏的花园和豪华的清真寺。城市建设极一时之盛。

公元756年一个王朝后裔逃往西班牙，在那里建立了独立的政权，以哥多瓦（Cordova）为首都。

10世纪初，又有一些阿拉伯贵族在北非建立独立政权，最后定都开罗。

到10世纪初，阿拔斯哈里发国的领土只剩下巴格达周围美索不达米亚的一小块地方。伊斯兰教国家已分裂为由诸侯或君主统治的若干独立的伊斯兰教国。土耳其从11世纪起在西亚、小亚和伊朗建立了强大的国家。13世纪之后蒙古人在中亚、伊朗和西亚先后建立了伊儿汗国和帖木儿帝国。土耳其和蒙古人都信仰伊斯兰教。15世纪土耳其人又重新统一了小亚和西亚，占领了巴尔干和北非。16世纪之后，阿塞尔拜疆人的伊斯兰王朝建立。

在伊斯兰世界里，手工业和商业很兴盛，科学文化很发达，对世界文化发展有巨大的功绩。它既是阿拉伯帝国境内各地人民所共同创造的，也是由于吸收了古代希腊、印度以至中国文化的许多因素的缘故。阿拉伯人在数学、化学、造纸、航海、医学、文学等方面有很多新的成就。在古代与中古科学文化的中介和东西方文化的交流上起了很大作用。阿拉伯人通过西班牙传到欧洲的科学文化，对欧洲亦有深远的影响。

二、阿拉伯国家、其他伊斯兰教国家的中世纪封建城市

早期城市

在阿拉伯，向中世纪过渡时并未出现西欧国家城市生活中那种衰退现象。这里在中

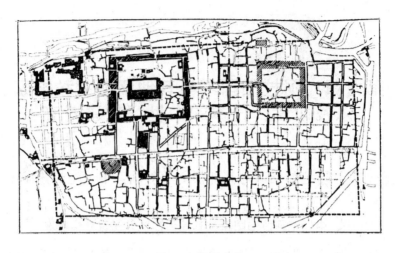

图 9-1　大马士革

世纪早期就存在人口众多的城市，如伊斯兰教产生之前就已有大马士革（Damascus）（图9-1）、耶路撒冷（Jerusalem）（图 9-2）、安曼（Amman）、海法（Haifa）以及其他一些重要中心。

伊斯兰教的产生和伊斯兰城市

伊斯兰教产生后，改变了近东和中东一带早期城市的设计概念。伊斯兰起源于阿拉伯草原和沙漠中的游牧民族。生活在干燥、不毛之地和严峻环境下的人民向往着某种天堂形象。在可兰经中用花园、泉水、树木成荫、甜水充沛来描绘这种形象。这对伊斯兰城市设计与宫殿设计起着重要影响。

对大多数穆斯林来说，由于游牧生活，城市不是重要的，然而也建设了不少重要城市。这或是由于军事上的需要，或是由于愿在自己的地方安营扎寨，或是由于希望多建具有防御能力的宫殿，而其中最主要的是由于当地人民早在伊斯兰教建立以前就习惯于城市生活，并留下了传统。

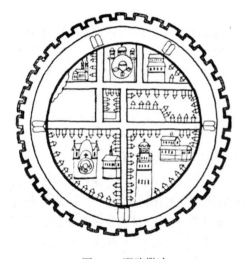

图 9-2　耶路撒冷

伊斯兰城市常简单地划分为若干地区，其城市整体性较弱。在社会生活中，真正的单元是以某一清真寺为中心的邻里，即穆斯林区。大的穆斯林区设有清真寺、图书馆、浴室、医院、学校、经文学院和井亭。穆斯林在建设环境中，倾注于对尘世的淡漠和对神明、对永恒的无限向往。

伊斯兰城市受教义与宇宙观的影响，也受气候影响，在干热地带多建封闭式的城镇、封闭式的穆斯林区和封闭式的院落式住宅。城市内部分成两区即统治者的宫室或官邸和与在其周围的信徒区。道路类型主要有两种。一种是弯弯曲曲的盘街，时而转变走向。另一种是死胡同，只到某些住户门前就截断。

早期伊斯兰城市是由驻军营地发展起来的。这些城市没有什么设计，亦无共同特征。伊斯兰圣地麦加或麦地那也没有深思熟虑的设计或规划设想。

巴格达

巴格达（图9-3）于公元762年奠都，这时经济繁荣。统治者们摆脱了游牧习惯，在重要的商道上建造了多座城市。巴格达是其中最宏伟的一座。此城于公元766年建成。聘请了波斯星卜师汉立特（Halit）为顾问，仿撒逊尼亚的廓尔（Gur）城进行修建。城市平面为圆形，是太阳的象征，直径2.8公里，占地600公顷，有四座城门。宫殿的建造，受波斯的影响，布局复杂、规模很大。清真寺院代表着当时建筑中的最优秀成就。城市中有商馆、旅驿、市场、商业街道（巴扎 Bazzar）和公共浴室等，建筑水平都相当高。城的主轴线与子午线或对角线的关系，仿早期城镇的传统方位。

撒马拉

在巴格达北面的撒马拉城，沿底格里斯河左岸采取带状的布局。历代的统治者在这一带已经修建了官邸，并周围有随从人员、战士、手工业者、商贩等定居下来。撒马拉的宫殿占地175公顷。平面布局中轴线总长1400米，规模十分宏大，主要宫殿建筑200米见方。它的南边和西边临底格里斯河，有71公顷是临河的花园，布置着亭阁和池塘。

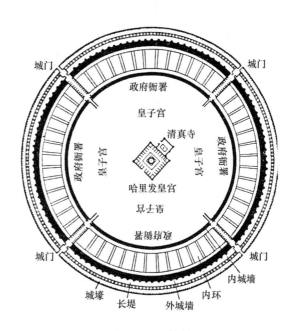

图9-3 巴格达

伊斯法罕

波斯城市如大不里斯（Tabris）、伊斯法罕（Isfahan）、设拉子（Shiraz）、坎大哈（Kandehar）等都是典型的伊斯兰城市。

伊斯法罕重建于公元903年，城市平面为圆形，有4座城门，100座塔。规划采用的是琐罗斯德人（Zoroastrian）的模式。当阿巴斯（Abbas）大帝1587～1629年在此建都大兴土木时，此城（图9-4）的建设达到了高峰。他修建了宫殿和宏伟的大道和桥梁，显示了几何的规则性。他为这个城市移植了一个新的心脏——皇家广场（图9-5）。广场的西侧是阿里-卡普宫。东侧有谢赫、卢特福拉清真寺。广场南部为皇家清真寺，是阿巴斯执政时城市内最美丽壮观的一个建筑物。广场北部是长达4公里的"巴扎"，即伊朗传统的经商场所。它的规模很大，由商业街道、商场和驿馆等组成。伊斯法罕的商业街道曲折有致，划分为连绵不断的正方形的空间，上面有开采光孔的穹顶。街道两侧密排着小店和作坊。十字路口往往扩展成一个大商场。正中交叉处覆盖大穹顶，周围一圈方的或八角形的环廊，用小穹顶连续覆盖。

土耳其城市概况

在中亚细亚，土耳其城市有传统的格局，城市无轴线构图，城市分区是任意的。从城门到城门的几条通衢是城内贸易和宗教中心。城市设计受波斯的影响有穹顶和亭台的自由活泼的布局，有几何整齐的空间透漏的建筑景观。城市中心区十分绮丽壮观。在土耳其莫卧儿王朝，这一特征影响远达印度。

撒马尔罕

中世纪阿拉伯中亚城市撒马尔罕（Samarkand）（图9-6）是当时的政治中心、宗教中心和通商大邑。这里有中世纪阿拉伯中亚建筑的最佳成就。最著名的市中心列吉斯坦（图9-7）有3个高等经文学院组成的建筑群。广场的3个面是3个神学院的正立面。正中主要建筑物是什尔——督尔神学院，有一个近于正方形的大墙面高高矗起，在它的当中是个宽大的龛，龛顶由尖券形成。它的正中体积和龛大大加强了轴线，增加了立面的深度。简单的几何形体、明确的轴线、稳定的体积，使这种立面很严肃，具有强烈的纪念性。

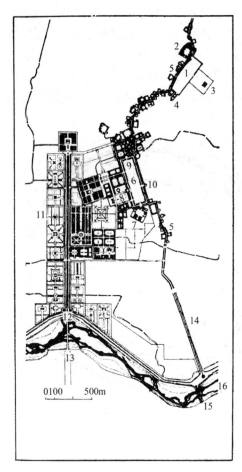

图9-4　伊斯法罕平面（局部）

1—瓜迪姆清真寺；2—周五清真寺；3—皇宫；4—阿里清真寺；5—巴扎（市场）；6—皇家广场；7—大清真寺；8—皇宫；9—巴扎入口；10—雪克鲁夫塔拉清真寺；11—大臣花园；12—主要大街；13—廊桥；14—次要街道；15—廊桥；16—泽恩旦河

图9-5　伊斯法罕皇家广场

哥多瓦和格兰纳达

阿拉伯人占领比利尼斯半岛（今西班牙）后，从9世纪起，哥多瓦（Cordova）（图9-8）逐渐发展成为伊斯兰教世界在西方的最大城市，并成为首都。城市四周筑有坚厚的城墙，有架空输水道引清水入城。在郊区修筑了一座宫殿与花园。哥多瓦的宫殿是当时世界上最宏大的建筑之一，有房400间。哥多瓦大清真寺也是伊斯兰世界最大的清真寺之一。大殿面积广达14000多平方米，有密林般的柱子共648根，寺院内部有一种阴森、迷离、惝恍的宗教气氛。相传当时哥多瓦强盛时，为50万人口，有清真寺700座，还有当时世界上最大的哥多瓦大学及藏书40万册的大图书馆。在市政建设方面，哥多瓦有铺砌的街道好几公里，并有街灯照明。

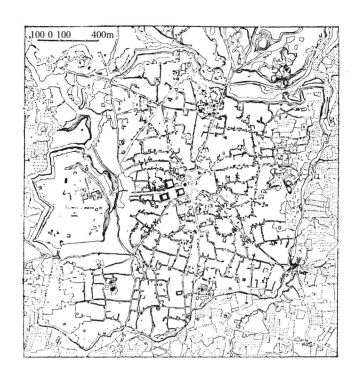

图 9-6　撒马尔罕

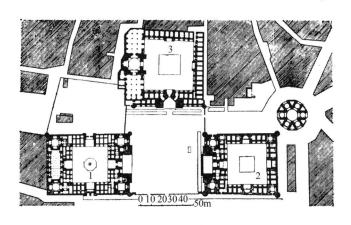

图 9-7　列吉斯坦
1—乌罗格贝克清真寺；2—迈德勒斯清真寺；3—奇利雅·卡里清真寺

伊斯兰国家在西班牙的最后一个据点是格兰纳达（Granada），人口 40 万。位于一个地势险要的小山上的阿尔罕伯拉宫（Alhambra13 ～ 14 世纪）（图 9-9）是伊斯兰世界中保存得比较好的一所宫殿，有一圈 3500 米的红石围墙蜿蜒于浓荫之中。

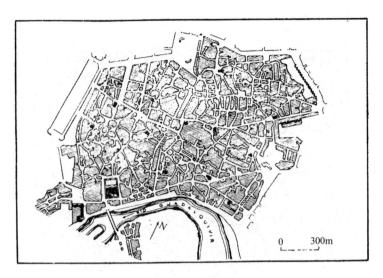

图 9-8　哥多瓦

图 9-9　阿尔罕伯拉与其下的城市

第二节　印度中世纪封建城市

一、中世纪印度社会概况

公元 5 ～ 7 世纪是印度封建制度形成的时期。我国唐代僧人玄奘于公元 7 世纪周游印度时，曾访问在德里北部位于恒河上游的一个小国的首都曲女城。

在印度封建社会初期，婆罗门教经过同佛教的长期渗透融合过程，发展成为印度教。公元 9 ～ 10 世纪，印度教在全国获得优势，佛教衰落。

公元 711 年，阿拉伯人攻占印度河下游，半个世纪后被迫撤出。从 10 世纪后期起，信奉伊斯兰教的突厥人先后统治了印度西北部，其势力曾达到恒河流域。在北印度建立的政权统称德里苏丹国（公元 1206 ～ 1506 年）。伊斯兰教从此在印度广泛传布，在建筑上带来了新的建筑类型如清真寺、经文书院、塔、陵墓等。在这 300 年期间，13 世纪中叶蒙古军几次入侵，14 世纪末，帖木儿由中亚侵入印度。

自称帖木儿后裔的巴布尔自中亚入侵，灭德里苏丹，建立了莫卧儿帝国（公元 1526 ～

1827年）。在莫卧儿帝国统治时期，印度社会经济得到发展，对外贸易颇为发达。据当时初来印度的西方人的记载，印度的大城市比西欧的大城市大得多。

二、中世纪印度城市

曲女城

公元7世纪初戒日王统一北印度，迁都恒河西岸曲女城。此城周围30多里，深沟高垒，城防坚实，城市有佛寺百余所和很多婆罗门教寺院，商业发达，手工业有制造棉织品、铜器和玻璃器皿的作坊。城市宏伟美观，堪称帝都。这个城市从公元606年戒日王定都后，一直是北印度政治角逐的中心。直到11世纪初，它始终是许多王朝的中心。

德里

1206年突厥人在北印度建立的苏丹德里新王朝定都于德里。这个城市始建于11世纪。从那时起，几经战火，城市布局有过几次改变。它有一条主要大街，是全市最宽直的街道，从这条主要街道分出许多弯弯曲曲的街巷。城市有早期的清真寺和13世纪建成的高达72.6米、直径为14米的库德勃塔（Kutub Minar），16世纪后在莫卧儿王朝统一时期，又建造了一座红色的宫堡和胡玛扬陵墓（Humayun's Tomb）。17世纪中叶，城市（图9-10）又有发展，建立了杰弥、麦斯杰德（Jami Masjid）清真寺等。

毗阇耶那伽

封建社会后期印度商品经济在沿海得到发展。南印度的毗阇耶那伽是一个重要港口和一个封建国家的首都。全城周围达60里，一半环山，城墙一直筑到山上并包围了下面的山谷。一个波斯使节于公元1442年来到这个城市，说此城有7道设防的城墙，层层围住。

阿格拉

莫卧儿王朝在阿格拉（Agra）建设了自己的新都。这个时期世俗建筑的地位提高了，如城堡、宫殿等等。阿格拉城堡（图9-11）坚固高大，有瞭望塔、箭楼以及凸出于城墙上

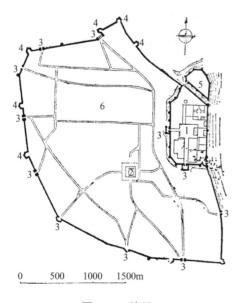

图9-10　德里

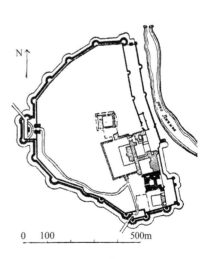

图9-11　阿格拉城堡

1—宫殿；2—清真寺；3—城门；4—陵堡；5—要塞；6—城市公园

的阳台和廊子。阿格拉城堡附近有一所离宫（Fatepur Siki，Agra）（图9-12），十分精致、华丽。

皇帝沙杰汗为他的王后玛哈尔建造的泰姬-玛哈尔陵墓（图9-13）是莫卧儿王朝最杰出的建筑物，号称"印度的珍珠"。

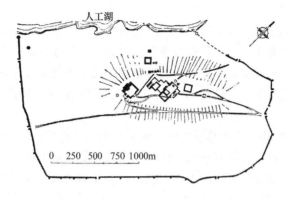

图9-12　阿格拉离宫

图9-13　泰姬-玛哈尔陵

第三节　日本中世纪封建城市

一、中世纪日本社会概况

古代日本与中国有许多联系，早在公元1世纪，两国人民已有交往。特别是公元七世纪日本进入封建社会之后，更深受中国唐代文化的影响。

公元694年日本在飞鸟地方建立的京城藤原京，是仿我国唐代首都长安建立起来。

公元710年日本奠都平城京（奈良），奈良时期（公元710～794年），日本大力吸收中国的文化。

公元794年，日本的都城由奈良迁到平安京（京都）。此后的四百年间称平安时期（公元 794 ～ 1192 年）。自公元 894 年起，停止派遣唐使，逐渐摆脱对中国文化的模拟，形成日本独特的文化。

公元 1192 年镰仓幕府建立，史称镰仓时期，庙会、市集比较发达。有些神社寺院前的庙会发展为常设市场的市镇即"门前町"。有些城市则是从行政中心港湾或驿站发展起来的。

公元 1336 年室町幕府建立，这时除奈良、京都、镰仓外，兴起了更多的城市，如博多（今福冈市东部）、大津（今滋贺县治）、尾道（今广岛的东部）、堺（今大阪市南部）等。

16 世纪中叶，日本各个封建领国，依托城市里的小高丘，建造卫城。卫城中央是一座高楼，叫作天守阁，这是个军事堡垒，也是藩主权力的象征。

二、中世纪日本封建城市

日本封建制度确立和国家统一以后，日本的经济、文化在公元 7 ～ 8 世纪有一个高潮，在此期间先后建立了平城京（公元 708 ～ 710 年）和平安京（公元 793 ～ 805 年）。

平城京

公元 708 年日本在今奈良建造了平城京（图 9-14）。城市全仿隋唐的长安城。城市面积约为长安的 1/4，南北约 4.8 公里，共 6 町，东西约 4.3 公里共 2 町，每隔 4 町均有大路相通，形成整齐的方格形（称为条坊制）的城市。正中有朱雀大街把城市分为左京和右京两半，各有一处市场，叫东市和西市。朱雀大街北端是大内里平城宫。它的四周有绿丘围绕的宫城，并列着红柱、白墙、瓦屋顶的唐代官衙和贵族邸第。据推测，平城京盛时有人口 20 万人。平城京无城墙，日本的其他城市亦无城墙。

继平城京之后，各地州府也建造类似的方格形城市。

平安京

公元 793 年，日本在现在的京都建造平安京（图 9-15）。直到 19 世纪末叶，它一直是日本政治和文化的中心。

图 9-14　平城京

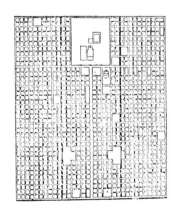

图 9-15　平安京

平安京也采用方格形（条坊形）的布局。南北 5.3 公里、东西 4.5 公里。东西向大路宽 24 ～ 30 米，南北向大路宽 36 米。宫城前大路宽 50 米，朱雀大街宽 85 米。宫城南北占 10 町、400 米，东西占 8 町、1100 米。

除了平安宫以外，在平安京里和近郊还有一些离宫别馆。

天守阁

封建内战时期，领主们在卫城府邸的屋顶上建造望楼，这就是天守阁的前身。1576年第一个大型多层天守阁建在安土坊、内部7层、高30米，建在小山丘上。

16世纪末至17世纪初，各领主纷纷建造天守阁，其中最突出的是姬路城的，高5层33米，武备十分严密。除大天守（图9-16）外，还有3个小天守，互成掎角之势。

名古屋的天守阁（1610年）（图9-17）高5层，也是武备森严，大天守与小天守之间以天桥连接。

图9-16　姬路城天守阁　　　　　　　　　　图9-17　名古屋天守阁

1615年，幕府将军下令不许兴建天守阁。最后二幢的天守阁是1623～1643年间建造的大阪、江户（今东京）两城的天守阁，但已无军事意义。

第十章　文艺复兴与巴洛克时期的城市

第一节　文艺复兴——欧洲资产阶级文化的萌芽

文艺复兴的产生

文艺复兴最早产生在 14～15 世纪的意大利，拜占庭的人文主义思潮直接促进了意大利的文艺复兴。那时候意大利的佛罗伦萨、威尼斯、热那亚等城市里已有资本主义生产的最初萌芽。城市中新兴资产阶级为维护和发展其政治、经济利益，要求在意识形态领域里反对教会精神统治，即反对封建文化的斗争，以新的世界观推翻神学、经院哲学以及僧侣主义的世界观，形成文艺复兴运动。其历史意义是为资本主义建立统治地位制造舆论。

人文主义

文艺复兴时期形成的早期资产阶级思想体系通常称为"人文主义"，主张以世俗的"人"为中心，肯定人是现世生活的创造者和享受者。

资产阶级为了发展工业生产，需要有探查自然物质现象的科学，对推动自然科学的研究，起了积极的作用。

文艺复兴一词的原文是"再生"和"复兴"的意思。在形式上具有再生和复兴古典文化的特点。但它却是借用古典外衣而产生的一种新文化，是当时社会新政治新经济的反映。

在文艺复兴时期，美洲和环绕非洲的新航路的发现和 1453 年东罗马帝国灭亡，大量学者逃亡意大利，以及当时印刷术、冶金、铸造、地理、天文等科学技术的突飞猛进，都大大地促进了人文主义文化的传播。

意大利文艺复兴的建筑分期，大致可分为以佛罗伦萨为代表的早期文艺复兴（15 世纪），以罗马为代表的盛期文艺复兴（15 世纪末至 16 世纪初），以威尼斯和仑巴底为代表的文艺复兴晚期（16 世纪中期和末期），17 世纪以后发展为巴洛克时期。

第二节　文艺复兴与巴洛克时期的建筑理论与建设活动

文艺复兴时期，在思想文化各个领域的全面繁荣中，城市建设也在解放思想，并在学习古典文化的历史精华的同时，充分利用当时科学技术的最新成就。他们于 15 世纪发现了古罗马维持鲁威的《建筑十书》遗稿。古典文化中的唯物主义哲学、科学理性和人文主义的各种因素大大有助于文艺复兴中新的文化的产生。

这时期的建筑师大多有很高的艺术素养。1334 年画家乔托（Giotto）被任为佛罗伦萨的总建筑师。以后米开朗琪罗（Michelangelo）、珊索维诺（San Sovino）、拉斐尔（Raphael）、伯拉孟特（Bramente）、阿尔伯蒂（Alberti）、赞拉锐特（Filarette）、斯卡莫齐（Scamozzi）等人都对城市建设作出较大的贡献。

阿尔伯蒂继承了古罗马建筑师维特鲁威的思想理论，主张首先应从城市的环境因素，来合理地考虑城市的选址和选型，而且结合军事防卫的需要来考虑街道的布局。它提出了理想城市（Ideal City）的模式，在文艺复兴时期，他是用理想原则考虑城市建设的开创人，主张从实际需要出发实现城市的合理布局，反映了文艺复兴时期理性原则的思想特征。在他的思想影响下，文艺复兴时期出现了一大批理想城市设计师。这些设计家们的规划观念是城市与要塞结合在一起。阿尔伯蒂对筑城要求归纳为便利与美观。他的设计思想其后由意大利传入法、德、西班牙、俄罗斯等欧洲国家。一时各地规划理论著作很多。

这个时期地理学、数学等科学知识强有力地影响了城市的规划结构。其规划形态向科学化方向发展。正方形、八边形、圆形等都作为设计方案，提出格网式街道系统、同心圆式街道系统等等，但大多停留在规划方案上。

当时许多中世纪城市因不能适应社会生产与生活的发展变化而要求进行改建。城市建设的活动比以前大为增加，但是由于尚未出现引起城市巨大变化的新的生产方式，且当时的社会政治经济状况还没有为城市的大发展创造充分的条件，所以城市总的布局没有发生新的突变，有的停留在对理想城市的理论探讨上，有的仅集中在一些局部地段如广场建筑群等的改建等工作。

由于当时欧洲的社会环境不可能建设通体全新的城市，故致力于城市的某一细小部分。设计思路不再由整体到细节，而是由细节逐步扩大到环境，以建筑物去丰富周围环境。17世纪巴洛克建筑的极重浮华雕饰的建筑风格以及各种建筑物的轴线构图，极大地丰富了城市的景观。巴洛克风格的影响甚至超出了欧洲，远及拉丁美洲的广大地区。

第三节　文艺复兴时期的理想城市

向往古代文化的意大利文艺复兴建筑师阿尔伯蒂、费拉锐特、斯卡莫齐等人师承古罗马维特鲁威，发展了理想城市理论。

阿尔伯蒂从 1450 年著述《论建筑》一书，从城镇环境、地形地貌、水源、气候和土壤着手，对合理选择城址和城市及其街道在军事上的最佳形式进行了探讨。其典型模式是，街道从城市中心向外辐射，形成有利于防御的多边形星形平面。中心点通常设置教堂、宫殿或城堡。整个城市由各种几何形体进行组合。

费拉锐特著有《理想的城市》一书，他认为应该有理想的国家、理想的人、理想的城市。公元 1464 年他做了一个理想城市方案（图 10-1）。其后欧洲各国设计的许多几何形城堡方案。有不少受他的影响。

较完整地按费拉锐特的设想建造的是威尼斯王国的帕尔曼-诺伐城（图 10-2）。设计

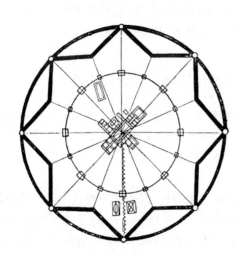

图 10-1　费拉锐特理想城市

人是意大利学者斯卡莫齐。此城建于公元 1593 年，是为防御而设的边境城市。中心为六角形广场，辐射道路用三组环路联结。在城市中心点设棱堡状的防御性构筑物。

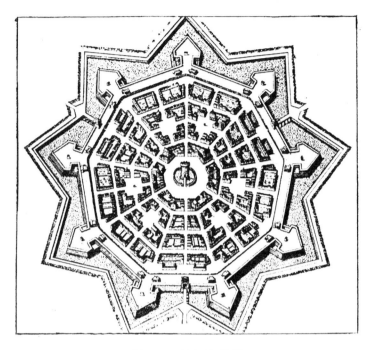

图 10-2　帕尔曼-诺伐

斯卡莫齐还有个理想城市方案（图 10-3）。城市中心为建有宫殿的市民集会广场，两侧为两个正方形的商业广场。南北分别为交易所及市场广场。主要广场的南侧有运河横穿。

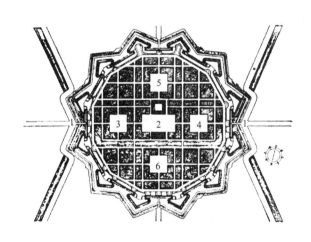

图 10-3　斯卡莫齐理想城市方案
1-1—商业大街；2—主要广场；3、4—粮食市场；
5—交易所广场；6—柴草、牲畜市场

这个时期，火器威力的进一步发展，摧毁了许多国家的城墙，例如东罗马君士坦丁堡的城墙于 1453 年被土耳其军队的火器彻底摧毁，故一些多边形、星形城市均设置凸出的棱堡（图 10-4）。棱堡的有掩护的火力可以从侧面反击攻城的敌人。在城市中心点的建筑物亦设置棱堡状的防御构筑物，以便在中心点可射击已破城进行巷战中的各个从放射状道路向中心点推进的来犯者。由于星形城市内放射形的锐角很难设计房屋，于是出现了有格栅型街道的矩形理想城市。

文艺复兴时期建造的理想城市虽不多，但曾影响整个欧洲的城市规划思潮，特别是当时欧洲各国的军事防御城市如法国的萨尔路易（图 10-5）等大多采用这种模式。

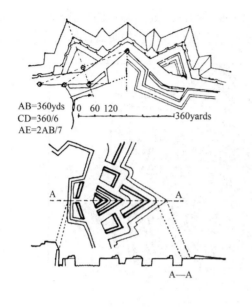

AB=360yds
CD=360/6
AE=2AB/7

0 60 120   360yards

A —— A

A—A

图 10-4　城墙棱堡

图 10-5　萨尔路易

第四节　文艺复兴与巴洛克时期的城市改建

文艺复兴时期的意大利，社会变革较早，因而，城市改建也较其他国家为早。早期文艺复兴的经济与社会变革刺激了商业、航海业、工业的发展，从而促进了资本主义因素的成长和发展，使中世纪的城市结构不能适应新生活的需要。拓宽调直道路，改善城市公共设施与卫生条件，调整城市防御体系已成为当务之急。文艺复兴的城市突破了中世纪城市宗教内容的束缚，教堂建筑退居次要地位，大型的世俗性建筑构成了城市的主要景象。一些城市如佛罗伦萨、佛拉拉（Ferrara）、罗马、威尼斯、米兰、波罗那和锡耶纳等都作了规模不一的城市改建工作。

巴洛克时期城市改建强调运动感和景深（Vista），这也有助于把不同历史时期、不同风格的建筑物构成整体环境。如教皇西斯塔斯五世（SixtusV）在罗马的规划（图 10-6）把主要的宗教和世俗建筑、凯旋门用道路轴线联系起来。

佛罗伦萨

早在 13～14 世纪，佛罗伦萨的经济就比较发达。整个 15 世纪，城市比较安定和繁荣，建筑活动主要是城市公共建筑物和作为城市市民自豪标志的教堂。15 世纪后半叶，东方贸易被断绝，资产阶级将投资转向土地和房屋，一时刺激了佛罗伦萨的建筑活动。16 世纪后半叶，从阿诺河修建了联通市中心西格诺利亚广场的乌菲齐（Uffizi）大街（图 10-7）两侧为严格对称设有骑楼的联排式多层房屋（图 10-8），丰富了市中心广场的群体构图。在城市其他地区亦联通了若干重要建筑物之间的道路区段。

早期佛罗伦萨的建筑物沿袭中世纪市民建筑的特点，着重正立面的设计，不重视体积表现。建筑物均临街并立，广场雕塑亦放在边沿。新贵族的府邸亦采用屏风式的立面构图。

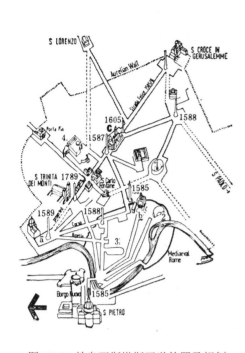

图 10-6　教皇西斯塔斯五世的罗马规划

1—角斗场；2—马塞留斯剧院；
3—纳伏那广场；4—戴克利辛浴场遗址；
a—波波罗广场；b—市政广场；
c—玛利亚；玛吉奥教堂

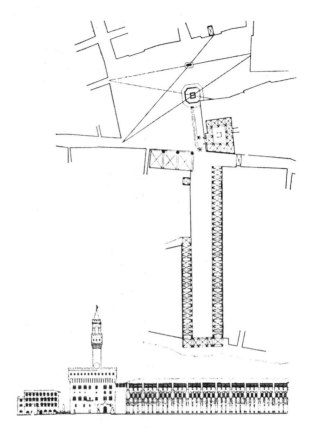

图 10-7　西格诺利亚广场与乌菲齐大街

　　勃鲁乃列斯基于 1434 年主持建成了佛罗伦萨大教堂的穹顶。这个穹顶高踞在十几米高的八角形鼓座上，被抬得高高的，俯瞰着佛罗伦萨全城，成为城市的外部标志（图 10-9）。

佛拉拉

　　佛拉拉（图 10-10）在意大利文艺复兴时期曾是伊斯特家族的领地首府，经济上极为富庶。16 世纪由鲁赛蒂（Rosetti）进行规划。在原中世纪城市的基础上在波河沿岸进行了扩建，并将原城市范围内 200 公顷的田地向另一个方向扩建至 430 公顷。在建设实践中展宽了道路，开拓了亚里奥斯梯亚广场（Piazza Ariostea），改造了旧城，建造了豪华的宫殿府邸和城市建筑群，并改善了城墙的防御设施。新建地区的城市骨架是先进的，规划建设富有弹性。城市的道路都和一些重要的视点相连，联通了城门到宫殿、城门到城堡、宫殿到宫殿以及重要建筑物之间的广场。

威尼斯

　　意大利战争没有直接破坏威尼斯，使威尼斯在富有阶级中，得以继续进行城市改建。在这个商人城市里拜占庭式、高直式教堂、伊斯兰教清真寺、印度庙宇、雅典娜神堂安然杂处。中世纪的禁欲主义亦未能止住威尼斯商人的世俗享乐生活。15 世纪与 16 世纪除开拓街道广场、修建教堂与府邸外，还建造了商业和集会的敞廊、市政府、钟塔、图书馆、博物馆、铸币厂、学校等等。豪绅富商的大府邸多数在大运河的两岸，彼此临接，形成屏风式的立面。

图 10-8　乌菲齐大街与两侧联排式房屋

图 10-9　佛罗伦萨大教堂穹顶

威尼斯是一座美丽的水城。它建立在亚得里亚海威尼斯湾中的180个岛屿上，有134条河道贯串其中，只有东北角一条长堤与大陆相通。文艺复兴时期修建了不少码头和美丽的石拱桥，整顿了中世纪形成的大街小巷，和迂回曲折的河道。最引人注目的是文艺复兴时期完善了圣马可广场的建设。

罗马

15世纪中叶，意大利的东方贸易被土耳其人切断。16世纪欧洲人又开辟了新航路与新大陆，意大利北部各城市经济日趋衰落，只有罗马城，当时是基督教圣地，教皇从大半个欧洲收取教徒贡赋和进行政治投机而使政治权力和物质财富集中在罗马教廷。这一时期罗马人才荟萃，成为宗教和文化的中心。

图10-10　佛拉拉

罗马的改建（图10-11）是文艺复兴时期城市建设的重大事件。教皇们为使从全欧来各地朝圣的人们惊叹罗马的壮丽，所以着手进行一些城市改建。圣彼得大教堂的重建是这个时期的壮举。大穹窿顶的顶点离地137.8米，丰富了城市的立体轮廓。教堂入口广场，由梯形与椭圆形平面组合而成，十分雄伟。它的建筑规模宏大，与其旁的梵蒂冈宫一起，造型豪华，装饰丰富，为罗马增添了景色。17世纪巴洛克时期封丹纳（Fonfana）曾被委托做改建罗马的规划。他修直了几条街道，建造了几个广场和25座以上的喷泉。封丹纳开辟

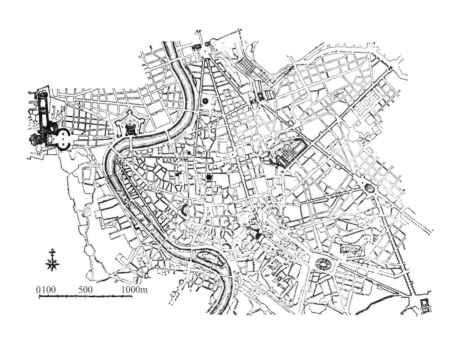

图10-11　16～17世纪罗马的改建

了 3 条笔直的道路通向波波罗（Popolo）城门。它们的中轴线在城门之里的椭圆形广场上相交（图 10-12）。在交叉点上安置一个方尖碑，作为 3 条放射式道路的对景。他用高的方尖碑来标志这个城市北门主要入口的关键地位。这个时期轴线构图被广泛运用。重要建筑物往往属于教皇或权臣，放在城市广场，成为一个地区的中心。建筑物的体积构图受到了强调。多数教堂采用单一空间的集中式构图，具有更强的纪念碑性格。这种造型构思符合于教廷建立中央集权帝国的梦想。

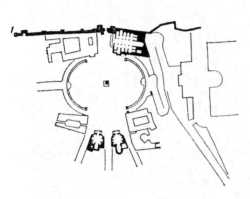

图 10-12　波波罗广场

第五节　文艺复兴与巴洛克时期的广场建设

文艺复兴时期，城市的改建追求庄严宏伟的效果，显示资产阶级的权势。城市建设的主要力量，集中在市中心与广场的建设。建造了许多反映文艺复兴面向生活的新精神和有重要历史价值的广场。早期广场继承中世纪传统，广场周围建筑布置比较自由，空间多封闭，雕像多在广场的一侧，如佛罗伦萨的西格诺利亚广场。这个广场在中世纪已有很多建设，于文艺复兴时期增添了若干建筑物与雕塑，完成了广场与市中心的全貌。文艺复兴盛期与后期的广场比较严整，并常采用柱廊形式，空间较开敞，雕像往往放在广场中央。

安农齐阿广场

佛罗伦萨的安农齐阿广场（Piazza Annunziata）（图 10-13）是文艺复兴早期最完整的广场，采用了古典的严谨构图。它的平面是矩形的，宽约 60 米，长约 73 米。在长轴的一端是 1470 年阿尔伯蒂改造的原建于 13 世纪的教堂立面，它的左侧是勃鲁乃列斯基设计的育婴堂，它的右边是 1518 年建造的修道院。广场三面均是开阔的敞廊，尺度宜人，风格平易。广场中央有一对喷泉和一座骑马铜像，从而突出了中央轴线。

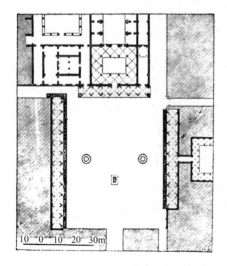

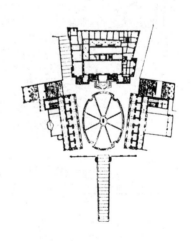

图 10-13　安农齐阿广场　　　　　　　　图 10-14　市政广场平面

罗马市政广场

罗马市政广场（图10-14、图10-15）是米开朗琪罗的重要作品之一，是文艺复兴时期比较早的按轴线对称布置的广场之一。这个设计的成就突出地表现在它的改建工作上。广场正面的元老院和它的左面与之互不垂直的档案馆是原有的建筑物。米开朗琪罗重建了元老院，并于1540年加建了博物馆。广场平面成对称梯形，使这个位于小山顶上的虽是不同时期建造的建筑群在形式上取得协调统一。

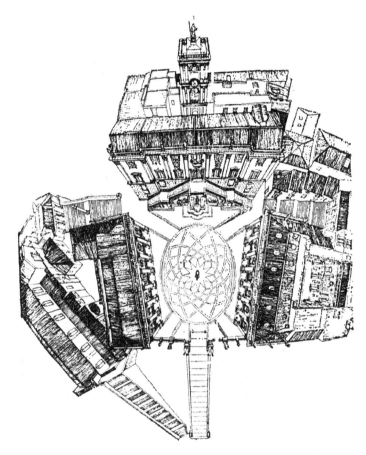

图10-15　市政广场全景

这个广场的独特之处，是它的三面有建筑物，而把前面敞开，一直对着山坡下的大绿地。广场入口的大台阶，以锐角向上面放大，使台阶产生了缩短的错觉。同样，广场上的两座不平行的、向后分开的建筑创造了比较深远的效果。当走近广场中部时，精美的古罗马皇帝骑马铜像吸引住人的视线，并增加了期待感。元老院高27米，两侧的档案馆博物馆高20米。为了把正中的元老院强调出来，就把它的一层做成基座式的，上两层用巨柱式柱子，使元老院在两侧建筑物从平地起来的巨柱式柱子对比之下，显得比实际更高、更为雄伟。站在元老院入口台阶的顶部，可以望到以建筑和雕像为景框的城市全景。这个建筑群设计的特点是，使人在道路上行进中的每一瞥的瞬间合在一起，互相加强效果。

威尼斯圣马可广场

圣马可广场（图10-16、图10-17）是世界上最精致的广场之一。广场上有世界上最卓

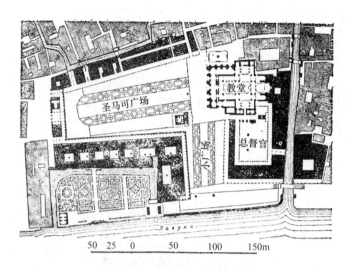

图 10-16　圣马可广场平面

越的建筑群组合。拿破仑大帝曾誉之为"欧洲最美丽的客厅"。这个广场是建造了好几个世纪才完成的。主要建筑物有 11 世纪建造，15 世纪完成了它华丽的面貌的拜占庭式圣马可

图 10-17　圣马可广场鸟瞰

教堂。有始建于 10 世纪初，12 世纪下半叶改建，16 世纪初加上了最后一层和方锥形顶子高达 98 米的高直式钟塔与 1309 ～ 1424 年建造的高直式总督宫，有文艺复兴式的图书馆与四周的新旧市政大厦。几个世纪以来，由于结合历史现状逐步进行改建，既保存了优秀历史遗产，又不断进行了新的创造，成为历史上最有名的广场之一。

广场平面呈曲尺形，在空间组合方面，它是由 3 个梯形广场组合成的一个封闭形的复合式广场。大广场与靠海湾的小广场之间用一个钟塔作为过渡，同时把圣马可广场稍稍伸出一些，使游客从海湾观看时，视觉上起一个逐步展开的引导作用。大广场与圣马可教堂北侧面的小广场的过渡则用了一对狮子雕像与几步台阶进行划分。靠海湾小广场的入口竖立着一对从君士坦丁堡搬来的立柱。东立柱上面立着一尊代表使徒圣马可的带翅膀的狮子像。西立柱上面立着一尊共和国保护者的像。

广场是梯形的，长 175 米，东边宽 90 米，西边宽 56 米，面积 1.28 公顷，很适合当时文艺复兴时期 19 万城市人口的规模。这种封闭式梯形广场在透视上有很好的艺术效果。使人们从西面入口进入广场时，增加开阔宏伟的印象，从教堂向西面入口观看时，增加更加深远的感觉。同主要广场相垂直的靠海湾的小广场（Piazzetta）也是梯形的。从小广场可

以看到对面400米以外海湾内小岛上的建筑对景——圣乔治教堂。这个教堂的钟塔和圣马可广场的巨大钟塔遥遥相对，起了艺术上的呼应作用。

在艺术处理方面，高耸的钟塔成为城市的标志，与广场周围建筑物的水平线条形成美的对比。为使封闭式广场与开阔的海面有所过渡，广场四周建筑底层全采用外廊式的做法，并以发券为基本母题，均以水平划分，形成单纯安定的背景。在这背景之前，教堂与钟塔是一对主角。各种建筑色彩美丽明快，广场上还点缀了大量灯柱和三根大旗杆，增添了节日的生动活泼气氛。

广场长宽大约成2：1的比例，塔高与西入口成1：1.4的比例。当人们进入西入口时能从券门呈现出一幅广场建筑群迷人的画面。

圣马可广场不同空间的互迭和视觉上的相似性和对比性的运用，达到了形体环境的和谐统一的艺术高峰。

罗马圣彼得大教堂

巴洛克时期最重要的广场是圣彼得大教堂前面的广场（图10-18、图10-19），由教廷总建筑师伯尼尼设计。广场气势宏伟，以方尖碑为中心，以长198米的长圆形广场和梯形广场相接。两个广场都围以柱廊。在长圆形广场的长轴上方尖碑的两侧，各有一个喷泉，它们衬托出广场的几何形状。梯形广场的地面向教堂逐渐升高。当教皇在教堂前为信徒们祝福时，全场都能看到居于高处的教皇。

图10-18　圣彼得大教堂广场平面

罗马纳伏那广场

巴洛克封闭式广场中较有代表性的是纳伏那广场（Piazza de Navona）（图10-20、图10-21）。广场平面呈长圆形。一个长边上立着圣阿格涅斯教堂。立面体形弯曲，同广场形状配合默契。广场上有两座喷泉，它们的装饰雕刻形象富有动态。广场中雕刻、喷泉和波折的教堂正立面，构成富于幻想的、欢快的境界。

图 10-19　圣彼得大教堂广场鸟瞰

图 10-20　纳伏那广场平面

巴洛克广场的典型实例还有罗马的西班牙广场及其波折状的联系上下两个不同地形标高的阶梯（图10-22）。

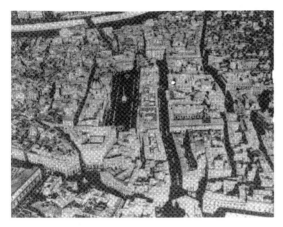

图10-21　纳伏那广场鸟瞰

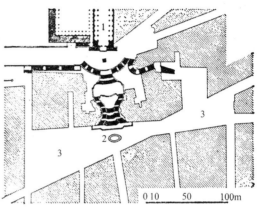

图10-22　西班牙广场
1—教堂；2—喷泉；3—西班牙广场

第六节　文艺复兴与巴洛克时期的园林建设

　　阿尔伯蒂于公元1450年著述的《论建筑》一书。其第九章载有关于园地、花木、岩穴、苑路等的布置。他主张别墅建筑须以凉廊或其他园林建筑小品延伸到周围绿化中去，并强调外部景观的重要性，使自然地形服从于人工造型的规律，把坡地塑造成明确的几何形，并使大自然从属于人的尺度，按对称和比例塑造物质环境。

　　当时罗马名园有三四十所，均为贵族富绅的庄园。其布局大多结合山势，居高临下，引山上溪流下泻，配置喷泉潭池，其中有饰以雕像的喷泉池沼，有随阶降泻的叠瀑与水扶梯。特别是16世纪以后的巴洛克园林中，水的运用达到较高的水平。水与石的结合，造成极有风趣的景观。

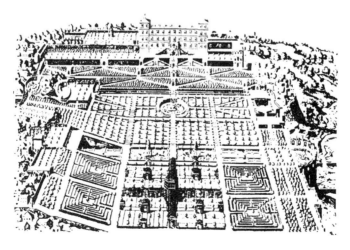

图10-23　埃士特庄园

佛罗伦萨的波波里庄园（Reale Giardino di Boboli）是早期文艺复兴开始营建的意大利北方第一名园，位于佛罗伦萨西南庇蒂府邸（Palazzo Pitti）后院，筑于山坡，园据全城之胜，可居高俯瞰全城，除有雕像喷泉外，还有池塘岩穴。

罗马埃士特庄园（Villad'este）（图 10-23）是 16 世纪末建造的巴洛克园林的先驱，筑于山坡，利用斜坡道、踏步、横轴线等把园林的各个部分组成一个整体。山坡上下高差 48 米，分为 8 层，重台叠馆、连以石阶或土坡。园内古木繁荫，池泉流涌。从城市地下隧道把河水引至园林高处的水库，水流下时穿过园林形成瀑布、喷泉、倒影池等景色。

第十一章　绝对君权时期的城市

第一节　绝对君权时期的时代背景与唯理主义理论思潮

资本主义的增长，需要和平的国内环境和统一的国内市场。这种需要也符合国王扩大自己的权力，统一国家的愿望。国王与资产阶级新贵族结合，反对封建割据与教会势力，先后建立了一些中央集权的绝对君权国家。它们的首都如巴黎、柏林、圣彼得堡等均发展成为全国的政治、经济、文化中心的大城市。17世纪后半叶，路易十四执政时，法国的绝对君权正处于极盛时期，可称是古罗马帝国以后最强大的君主政权。路易十四曾宣称"朕即国家"，并且努力运用科学、文学、艺术、建筑等等为君主政权服务。国王与新的资产阶级的雄厚经济力量使城市的改建与扩建达到了新的规模。当时强盛而黩武的法国称霸于欧洲，并成为欧洲的文化中心。欧洲各国奴颜婢膝地从法国学习一切，从文学、艺术直至生活方式。1655年法国在法兰西学院的基础上成立了"皇家绘画与雕刻学院"。1671年又成立了建筑学院。

17世纪后半叶，古典主义在法国的文学艺术等方面占绝对统治地位。在建筑方面，古典主义也同样成为占统治地位的建筑潮流。古典主义是君主专制制度的产物，也是资产阶级唯理主义在美学上的反映。它体现了有秩序的、有组织的、永恒的王权至上的要求。古典主义力求在一切文学艺术的样式中建立"高贵的体裁"所必需的规则。这些规则是理想的、超时间的、绝对的。它认为不依赖感性经验的理性是万能的。

古典主义在艺术作品中追求抽象的对称和协调，寻求艺术作品的纯粹几何结构和数学关系，强调轴线和主从关系；在平面上是中央广场，在立面上是中央穹顶统率着其余部分。

德意志于18世纪初因大西洋贸易之利，强大而繁荣起来，很快地形成了强有力的中央政权。德意志的王公诸侯们特别倾心于法国路易十四时代的宫廷文化。这时期的宫廷建筑也表现了古典主义的倾向。

俄罗斯于17世纪末18世纪初，彼得大帝进行了全面的政治改革，使俄罗斯成为强大的帝国。他学习西方，特别是法国的古典主义建筑风格通过各种途径传到了俄罗斯。古典的严谨和朴实，最能适合创业伊始的时代特征。俄罗斯的城市建设从18世纪初发生了重要的变化。

第二节　绝对君权时期的法国城市

一、巴黎城市改建

17世纪初亨利四世在位时，为促进工商业的发展，做了一些如道路桥梁供水等城市建设工作。还建造了法兰西广场和皇家广场（Place Royale，后改名Place des Vosges）

（图 11-1）。其中最重要的工作是把巴黎旧日许多破烂的房屋改成整齐一色的砖石联排建筑。这些改造工作多在广场上或大街旁，形成完整的广场和街道景观。

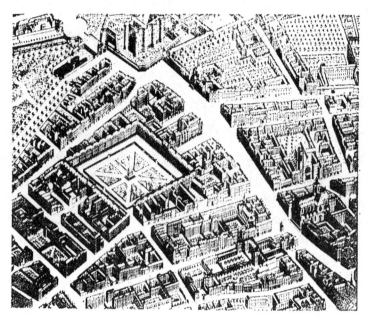

图 11-1　皇家广场

　　路易十四时期，建筑活动集中地表现路易十四和他的国家的强大。在巴黎继续改造卢佛尔宫和建设一批古典主义大型建筑物。这些都与主要干道、桥梁等联系起来，成为一个区的艺术标志。当时巴黎的贵族社会进入黄金时代，富裕的贵族纷纷离开庄园，在巴黎营造城市府邸，促进了巴黎的城市改造。路易十四仿效亨利四世的做法，在巴黎市内建造了路易十四广场（后被改名为旺道姆（Vandome）广场）和胜利广场（图 11-2）等若干几何形封闭广场来表彰他个人的丰功伟绩。绝对君权最伟大的纪念碑是对着卢佛尔宫建立的一个大而深远视线的中轴，延长丢勒里（Tuilleries）花园的轴线，向西稍偏北延伸，于 1724 年其轴线到达星形广场，长 3 公里，中间有一个小小的圆形广场（图 11-3）。这条轴线后来成为巴黎城市的中枢主轴。当时两侧都是浓密的树林。后于 18 世纪中叶和下半叶完成了巴黎最壮观的林荫道——爱丽舍田园大道（Champs Elysee）。路易十五时期在丢勒里花园（图 11-4）之西，建造了协和广场。从协和广场的西侧到小圆形广场长约 800 米，路面宽约 70 米，两侧种植核桃树。从小圆形广场到星形广场，长约 1300 米，两侧建了一些贵族府邸，但大部分还是树林。18 世纪不仅贵族们建造大批府邸，不少房地产商亦投资建造了成批砖石联排公寓，使巴黎的面貌起着较大的变化。

二、凡尔赛的建设

　　路易十四时期，服务于王权的最重要纪念碑是凡尔赛宫（Palace Versailles）。它位于巴黎西南 23 公里，原来是国王路易十三的猎庄。它的主体建筑是一个传统的三合院，在它前面是一个御院，御院前面又用辅助房间围成一个前院。

　　经路易十四重建的凡尔赛宫（图 11-5、图 11-6），实际上是一座宫城。它的东面是凡

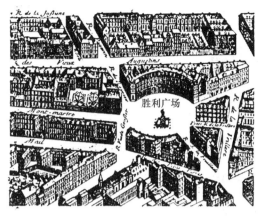

图 11-2　胜利广场

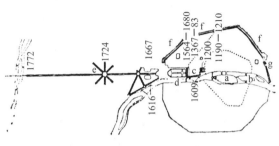

图 11-3　对着卢佛尔宫的视线中轴
a—城岛；b—圣路易岛；c—卢佛尔宫；
d—丢勒里花园；e—凯旋门；f—林荫道

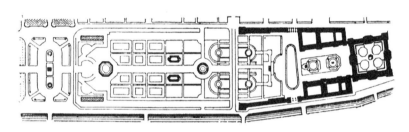

图 11-4　丢勒里花园

尔赛城。宫前有三条放射的大道，其中两侧的大道通向两处离宫，中间的大道通向巴黎市区的爱丽舍田园大道。这三条放射路约成 20°～25°交角，三条路一起约为 50°角。人们观赏时景物能很好地包含在一个单一的视野内。同样凡尔赛花园的风景也是联系成一个整体的宏伟的视觉网络。

　　凡尔赛宫占地总面积为 1500 公顷，为当时巴黎市区面积的 1/4。位于高坡上的主体建筑正投影立面长 400 米，延伸总长度达 580 米。全部宫殿建筑可同时容纳两万人。路易十四在凡尔赛时，通常有侍从 10000 人，食客 5000 人，厩内养马 2500 匹。它的巨大体量同它两边花园的宏大规模取得了协调。

　　凡尔赛宫花园有一个长达 3 公里的中轴线。强烈的轴线、对称的平面、十字形水渠以及用列树装饰的道路造成无限深远的透视，反映了法国的王权、财富和人超越自然的思想。在中轴线的两侧是一些封闭的空间和绿茵

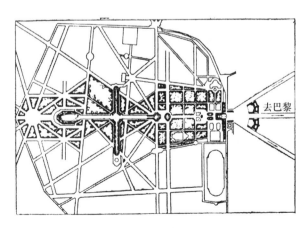

图 11-5　凡尔赛宫平面

的草地、密林、小花园、喷泉、小剧场以及各种奇异的园林小品。

凡尔赛宫的总体布局对欧洲的城市规划有很大影响。它的规划思想，它的三条笔直的放射大道，它的对称而严谨的大花园为其后一些城市的规划借鉴运用。

图 11-6 凡尔赛宫鸟瞰

三、法国广场建设

这时期法国城市建设中最突出的成就是广场。作为封建统治中心的巴黎，出现了分布在一条轴线上的广场系统的规划。纪念性的公共广场有很大发展，并且开始把绿化布置、喷泉雕像、建筑小品和周围建筑组成一个协调的整体，以及处理好广场大小和周围建筑高度的比例，广场周围的环境以及广场与广场之间的联系。

本时期在法国建设的最有代表性的广场是巴黎的旺道姆广场、巴黎的协和广场和洛林首府南锡（Nancy）的中心广场群。

巴黎的旺道姆广场

路易十四在完成凡尔赛宫的建设之后，主要是继续进行 17 世纪初建造广场的工作，并且把广场的原有形制也继承下来：正方形的、封闭的、周围一色的，不过形状稍多一些变化。旺道姆广场（图 11-7）平面长方形，四角抹去，短边的正中连接着一条短街。广场上的建筑是三层的。底层是券廊，廊里设店铺。这种做法开始于 17 世纪初，后一直被沿用，成为法国商业广场和街道的传统。广场中央立着路易十四的骑马铜像。这铜像于 19 世纪初，被一棵高 43.5 米的纪念柱所替代了。

巴黎协和广场（Place de la Concorde）

广场（图 11-8）原名路易十五广场，是为纪念路易十五而建造的。广场位于塞纳河北岸、都勒里宫的西面。它的横轴与爱丽舍田园大道重合。广场的主要特征是开敞。这在当时是一个构思新颖的广场，可能是受意大利开放式广场的影响和凡尔赛的影响，尤其是受英国风景式园林的影响。广场的东、南、西三面无建筑物，向树林、花园和塞纳河完全敞开。只有壕沟和沟边的栏杆标出广场的边界。这种园林广场的做法用到城市广场中来，在当时不失为有卓识的创造。广场的平面为长方形（243 米 ×172 米），略略抹去四个角。在八个角上各有一座雕像，代表着法国 8 个主要的城市。广场北边有一对古典式的建筑物，把广场和北面的南北向大街联系起来，构成了同爱丽舍田园大道垂直的次要轴线。它的北端底景为后来建造的马德兰教堂。

在设计北面一对建筑物的时候，考虑到广场中间路易十五骑马像的高度和雕塑造型，使在广场南端的人观看铜像时，铜像以建筑物女儿墙以上的蓝天为背景，显示出在广阔天空中驰骋的雄姿。雕像南北两侧各有一个喷泉池。协和广场在拿破仑统治时期才最后完成。

它在巴黎市中心的重要作用也才在那时被充分表现出来。1792年骑马像被拆除，1836年在这位置上树立了从埃及掠来的高22.8米的方尖碑。

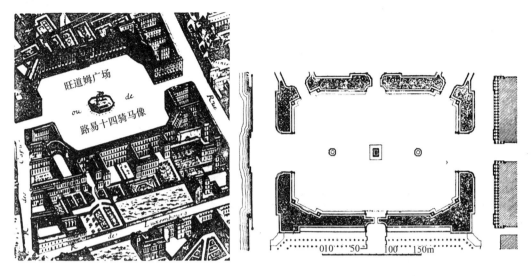

图 11-7　旺道姆广场　　　　　　　　　　　图 11-8　协和广场

协和广场出色地起到了从都勒里花园过渡到爱丽舍田园大道的作用，成了从卢佛尔宫至星形广场的巴黎上轴线上的重要枢纽。

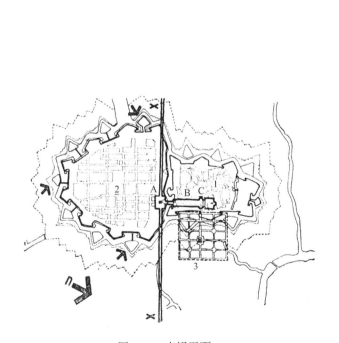

图 11-9　南锡平面

1—旧城；2—新城；3—府邸花园；A—路
易十五广场；B—跑马广场；C—王室广场

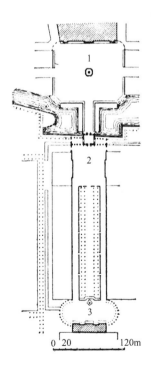

图 11-10　南锡市中心广场平面

1—路易十五广场；2—跑马广场；
3—王室广场

南锡的市中心广场

洛林（Lorraine）公爵的首府南锡，在 18 世纪进行了不少的建设活动（图 11-9），其中最主要的是它的市中心广场的设计。

中心广场（图 11-10、图 11-11）是由北端长圆形的王室广场、南端长方形的路易十五广场，中间夹以一个狭长的跑马广场（Carriere）组成。3 个广场在一个长约 450 米的纵轴上对称排列。

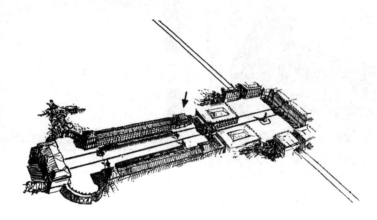

图 11-11　南锡市中心广场鸟瞰

王室广场上的正中是长官府。其两侧伸出半圆形的券廊，把长官府与宽 58 米的跑马广场联系起来。在跑马广场与路易十五广场之间隔着一条宽 40～65 米的护城壕，有一座桥架在上面。在跑马广场这一边的桥头前有一个凯旋门。

路易十五广场的正中是市政厅。广场中部立着路易十五的雕像。广场的四角是敞开的。

南锡市中心广场是半开半闭的广场。三个广场的形状不同，广场群的连接采用了不同的开闭变化，其空间和境界变化很丰富，又很完整统一。树木、喷泉、雕像、栅栏门、桥、凯旋门和建筑物之间的配合相当成功。

四、法国园林建设

自 15 世纪末法王查理八世侵入意大利后，各继位国王把意大利文艺复兴文化包括造园艺术引入法国。16 世纪中叶，在巴黎南郊建枫丹白露宫园（Fontainebleau）。宫园位于面积为 16800 公顷的大森林中，其间满布渠沼喷泉雕像。17 世纪上半叶在巴黎市内建卢森堡宫园（Luxambourg），宫园面积 25 公顷，无强烈轴线对称，为具有法国风格的御园。

闻名世界的是著名造园家诺特（Andre Le Notre）设计的杰作维康宫（Vaux-Le-Vicomte）（图 11-12）和凡尔赛宫。维康宫是路易十四财政大臣福奎特的邸园。此园布置简单、对称而严谨，在轴线两侧布置了一些惊异的、富于变化的景物，园内面积宽广，可供划船、狩猎。凡尔赛宫的设计冲破了意大利的约束形式，开展成法兰西独特的简洁豪放的风格。园周不设围墙，使园内绿化冲出界限，与田野连成一片，是巴洛克造园取得无限感的手法。

凡尔赛整个宫园布置，无处不体现王权至上和唯理主义的思想。凡尔赛宫名闻远近，各国统治者都艳羡凡尔赛，竞相模拟，如俄国彼得大帝于1711年修建夏宫，普鲁士王弗烈德利克大帝于1747年建成无愁宫（San Souci），奥地利皇弗利茨一世及玛利亚皇后于17世纪末18世纪初建绚波伦宫苑（Schönbrunn）即维也纳夏宫。

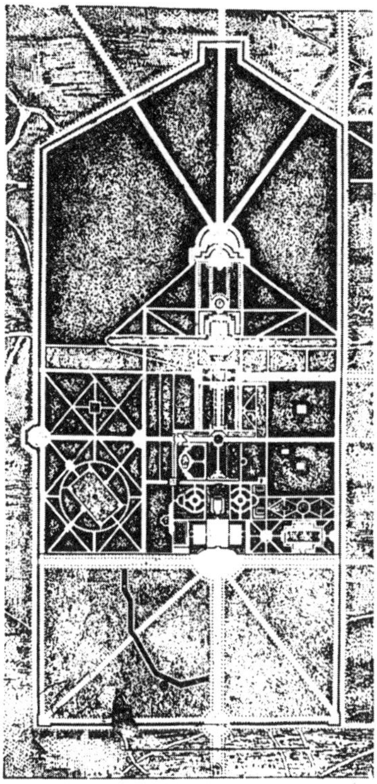

第三节　绝对君权下的俄罗斯与德意志城市

俄罗斯城市

彼得大帝时，俄国强化了专制政体。为克服落后状态和发展资本主义经济，进行了一系列有效的社会改革，并向当时先进的西欧学习。为了打开通向海外的窗口，于1703年开始在波罗的海口新建了彼得堡（图11-13）。作为一国的帝都与海口。彼得要求把都城建设得宏伟壮观并给海上来客一个景色美好的强烈印象，决定于华西里岛前、涅瓦河交叉的地方，建设城市的中心，塑造一个有河上水色衬托的组景式建筑群体。先是建造了彼得保罗堡垒教堂与尖塔。塔高130米，以它的34米高的金色尖顶显耀于河岸。这个尖塔与对面造船厂的尖塔（1727年拆去造船厂，改建为海军部）以及华西里岛端上的美术品陈列馆鼎足而立，形成了彼得堡的门户。其中斜对海军部塔楼的是城市主要干道涅瓦大街。这样，严整而富于创造活力的城市格局被确定下来了。后于19世纪上半叶，又进行了大面积的改建，进一步完善了帝都的面貌。

图 11-12　维康宫邸园

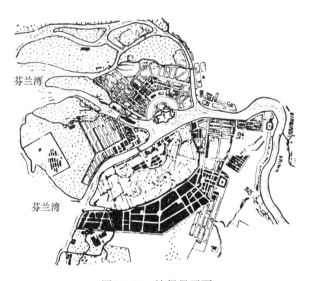

图 11-13　彼得堡平面

彼得堡的形成在俄罗斯城市建设史上增添了光辉的一页。从城市的总体布局，可以看到法国古典主义的明显影响。它也有放射道路、纪念性广场和中心主体建筑物。中心建筑群的规划设计水平是高超的。

彼得在世时修建了那时流行的法国式宫殿——彼得各夫（Peterhof）。它在海岸的陡坡上，在宫殿和海岸之间，渠水像瀑布一样，层层跌落，宫殿后面是一片几何形的花园。彼得死后，于18世纪中叶建造了冬宫。冬宫位于涅瓦河畔，海军部的东侧，是一座巴洛克式宏伟壮丽的建筑，其前设广场，为彼得堡城市中心的另一主要建筑物。

德意志城市

德意志的卡尔斯鲁（图11-14、图11-15）始建于1715年，也是君权专制时代的产物。受巴黎凡尔赛的影响，城市以同心圆组成。中心为王宫，32条以王宫为中心的放射路，全对着王宫的尖顶，其中23条放射路均位于花园绿地之中，仅9条为城市街道。其规划思想是城市统治者企图使市民在生活中处处感到王权的支配力量。这个城市仅按原规划建造了一部分，但原规划布局与轮廓仍一直保存下来。

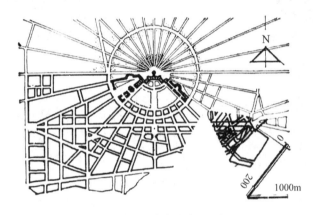

图11-14　卡尔斯鲁平面

图11-15　卡尔斯鲁全景

绝对君权时期的城市著名广场，尚有1749年建于丹麦哥本哈根的阿玛连堡广场（Amalienborg Place）（图11-16）。该广场为八角形平面，周围建筑严格对称。广场中央有骑马像，街道底景一端面向大理石教堂，另一端面向船埠。

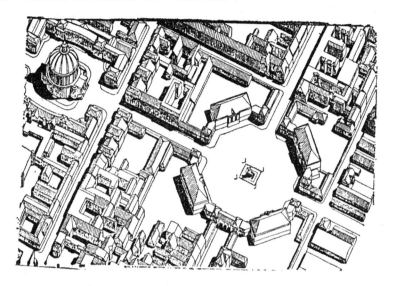

图 11-16　哥本哈根阿玛连堡广场

第三篇　近代资本主义社会的城市

第十二章　近代资本主义城市的产生和欧洲旧城市改建

第一节　资本主义城市的社会背景

通过资本的原始积累和文艺复兴，资产阶级的势力和影响日益扩大，还在16世纪资产阶级就已在政治上有所行动。一方面是欧洲的宗教改革运动和在德意志进行的大规模农民战争。另一方面是新兴的资产阶级直接夺取政权的尝试，即16世纪末尼德兰摆脱西班牙的统治后建立了资产阶级的共和国。当欧洲还普遍处于封建专制制度统治的时期，这个共和国具有重要的历史意义，它拉开了欧洲资产阶级革命的序幕。

决定欧洲从封建制度转向资本主义制度的是1640年英国和1789年法国的资产阶级革命。它具有重大的世界历史意义。

英国革命最主要的成果是17世纪后半叶和18世纪生产力的飞跃发展，最后导致18世纪下半叶的产业革命。开始了机器工业的时代。

法国资产阶级革命是整个欧洲资本主义发展的结果。拿破仑在意、德、西班牙和其他地方的胜利，动摇了这些国家的封建制度，为资本主义关系的发展扫清了道路。

资本主义生产的需要，促进了科学的发展。到17世纪后半叶，科学已突飞猛进地发展，遍及欧洲一切国家。

资本主义大工业的产生，引起了城市结构的深刻变化，从而对城市建设提出了新的要求，这包括欧洲的旧城改造，亚非拉殖民地城市的产生，美国新城市的建设以及为探索解决资本主义城市的各种矛盾，促使了近代各种规划理论的产生和探索。

第二节　资本主义工业城市的产生

荷、英、法等早期资本主义城市是在封建社会内部发展起来的。在资产阶级夺取政权的初始阶段，虽然有些商业繁荣、对外贸易发达的地区，也曾提出城市建设局部改革的新要求，但未引起城市规划结构的根本变化。

近代城市的规划结构的变化，是随着科技革命和产业革命而引起的。产业革命引起社会经济领域和城市规划结构的巨大变革，以及出现城市化的进程，即农业人口转化为城市人口的进程。城市化是随着工业化而出现的，并且工业化进一步推动着城市化。

科技革命和产业革命发生在18世纪60年代到19世纪60年代。它以物理学、化学等科学知识的重大进展为基础，以纺织厂、蒸汽机的广泛应用为主要标志。1784年瓦特发明联动式蒸汽机。1785年卡特莱特发明水力织布机。1799年克隆普顿发明缪尔纺纱机，标志着产业革命的开始。这次革命是由英国开始的。动力和机器的使用，引起手工业工场向工厂制的转变。由于蒸汽机提供了集中的动力，摆脱了过去工业完全依靠人力及水力的状态，使工业在城市有集中的可能。随着动力和机器的发明和应用，推动了冶铁和采煤工业的发展。机器工业的发展又促进交通运输业的革新。1807年富尔顿发明汽船。1914年史蒂芬逊发明机车，实现了用蒸汽发动机车的铁路运输。19世纪下半叶，英国又开始建设地下铁道（图12-1）。交通运输业的革命又转而推动工业的进一步发展。到19世纪40年代，英国已经基本完成了产业革命。英、法、德、俄、日等国，也在19世纪内相继完成了这次产业革命。

图 12-1　英国地下铁道

产业革命影响了城市生产力的布局，也改变了产业革命前国家的经济地理面貌。例如英国，产业革命前，经济最发达和人口密集的地区是以伦敦为中心的东南部。产业革命后，人口向西北地区移动，在丰富的煤矿产区，出现了新的工业中心如曼彻斯特、伯明翰和利物浦等。曼彻斯特于1760年，人口仅12000，至19世纪中叶，人口达40万。

城市化的进程促使城市人口的增加数为显著。圈地占用农田规模有增无减，大批失地农民从田间涌入城市。城乡手工业者也纷纷破产，投入城市的雇佣大军。

恩格斯在《英国工人阶级状况》一书中分析资本主义城市的发展时曾经写道："人口也像资本一样地集中……大工业企业需要许多工人在一个建筑物里共同劳动；这些工人须住在近处，甚至在不大的工厂近旁，他们也会形成一个完整的村镇……于是村镇就变成小城市，而小城市又变成大城市。城市愈大，搬到里面就愈有利……这就决定了大工厂城市惊人迅速地成长。"

这个时期、蒸汽机的使用将洁净的水使用后变为污水，将城市的洁净河道变成排污水沟。1830年左右霍乱猖獗，一些大城市各种传染病盛行。工厂主为获取廉价原料、劳力及销售市场，赴乡村不断建设新厂，而这些新厂又不断形成新的工业城市。它们又往往在旧的工业城市周围接二连三地聚集起来。还由于大工业需要新的交通工具，于是在交通沿线也形成了一系列独立的城市。

资本主义城市的迅速发展与城市分布的不平衡带来了城市建设的种种矛盾。

1. 城市化进程的加快，城市人口迅速增长，引起城市的畸形发展，市区地价昂贵，建筑拥挤，密度过高，居住条件恶化。

从下列数字可以看出当时城市人口发展的概况：

近代西方几个大城市人口规模变化表（万人）

城　　名	年代		
	1800 年	1850 年	1900 年
伦　敦	86.5	226.3	453.6
巴　黎	54.7	105.3	271.4
柏　林	17.2	41.9	188.9
纽　约	7.9	69.6	343.7

2. 大工业的生产方式，引起了城市功能结构的变化，破坏了原来脱胎于封建城市的那种以家庭经济为中心的城市结构。城市中出现了前所未有的大片工业区、交通运输区、仓库码头区、工人居住区，城市生活的空间随之扩大。前所未有的铁路枢纽、火车站、港口码头的频繁作业区，打乱了原来封建城市的结构布局。

由于土地私有，生产的无政府状态，工厂盲目地建造和杂乱无章地分布。工厂或厂区的外围往往为简陋的工人住宅区。城市进一步扩大，又往往将这些工业包围在内，形成工业与居住区的混杂。有的城市，铁路站场插入市中心；有的城市，扩大后把城郊的站线包围在内，形成了铁路对市区的分割。也有的城市沿海岸、河道盲目蔓延，使河岸、海滨完全为厂房、码头、堆栈所占。

3. 大工业的生产方式，大大刺激了商品经济的发展。各种商业金融机构在市中心集聚，这就是资本主义城市的市中心，反映了城市中新的政治力量的统治。

资本家、地产商大量的以谋利为目的的出租空间。劳动人民居住条件恶化，形成贫民窟；而资产阶级在环境较好的地区建造舒适的高级住宅别墅。城市中阶级对立，两极分化极端严重。

4. 城市盲目扩展，布局混乱，形成大量的、紊乱的人流货流，造成车辆剧增和交通阻塞。

5. 城市各种公用设施提供了远比封建社会高得多的城市物质生活条件。但与此同时，随着工业的盲目发展，大量污水、废气、垃圾污染了城市环境。

6. 城市中建筑紊乱，城市设计缺乏整体环境的考虑，建筑艺术衰退。城市环境景观质量下降。

第三节　英国的旧城改建

伦敦改建

在英国，资产阶级革命前，伦敦已是全国的商业和生产中心，约有人口 45 万。当时因人口过多，建筑密集，瘟疫盛行。1666年9月伦敦大火，几乎毁灭了城市（图12-2）。而这个火灾却为伦敦提供了遵循近代城市的功能要求改进城市的机会。克里斯托弗·仑（Christopher Wren）提出了重建伦敦的规划（图12-3）。这个规划虽无规划结构上的根本变革，仍是沿袭古典主义手法，而且把法国园林设计的技巧运用于城市。但他们的规划还是鲜明地反映了资产阶级革命后的新观念，体现了资产阶级的经济和政治力量的增长。他设计的街道网采用了古典主义的形式，但根据功能将城市各主要目标联系了起来。一条中央大街连接三个广场，对城市起控制的作用。一个圆形广场位于郊外，有8条辐射的大道。另一个三角形广场，是两道岔道的交叉点，广场上的主要建筑物是圣保罗教堂。再一个是椭圆形的市中心广场，有10条道路与之交会。广场正中是皇家交易所，广场周围有邮局、税务署、保险公司及造币厂等。这个中心广场有笔直的大道通向泰晤士河岸的船埠。船埠有半圆形广场，引出4条放射形道路直接联系大半个城。这种市中心、船埠及其交通的功能布局，反映了资本主义城市重视经济职能的新的特征。

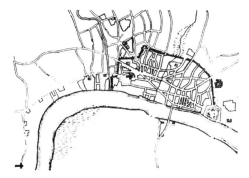

图12-2　1666年大火前的伦敦

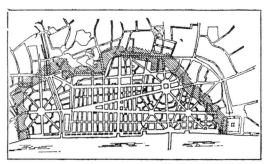

图12-3　1666年伦敦规划

这个规划没有很好地结合现状与地形，并且要求剧烈地改变私人土地的所有权，而当时伦敦的主要土地分属于几十个贵族或富户所有，所以没有得到官方的采纳。

克里斯托弗·仑的伦敦规划有划时代的意义。它的规划表明社会的主人是资产阶级，而不是国王和教会。城市的布局也反映资产阶级的政治地位和代表他们的经济利益。与此同时，罗马和巴黎这时候正在大建城市广场。它们的中心或是教堂或是宫殿，或是国王的骑马像。

1666年大火后，伦敦为城市改建设立了专门委员。规定重建时放宽街道，使街道一面的火灾不致蔓延到对面，并规定用砖、石耐火材料建房，和根据街道宽度限定房屋层高。1667年颁布了《重建伦敦市法令》，规定了三种房屋形制。

此后数十年，比较有计划的建设主要集中在西郊。这里建造了新型的居住建筑群。在有限的空间内使建筑具有整齐而富丽的外貌。因为建筑群中间常布置成方形的规则广场，因之称为"伦敦斯贵尔"（London Square）（图12-4）。

公园建设方面，革命后逐渐把封建主占有的大型花园如海德公园（Hyde Park）、里琴公园（Regent Park）和圣詹姆士公园（St. James Park）等经过整理改造后，成为城市公众游憩或进行社交活动的场所。

1811 年建筑师纳希（John Nash）为伦敦边缘的里琴大街（Regent Street）（图 12-5、图 12-6）里琴公园和克莱逊特公园（Crescent Park）作了规划设计。这条大街深受巴黎里沃利（Rivoli）大街的影响，长约 2 公里，在道路交叉口有广场，沿街有住宅、商店及银行等建筑物。它把里琴公园与它南面的高级住宅联系起来。这条大街的整体面貌和环境景观是十分出色的。

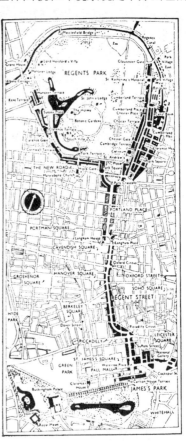

图 12-4　伦敦斯贵尔

图 12-5　里琴大街

图 12-6　里琴大街街景

巴斯的建设

这时期英国的城市建设，除伦敦外，疗养城市——巴斯（Bath）（图 12-7）的规划建设是 18 世纪中叶的一个杰出的范例。巴斯以温泉著称。1764 年由小约翰伍德（John Wood the Younger）设计，建造了"舍葛斯"（Circus），这是一个约 92 米直径的圆形广场，四周环抱着在同一屋檐下整齐排列的多层圆形建筑群。另一个是 1769 年建造的"皇家克莱逊特"（Royal Crescent）（图 12-8）是一个 183 米长的月牙状居住建筑群，在其前形成大的月牙状广场绿地。这个 183 米长的建筑群是由 30 座多层住宅在同一屋檐下整齐排列的。以上两组建筑群的中间被插上一条整齐的街道，把两者联接起来。1794 年在巴斯城又建造了兰斯道恩·克莱逊特（Landsdowne Crescent）（图 12-9）。这个建筑群设计成蛇形，位于城市高处，以三个折曲顺地形高差组成了蛇形住宅群。这在当时是一种创举。在空间处理上运用了开敞和动态的手法。

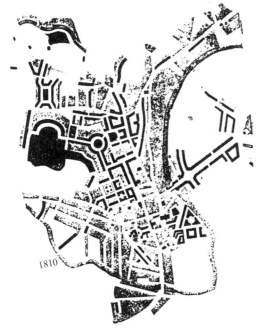

图 12-7　巴斯平面

图 12-8　皇家克莱逊特

A—史贵尔（方形广场）；B—舍葛斯（圆形广场）；
C—皇家克莱逊特；D—兰斯道恩·克莱逊特

英国的园林

18 世纪 30 年代由英国造园学院发起的园林设计革命，开创了完全自由的风景园林，抛弃了欧洲传统的园林设计手法。此时中国传统的模仿自然山水的造园方法正与英国兴起的浪漫主义的造园思想一致，在英国出现了风靡一时的"英华庭园"（Anglo-Chinese garden）。

英国 18 世纪出现的浪漫主义风景园林，主要是渊源于英国政治、经济、文化的发展，以及它赖于滋生的大自然条件。从英国自然条件看，它有连绵的小山，弯曲的小河，散布的树丛。从政治因素看，法国园林形式与专制制度有关，而对 18 世纪时有较多民主思想和要求的英国人来说，法国园林逐渐地不能被接受了。英国新的园林设计追求自然、变化、惊奇、隐藏和田园的情调，强调蛇形的曲线美，有意识地保存自然起伏地形。这个时期的园林被习惯地称作"如画的园林"（Picturesque garden）。

图 12-9　兰斯道恩·克莱逊特

19 世纪后半叶的城市公园运动

19 世纪上半叶造园思想是浪漫主义和自然主义的结合。浪漫主义运动首先在英国完成。19 世纪开始了现实主义的觉醒，追求表现大自然的力量。自然主义运动是与科学技术的发展直接联系的。由于植物分类学和生态学发展引起人们对自然界的兴趣，对自然保护的认识也提高了。

19 世纪后半叶发生了城市公园运动。欧洲许多城市的皇家园林都向公众开放了，并出现了植物园、动物园。

第四节　法国的旧城改建

雅各宾专政时期的巴黎改建

1789 年法国暴发了资产阶级革命，1793 年雅各宾党专政，这是最下层的贫苦人民的专政，当时制订了一个改建巴黎的规划。城市建设的重点是第三等级和贫苦的手工业工人的聚居区。为了减轻市中心的交通负荷，规划开辟几条新干道，同爱丽舍田园大道相接，特别着重的是为劳动人民居住区铺设街道和路面，增加供水水井，清除垃圾，添置街灯。封闭一些市内墓地，把巴士底狱夷为平地，修建绿化广场，并在市内广泛进行绿化。当时从逃亡贵族和教会没收的土地占巴黎市区面积的 1/8。本来很有利于进行城市改建，可是 1794 年雅各宾党的专政被颠覆，建设没能进行。巴黎城的人口在革命期间反而减少了 10 万。

从 1789 年到 1794 年的革命时期，法国建筑界曾有过一种非常新颖非常生动的建筑潮流。这种新潮流追求表现感情，表现性格、情绪。在建筑上追求体形简单的圆柱体、方锥体、平行六面体和球体。平整的墙面很少有装饰，平面也大多由简单的几何形组成，以反映"一切建筑物都应当像公民美德那样单纯"的见解。

拿破仑帝国时期的巴黎改造

1799 年大资产阶级的政治代表拿破仑建立军事独裁政权，并于 1804 年称帝。这时期的城市建设活动主要是为发展资本主义经济以及为颂扬拿破仑对外战争的胜利服务。巴黎市内，出租牟利的多层公寓逐渐成为居住建筑的主要类型，决定了城市多数地区的面貌。1811 年巴黎开始改建里沃利大街（图 12-10）。沿街是一色的房屋，连阁楼一共五层，底层是商店，前面有连绵的券廊，形成人行道。这条大街整齐庄严和街对面与之平行的卢佛尔宫及其中轴线上的皇家园林，配合得体。

为表彰拿破仑帝国的光荣与权威，在巴黎西部改建了贵族区，在市中心区以纪念碑、纪念柱和纪念性建筑群点缀广场与街道，使彼此呼应，以控制巴黎中心地区的帝都风貌。协和广场以东 300 米是丢勒里宫。丢勒里宫被烧毁以后，建了拿破仑的练兵场凯旋门。协和广场以西2700米是为拿破仑建的雄狮凯旋门。这两个凯旋门东西相距3公里，遥遥相对，奠定了巴黎市中心的轴线。协和广场南边隔着塞纳河，是拿破仑时代建的有柱廊的下议院，它和北面干道相连、形成广场的纵轴线。广场中央拆除了路易十五雕像，代之以拿破仑远征埃及时劫掠来的一个方尖碑（图12-11）。于是，以协和广场为枢纽，在规划布局上，控制了巴黎的市中心。雄狮凯旋门广场建成后，由于堵塞交通，于是，在它周围开拓了圆形的广场，即明星广场（图12-12）。12条40～80米宽的大道辐辏而来，使它成为一个地区的中心。雄狮凯旋门高达49.4米，它的中央券门就有36.6米高，位于爱丽舍田园大道的最高点，气势恢宏，十分壮观。

图12-10　里沃利大街

图12-11　拿破仑时期设置方尖碑的协和广场

拿破仑时期的另一个纪念物是旺道姆广场正中的旺道姆纪念柱。为建造这个纪念柱，搬走了原来的路易十四骑像。纪念柱高43.5米，完全用铜铸成，模仿罗马图拉真柱，柱上雕有拿破仑一次战役胜利的战争史迹。

拿破仑第三时期的巴黎改建

1853～1870年间，拿破仑第三执政时，由赛纳区行政长官欧思曼主持，进行了大规模的改建工作（图12-13）。其时法国国内及国际铁路网已形成，使巴黎成为欧洲的最大交通枢纽之一。城市的迅速发展，使城市原有功能结构由于急剧变化而产生城市现状与发展之间的尖锐矛盾。城市的改建既有功能要求，又有改造市容、装点帝都的艺术要求；此外还有政治目的，即从市中心区迫迁无产阶级，改善巴黎贵族与上层阶级的居住环境，拓宽大道，疏导城市交通，消灭便于革命者进行街垒战斗的狭窄街巷，把便于炮队与马队通行的大道连通各个角落，有利于统治者调动骑兵炮兵，发挥火器

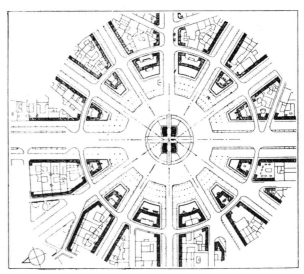

图12-12　明星广场

作用，以镇压起义者。

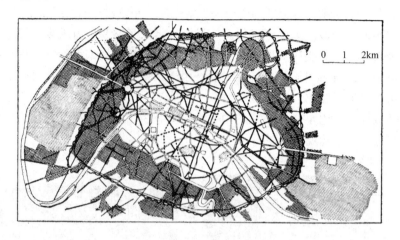

图 12-13　欧思曼巴黎改建规划

这项宏伟工程的一个重要内容，是完成巴黎的"大十字"干道和两个环形路。大十字干道把里沃利大街向东延长至圣安东区，使它与西端的爱丽舍田园大道（图 12-14）联成巴黎的东西主轴，并作一条与之垂直的南北干道，形成一个大的十字交叉。这个大十字交叉，均贯穿市中心，是椭圆形市区的长轴与短轴。内环线的形成是在塞纳河南岸作一弧线，与北岸的巴士底广场以及协和广场连接。再与北岸原有的半弧形道路组成环线。内环之外，以民族广场与明星广场与东西两极再跨一环，构成了巴黎的内外二环。

图 12-14　爱丽舍田园大道

在拿破仑第三执政的 17 年中，在市中心区开辟了 95 公里顺直宽阔的道路，并拆毁了 49 公里旧路，于市区外围开拓了 70 公里道路，并拆毁了 5 公里旧路。市中心的改建，以卢佛尔宫、宫前广场、协和广场以及北至军功庙西至雄狮凯旋门这一带最为突出。这是继承 19 世纪初拿破仑大帝的帝国式风格，将道路、广场、绿地、水面、林荫带和大型纪念性建筑物组成一个完整的统一体。为美化巴黎城市面貌，当时对道路宽度与两旁建筑物的高度都规定了一定的比例，屋顶坡度也有定制。在开拓了 12 条（其中 5 条是 1854 年新辟的）宽阔的放射路的明星广场上，直径拓宽为 137 米，四周建筑的屋檐等高，立面形式协调统一。这次改建重视绿化建设，全市各区都修筑了大面积公园。宽阔的爱丽舍田园大道向东、西延伸，把西郊的布伦公园与东郊的维星斯公园的巨大绿化面积引进市中心。此外，建设了两种新的绿地，一种是塞纳河沿岸的滨河绿地，一种是宽阔的花园式林荫大道。

巴黎改建把市中心分散成几个区中心。这在当时是独一无二，它适应了因城市结构变化而产生的分区要求。

从当时的历史条件看，巴黎还处于马车时代、工场时代和煤气灯时代，尚无新的交通工具和新的先进技术，但巴黎改建促进了城市的近代化。它在市政建设上有一些重大成就，如建造了技术上相当完善的大规模地下排水管道系统，使城市几乎每个角落的污水都能顺利排出，并且改善了自来水供应，增加了水压。1855年开办了出租马车的城市公共交通事业，街道上增加了照明汽灯。这个时期人口由原来的120万增至200万。

巴黎改建未能解决城市工业化提出的新的要求，未能解决城市贫民窟问题。拆除旧的贫民窟后，立即于新拓干道的街场后院出现了新的贫民窟。对因国内和国际铁路网的形成而造成的城市交通障碍也未得到解决。但欧斯曼对巴黎改造所采取的种种大胆改革措施和城市美化运动仍具有重要历史意义。当时19世纪的巴黎（图12-15）曾被誉为世界上最美丽、最近代化的城市。

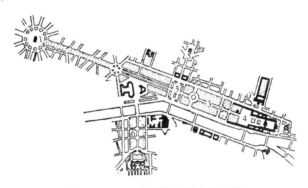

图12-15　19世纪的巴黎中心主轴
1—明星广场；2、3—丢勒里花园；4—卢佛尔宫；5—马德兰教堂；6—残疾院广场

第五节　俄国的旧城改建

18世纪下半叶，俄罗斯的资本主义生产关系已经形成，并已获得巩固，一些重要城市的建设活动大为活跃。法国的建筑文化也对俄国发生巨大的影响。19世纪初，俄国成为欧洲强国。1812年战败了拿破仑的侵略，凯旋的激情成了城市建设的主要思想内容。

19世纪初彼得堡营建了宽阔宏伟、联成一体的十二月党人广场（原元老院广场）、海军部广场和冬宫广场。在广场和广场对岸建造了一批大型纪念性建筑物，形成了世界上极为壮丽的隔岸鼎足而立的组景式市中心建筑群（图12-16）。

在老海军部原址上，1823年建成了新的海军部大厦，正立面长407米，侧立面长163米，在大厦正中有一座72米高的塔，组成了整个城市中心的垂直轴线。

后来，在海军部大厦前又修建了两条大道，同原有涅瓦大街（图12-17）形成对称的、放射形的三条大道。

同海军部隔涅瓦河相对，华西里岛的尖端上建造了交易所。它同海军部和彼得罗巴夫洛夫斯克教堂鼎足而立，这三者构成了彼得堡的海上中心。

在冬宫的对面，1829年建成了一所弧形的总司令部大厦。为了纪念与拿破仑作战的胜利，在中央作了凯旋门式的构图。这凯旋门是冬宫广场的南面入口。

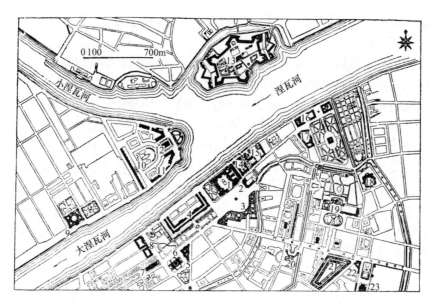

图 12-16　彼得堡

1—冬宫；2—近卫军司令部；3—总司令部；4—海军部；5—洛巴诺娃 - 罗斯托夫皇族府邸；6—伊萨基叶夫斯基教堂；7—练马场；8—元老院与宗务院；9—艺术学院；10—十二院；11—科学与考古学院；12—交易所；13—彼得罗巴洛夫斯克教堂；14—博物馆；15—博物馆剧院；16—大理石宫；17—巴甫洛夫斯克军团兵营；18—米哈伊洛夫寨堡；19—米哈伊洛夫宫；20—喀桑教堂；21—劝业场；22—公共图书馆；23—亚历山大剧院

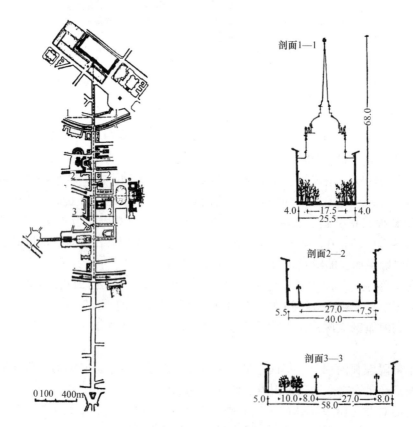

图 12-17　涅瓦大街

冬宫广场中央，矗立着1834年完成的47.4米高的沙皇亚历山大的纪念柱，丰富了广场建筑群的构图。

十二月党人广场在海军部西侧，一边是海军部的侧翼，对面是元老院以及1834年完成的宗教会议大厦。北面临涅瓦河，原来有桥。迎着桥头是著名的彼得大帝的青铜骑马像，南面是1859年完成的伊萨基叶夫斯基教堂。

第六节　阿姆斯特丹的旧城改建

阿姆斯特丹位于荷兰北部须德海湾中，13世纪后随着手工业工场与海上贸易的发展，城市逐渐由海滨小村发展为荷兰的主要城市。荷兰于16世纪在海上争霸中取得优势，通过侵略战争和掠夺殖民地，很快成为西欧最富庶的国家。至17、18世纪，这里曾是蜚声世界的贸易中心和最大的港口。当时各国豪商巨富云集于此，这里也是世界的商业都会之一。17世纪时城外已修建了防御性城墙。港口筑起了大量码头、仓库和客栈。市内开设了交易所和银行（图12-18）。不久城墙又向外扩大，并建了22个碉堡。市内房屋密集，市区作马蹄状向河口两岸发展，旋又成扇形。这些房屋多沿运河分布。市内运河纵横交错，层层环绕城市，状似蛛网。历次扩建城市，都不断开凿新的环城运河（图12-19）。

1875年阿姆斯特丹开凿了一条运河直接连接北海。旧的城墙被拆除，拆除后建设绿带，其中建设了方格网式的居住区。

阿姆斯特丹是运河之城。这些运河几乎穿过每一条街道。至今城市市中心区的规划结构仍是13～17世纪的运河与道路骨架。运河两旁至今还存在荷兰鼎盛时期建造的古老建筑。这些建筑一律是朱红色的墙和绿色三角形的屋顶。房屋一般为四、五层，高度统一，色调明艳，富有民族特色。

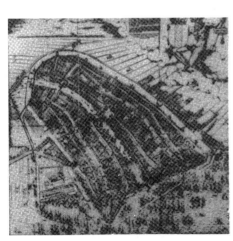

图12-18　阿姆斯特丹平面

图12-19　阿姆斯特丹环城运河

第十三章　近代亚非拉殖民地城市和
美国新建的大城市

第一节　近代亚非拉殖民地城市

17、18 世纪，欧洲绝大多数国家资本原始积累过程已经开始，其原始积累的重要来源之一是对美洲、亚洲和非洲人民的剥削和掠夺。17、18 世纪中美和南美是西班牙和葡萄牙的殖民地。当时亚非国家多数还处在封建统治下，某些国家和地区甚至还处在更早的社会发展阶段。这些国家逐一成为西方资本主义殖民掠夺的对象。

19 世纪最后 30 年"自由"资本主义过渡到垄断资本主义，对外发动侵略战争，变本加厉地对弱小民族实行压迫和兼并。抢占大量殖民地成为帝国主义赖以生存的重要条件。到 19 世纪末、20 世纪初，资本主义各国已结束领土和势力范围的分割，确立了帝国主义的殖民体系。

近代亚非拉的大城市，大多是欧洲殖民主义殖民扩张的产物。它们具有宗主国资本主义城市的一般特征。这些城市早期多为掠夺殖民地的财富和倾销商品而兴起的。有的则是殖民主义的政治或军事中心。有的由于宗主国资本输出，也出现了规模较大的工业城市。在城市发展过程中，有的殖民地国家民族工业亦相继发展起来。

图 13-1　墨西哥中心广场

殖民地城市的一般特征：

1. 城市平面简单，一般为方格形路网。各自独立的小街坊，以近乎正方形的为多。在城市中心地带，或去掉几个街坊或缩小几个街坊的面积，腾出空地建成城市中心广场。广场上有教堂、市政厅、殖民当局或富商的官邸。西班牙菲力普二世在位时（即 1573 年），已把这种城布模式以法令形式对墨西哥的建设进行了规定。

城市的规划结构仅考虑平面的两度空间，未建立三度空间的概念。仅是划分地块，卖给建房者，未要求城市立体构图与各个独立街坊间房屋的连续性与统一性。拉丁美洲的若干殖民城市，有宽阔的道路与宏伟的广场（图 13-1）。除市中心局部地区建设有条理外，其他地区房屋层数低，建设松散，无规划秩序。

2. 殖民统治者对城市发展、人口规模、用地规模都无科学预测。为便于城市从小到大，易于发展，采用棋盘方格形道路骨架系统。这种道路系统与自然地形不甚结合，城市可以向各种方向自由扩展。16 世纪西班牙殖民主义者采用了这种方格形道路系统，普遍地应用于中美与南美各新建的殖民地城市。如 16 世纪墨西哥的喀士柯（Cuzco）（图 13-2）和 16 世纪阿根廷的孟多札（Mendoza）。这种道路规划结构于 17、18 世纪被英法殖民主义者应

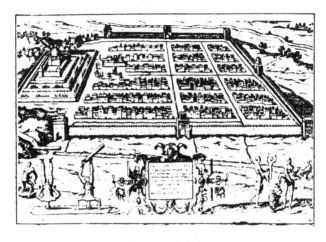

图 13-2　喀士柯

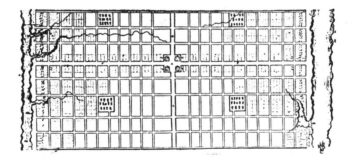

图 13-3　费城

图 13-4　萨伐纳

用于北美殖民地，如 1682 年按攀恩（Penn）的设计建成的费城（Philadelphia）（图 13-3）和 1734 年建成的萨伐纳（Savannah）（图 13-4）。在 19 世纪亦被应用于亚洲、非洲等殖民地城市，如 19 世纪的越南西贡（Saigon）（图 13-5）和 19 世纪埃及的赛德港（Port Said）（图 13-6）。葡萄牙占领的印度郭亚（Goa）（图 13-7）仍维持原来中世纪伊斯兰城市的弯曲转折的道路系统。

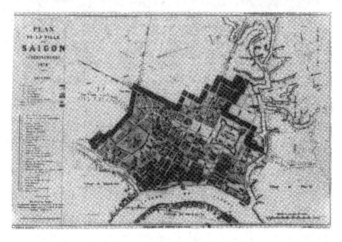

图 13-5　西贡

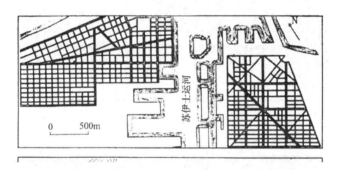

图 13-6　赛德港与福德港

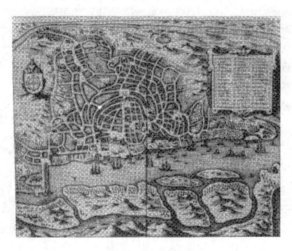

图 13-7　郭亚

新加坡

1819 年英国侵入时，新加坡还是荒凉的孤岛，人口仅 150 人。英国占领该地进行建设后，它是英帝国在东南亚殖民扩张的最大据点之一。这个城市地理位置显要。它扼太平洋与印度洋的咽喉，从欧洲或印度至远东、澳洲的航轮必须经过这里，是世界海洋航路的要冲之一。这里港口优良，港南有两个岛屿作为屏障，港内风平浪静，沿港水深 10 米以上。42000 吨的大轮船可靠岸停泊。这里又是附近各国的货物集散点。马来亚的橡胶、锡和印度尼西亚、缅甸、泰国、越南等国的货物也从这里转口。

它位于马六甲半岛南端的一个小岛，东西长 41 公里，南北宽 22 公里，岛上丘陵起伏，有长堤与大陆相连。

市区在岛的南端，1822 年进行了城市规划。规划把市区划分为政府区、商业区、欧洲人区、华人区。每个不同的种族都有自己的聚居地，充分反映了阶级对立与民族矛盾。

19 世纪殖民时期，市区建设在沿海东南部分，与其他殖民城市一样，街道垂直相交，成棋盘式道路系统。东西向道路几乎与海岸线平行，南北向通向海岸。市区房屋均系西式，城市居民活动中心在临海一带。

加尔各答

印度于 1757 年以后逐步沦为英国殖民地。这个列为世界著名的大城市是被作为英国殖民统治者在印度的最主要据点而成长起来的，是印度东海岸的最大港口。城市明显地分为两部分。城中央是欧洲式建筑街区，它的四周为贫民居住区。

码头旁是城市中心区，有古老的威廉堡和公园。城市中央大道在公园附近通过。大道旁有大公司管理处、银行、旅馆、商店等，不远处是市场。这个城市没有摆脱一般殖民地大城市的弊病。城市迅速膨胀，吞没了郊区，并与附近城市连成一片。

开罗

埃及的开罗也曾是非洲最大的殖民地城市，作为帝国主义殖民统治的中心而发展起来的。中世纪以来埃及一直是土耳其属国，近百年陷为英国的殖民地，并于 1863 年成为国家首都。

它位于尼罗河右岸，从一座古代城堡向北，城市沿河流延伸。最大的一条连接上下埃及各省的交通大动脉在这里通过。

开罗分新旧两城。旧城在东半部，是亚洲闪族人的前哨，有穆斯林、柯普特及犹太人区域。旧城仿中东穆斯林住区，外形像一个圆形的剧场。街道狭窄弯曲，住房为一、二层土房。英国殖民者建设的新开罗，占据城市的西北郊，有宽阔的街道，巨大的广场及欧式高层建筑。尼罗河左岸为开罗大学及居住区。

该城人口密集、用地紧张，反映了殖民地大城市的一般特征。

布宜诺斯艾利斯

布宜诺斯艾利斯为最早的西班牙殖民地城市，为大西洋岸重要港口，也是南美最大的交通枢纽之一。

市中心广场是殖民时期建设的。它的周围有市政厅、总督官邸、大教堂及国家银行。一条中央大道由此向西直达议会大厦。它在中途穿过共和国广场，一座方尖碑屹立在广场的中心。广场北面是商店、剧院和商业区，该市的传统商业中心也在这个区。

城市北部为有产者住宅区，而工人居住区靠海港布置。

第二节　美国新建的大城市

一、美国的方格形城市

18、19 世纪欧洲殖民者在北美这块印第安人富饶的土地上建立了各种工业和城市。城市的开发和建设由地产投机商和律师委托测量工程师对全国各类不同性质、不同地形的城市作机械的方格形道路划分（一般地把街坊分成长方形）。开发者关心的是在城市地价日益增长的情况下获得更多利润，采取了缩小街坊面积，增加道路长度，以获得更多的可供出租的临街面。首都华盛顿是少数几个经过规划的城市之一，采用了放射加方格的道路系统。地形起伏的旧金山也生搬硬套地采用了方格形道路布局，给城市交通与建筑布局带来很多不便。这种由测量工程师划分的方格形布局是马车时代交通不发达的情况下，资本主义大城市应付工业与人口集中的一种方法。

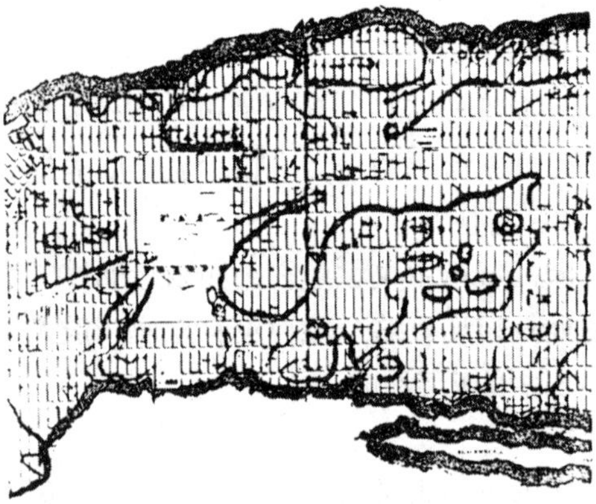

图 13-8　1811 年的纽约城市总图

1800 年的纽约，人口仅 79000 人，集中于曼哈顿岛的端部。1811 年的纽约城市总图（图 13-8）采用方格形道路布局，东西 12 条大街，南北 155 条大街。市内唯一空地是一块军事检阅用地。从 1858 年才在此建设了中央公园。

这个方格形城市东西长 20 公里，南北长 5 公里。1811 年制订总图时预计 1860 年城市人口将增加 4 倍，1900 年将达到 250 万人，总图按 250 万人口规模进行了规划。事实上，人口增长比总图预计的更快，1850 年已达 696000 人，而 1900 年竟达 3437000 人。

1811 年纽约总图是马车时代的产物，不适应城市的发展，但 1811 年制订总图时对人口与城市规模的增长有一定的预见性。

二、华盛顿的朗方规划

1780 年华盛顿被定为首都。1790 年美国国会授权华盛顿总统，在原马里兰州波托马克河畔选择了一块土地进行规划建设。华盛顿总统聘请了当时在美国军队里服务的法国军事工程师朗方（Le Enfant）为首都作规划。

在规划设计中，曾以热那亚、拿波里斯、佛罗伦萨、威尼斯、马德里、伦敦、巴黎、阿姆斯特丹等八个欧洲城市为借鉴，根据华盛顿地区的地形、地貌、风向、方位、朝向等条件，选择了两条河流交叉处、北面地势较高和用水方便的地区，作为城市发展用地。城市面积约 30 平方公里。朗方规划（图 13-9）是以国会与白宫为中心制定的。朗方把三权分立中最重要的一权即立法机关——国会，放在华盛顿的最高处，即琴金斯山高地（高于波托马克约 30 米），这是全城的核心和焦点，可以俯视全城。以国会大厦为中心，设计一条通向波托马克河滨的主轴线，并连接白宫与最高法院，成为三角形放射布局，构成全城布局结构中心。白宫与国会也在同一轴线上。从国会和白宫两点向四周放射出许多放射状道路通往许多广场、纪念碑、纪念馆等重要公共建筑，并且结合林荫绿地，构成放射与方格形相协调的道路系统，形成许多美丽的街道景观。主要街道很宽，有的宽达 50 米。一些重要建筑物和纪念性建筑物均各有特色，宏伟壮丽，与绿树成荫的大道相陪衬。从国会大厦开始，正中有一条林荫大道往西伸展，像一条绿带伸展到后来建造的华盛顿纪念碑。纪念碑往北是白宫。纪念碑往西是通过后来修建的狭长倒影池到达林肯纪念堂。整个地区气势宏伟，像一个大花园。林荫大道两旁原来规划为使馆区，后来建了许多博物馆、展览馆。

朗方对华盛顿规划的人口规模预计为 80 万。当时美国全国人口才不到 400 万，这是一项英明的预测。他的规划思想与设计手法，是受到他生活过的巴黎和凡尔赛的影响。

图 13-9　朗方的华盛顿规划

第十四章　近代城市规划的理论与实践

18、19世纪之交，是资本主义社会科学技术发展的重要时期。新的生产方法和交通通信工具已经发明，并得到广泛应用。工厂代替手工作坊，城市在旧的躯体上迅速增长，城市成为矛盾的焦点。于是从文艺复兴以来，作为政治控制手段的城市规划完全不适合了，要求探索新的理论和进行新的实践。某些统治阶级、社会开明人士以及空想社会主义者，为尝试缓和城市矛盾，曾作过一些有益的理论探讨和部分的试验，其中著名的有空想社会主义的城市、田园城市（Garden City），工业城市（Industrial City）和带形城市（Linear City）的理论等。此外19世纪在美国的许多城市中开展了保护自然、建设绿地与公园系统的运动。

第一节　空想社会主义的城市

早在16世纪前期，英国资本主义萌芽时期，托马斯·摩尔（Thomas Moore）就提出了空想社会主义的"乌托邦"（Utopia）（即乌有之乡、理想之国），有54个城，城与城之间最远一天可到达。城市不大，市民轮流下乡参加农业劳动，产品按需向公共仓库提取，设公共食堂、公共医院，废弃财产私有观念。稍后安得累雅的"基督教之城"、康帕内拉的太阳城也都主张废弃私有财产制。这种早期空想社会主义者的进步性是主张消灭剥削制度和提倡财产公用，其保守性是代表封建小生产者反对资本主义萌芽时期已露头的新的生产方式。

后期空想社会主义最著名的有19世纪初的欧文（Robert Owen）和傅立叶（Fourier）等。

欧文曾是一个工厂的经理，他提出以"劳动交换银行"及"农业合作社"解决私人控制生产与消费的社会性之间的矛盾。他认为要获得全人类的幸福，必须建立崭新的社会组织，把农业、手工业和工厂制度结合起来，合理地利用科学发明和技术改良，以创造新的财富。而个体家庭、私有财产及特权利益，将随着社会制度而消灭，未来社会将按公社（Community）组成，其人数为500～2000人，土地划为国有并分给各个公社，实行部分的共产主义。最后农业公社将分布于全世界，形成公社的总联盟，而政府消亡。

欧文把城市作为一个完整的经济范畴和生产生活环境进行研究，于1817年根据他的社会理想，提出了一个"新协和村"（Village of New Harmony）的示意方案（图14-1）。建议居民人数为300～2000人（以800～1200人为最好），耕地面积为每人0.4公顷或略多。新协和村中间设公用厨房、食堂、幼儿园、小学会场、图书馆等，周围为住宅，附近有用机器生产的工场与手工作坊。村外有耕地、牧场及果林。全村的产品集中于公共仓库，统一分配，财产公有。他的这种设想，呼吁政府采用，遭到拒绝。

1825年欧文为实践自己的理想，毅然用自己4/5的财产，带了900人从英国到达美国的印第安纳州，以 15 万美元购买了 12000 公顷土地建设新协和村（图 14-2）。该村的组织方式与 1817 年的设想方案相似，但建筑布局不尽相同。欧文认为建设这种共产村可揭开改造世界的序幕，但在整个资本主义社会的包围下，不久全部失败了。

图 14-1 新协和村示意方案

图 14-2 印第安纳州新协和村

和欧文的试验类似的，有傅立叶的法朗吉（Phalanges）（图 14-3）。1829 年他发表了《工业与社会的新世界》一书。他主张以法朗吉为单位，由 1500 ～ 2000 人组成公社，废除家庭小生产，以社会大生产替代。通过组织公共生活，以减少家务劳动。他的空想比欧文更为极端，他把 400 个家庭（1620 人）集中在一座巨大的建筑中，名为"法兰斯泰尔（Phalanstere）"（图 14-3），是空想社会主义的基层组织。这些试验也都先后失败。

1871 年戈定（Godin）力图把傅立叶的思想变成现实，在盖斯（Guise）进行了建设（图 14-4、图 14-5）。尽管这个"千家村"名噪一时，但不能适应 19 世纪技术和社会发展的需要。

空想社会主义的理论与实践，在当时未产生实际影响。但他们的设想中把城市作为一个社会经济的实体，把城市建设与社会改造联系起来，以及其规划思想的出发点是为着解决广大劳动者的生活、工作问题，在城市规划思想史上占有一定的地位。他们的一些设想及理论也成为其后"田园城市"、"卫星城镇"等城市规划理论的渊源。

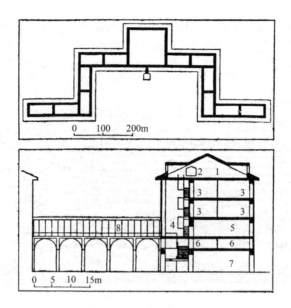

图 14-3 法兰斯泰尔

1—屋顶层、内设客房；2—水箱；3—私人公寓；4—高架通道；5—集会厅；6—夹层、内设青年宿舍；
7—首层、马车入口处；8—有屋顶的人行桥

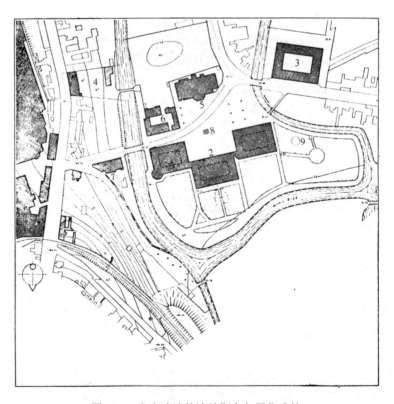

图 14-4 戈定建造的法兰斯泰尔居住建筑

1、2—法兰斯泰尔；3、4—后增建的住宅；5—剧院与学校；6—实验室；7—公共浴池与室内游泳池；
8—戈定的雕像；9—公园

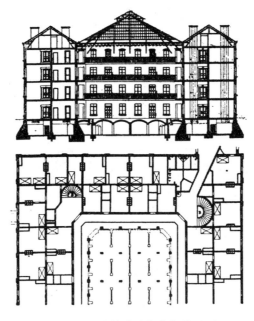

图 14-5 戈定的法兰斯泰尔总平面

第二节 田 园 城 市

19世纪末英国政府以"城市改革"和"解决居住问题"为名，攫取政治资本，授权英国社会活动家霍华德（Ebenezer Howard）进行城市调查和提出整治方案。霍华德受当时英国社会改革思潮的影响，对社会上出现的种种问题，如土地所有制、税收问题、城市的贫困问题、农民流入城市造成城市膨胀和生活条件恶化等问题进行了研究，于1898年著述《明天——一条引向改革的和平道路》。1902年再版时，书名改为《明日的田园城市》。

首先，他提出了一个有关建设田园城市的论证，即著名的三种磁力的图解。这是一个关于规划目标的简练的阐述，即现在的城市和乡村都具有相互交织着的有利因素和不利因素。城市的有利因素在于有获得职业岗位和享用各种市政服务设施的机会。不利条件为自然环境的恶化。乡村有极好的自然环境。他感叹乡村是一切美好事物和财富的源泉，也是智慧的源泉，是推动产业的巨轮，那里有明媚的阳光、新鲜的空气，也有自然的美景，是艺术、音乐、诗歌的灵感之所由来。但是乡村中没有城市的物质设施与就业机遇，生活简朴而单调。他提出"城乡磁体"（Town-Country Magnet），认为建设理想的城市，应兼有城与乡二者的优点，并使城市生活和乡村生活像磁体那样相互吸引、共同结合。这个城乡结合体称为田园城市，是一种新的城市形态，既可具有高效能与高度活跃的城市生活，又可兼有环境清净、美丽如画的乡村景色，并认为这种城乡结合体能产生人类新的希望、新的生活与新的文化。

为控制城市规模、实现城乡结合，霍华德主张任何城市达到一定规模时，应该停止增长，其过量的部分应由邻近的另一城市来接纳。因而居民点就像细胞增殖那样，在绿色田野的背景下，呈现为多中心的复杂的城镇集聚区。即若干田园城市围绕一中心城市，构成一个城市组群，用铁路和道路把城市群连接起来。他把这种多中心的组合称为"社会城市"。在他著作第一版的图解中表示的是一个 25 万人口的城市（图 14-6）。其中心城市可略大些，建议为 58000 人，其他围绕中心的田园城市为 32000 人。

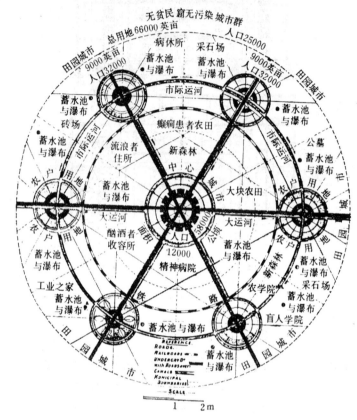

图 14-6　霍华德构思的城市组群

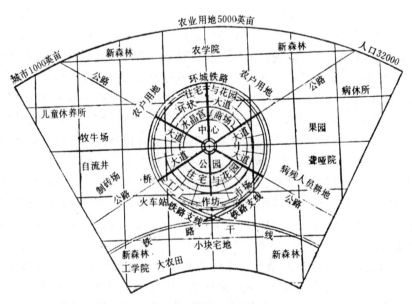

图 14-7　城乡结合的田园城市简图

他画了一个容纳 32000 人城乡结合的简图（图 14-7）。建议总占地约 2400 公顷，其中农业用地约 2000 公顷。农业用地中，除耕地、牧场、菜园、森林以外，农业学院、疗养院等机构也设在其间。城市位于农业用地的中心位置，占地 400 公顷，四周的农业用地保留为绿带，不得占为他用。其中 30000 人住在城市，2000 人散居在乡间。

对于容有 3 万人口的城市，他也画了一个示意图（图 14-8）。城市平面为圆形，是由一系列同心圆组成，可分市中心区、居住区、工业仓库地带以及铁路地带。有 6 条各宽 36 米的放射大道从市中心的圆心放射出去，将城市划分为 6 个等分面积。

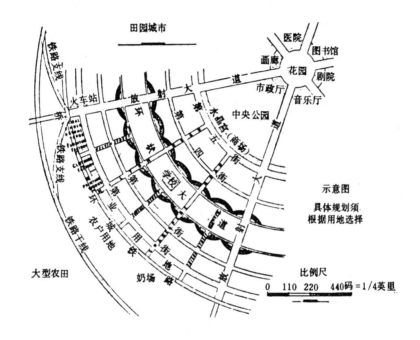

图 14-8　1/6 片段的田园城市示意图

市中心区中央为一圆形中心花园。四周建有市政厅、音乐厅、剧院、图书馆、博物馆、画廊以及医院等。其外绕有一圈占地 58 公顷的公园。公园四周又绕一圈宽阔的向公园敞开的玻璃拱廊，称为"水晶宫"，作为商业、展览和冬季花园之用。从水晶宫往外，一圈圈共有 5 条环形的道路。在这个范围内都是居住街区。5 条环路的中间一条是宽广的林荫大道，宽 130 米，广种树木。学校、教堂之类，都建在大道的绿化丛中。城市的最外围是各类工厂、仓库、市场、煤场、木材场与奶场等，一面对着最外一层环境，另一面向着环状的铁路支线。

霍华德对如何实现田园城市，从土地问题、资金来源、城市的收支、经营管理等等都作了具体的建议。1903 年他着手组织"田园城市有限公司"，筹措资金，在离伦敦 56 公里的地方建立起第一座田园城市——莱奇华斯（Letchworth）。1920 年又开始建设离伦敦西北 36 公里的第二座田园城市——韦林（Welwyn）。英国田园城市的建立，引起各国的重视。欧洲各地纷纷仿效建设。但都只是袭取"田园"其名，实质上都不过是城郊的居住区。

霍华德针对现代工业社会出现的城市问题，把城市和乡村结合起来，作为一个体系来研究，设想了一种带有先驱性的城市模式，具有一种比较完整的城市规划思想体系。它对现代城市规划思想起了重要的启蒙作用。对其后出现的一些城市规划理论如有机疏散理论、卫星城镇理论有相当大的影响。20 世纪 40 年代以后，在某些规划方案的实践中也反映了霍华德田园城市理论的思想。

第三节 工 业 城 市

19 世纪，蒸汽机、铁路等的发明，把产业革命推向新的阶段。大机器生产的发展，劳动场所逐渐扩大，工场的重要性也日益增加，劳动与居住的地方逐渐分离，城市中各种活动的分布也日趋复杂，破坏了原来脱胎于封建社会的那种以家庭经济为中心的城市结构，19 世纪末，乃出现"工业城市"的理论。

法国青年建筑师戛涅（Tony Garnier）从大工业的发展需要出发，对"工业城市"规划结构进行了研究。他设想的"工业城市"人口为 35000 人，规划方案（图 14-9）于 1901 年展出，他对大工业发展所引起的功能分区，城市组群等都作了精辟的分析。

他把"工业城市"各功能要素都进行了明确的功能划分。中央为市中心，有集会厅、博物馆，展览馆、图书馆、剧院等。城市生活居住区是长条形的，疗养及医疗中心位于北边上坡向阳面，工业区位于居住区的东南。各区间有绿带隔离。火车站设于工业区附近，铁路干线通过一段地下铁道深入城布内部。

城市交通是先进的，设快速干道和供飞机发动的试验场地。

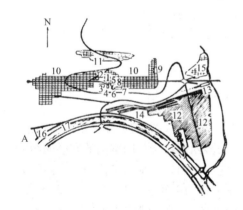

图 14-9 戛涅"工业城市"方案

1—集会厅；2—博物馆；3—图书馆；4—展览厅；5—剧院；6—露天剧场；7—运动场地；8—学校；9—技术与艺术学校；10—住宅区；11—保健中心、医院、疗养院等；12—工业区；13—火车站；14—货站；15—古城；16—屠宰场；17—河流

图 14-10 戛涅"工业城市"钢筋混凝土房屋

住宅街坊宽 30 米、长 150 米，各配备相应的绿化，组成各种设有小学和服务设施的邻里单位。

戛涅重视规划的灵活性，给城市各功能要素留有发展余地。他并运用 1900 年左右世界上最先进的钢筋混凝土结构来完成市政和交通工程的设计。市内所有房屋（图 14-10）如火车站、疗养院、学校和住宅等也都用钢筋混凝土建造，形式新颖整洁。

第四节 带 形 城 市

1882年西班牙工程师索里亚·伊·马塔（Arturo Soria Y Mata）在马德里出版的《进步》杂志上，发表了他的带形城市（Linear City）设想，使城市沿一条高速、高运量的轴线向前发展。他认为那种传统的从核心向外一圈圈扩展的城市形态已经过时。它会使城市拥挤、卫生恶化。在新的集约运输形式的影响下，城市将发展成带形的。城市发展依赖交通运输线成带状延伸，可将原有城镇联系起来，组成城市的网络。不仅使城市居民容易接近自然，又能将文明的设施带到乡间。他于1882年在西班牙马德里外围建设了一个4.8公里长的带形城市（图14-11、图14-12），后于1892年又在马德里周围设计一条有轨交通线路，

联系两个原有城镇，构成一个长58公里的马蹄状的带形城市（图14-13）。1909年将原于1901年建成的铁路改为电车。1912年有居民2000人。

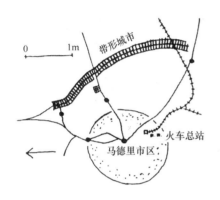

图14-11 马塔在马德里外围建成的4.8公里带形城市

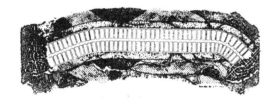

图14-12 马塔的带形城市方案

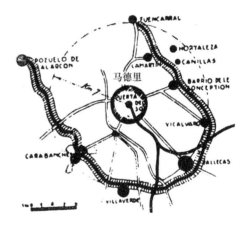

图14-13 马塔在马德里周围规划的马蹄形带形城市方案

带形城市的理论是：城市应有一道宽阔的道路作为脊椎，城市宽度应有限制，但城市长度可以无限。沿道路脊椎可布置一条或多条电气铁路运输线，可铺设供水、供电等各种地下工程管线。最理想的方案是沿道路两边进行建设，城市宽度500米，城市长度无限。他认为带形城市可以横跨欧洲，从西班牙的加的斯（Cadiz）延伸到俄国的彼得堡，总长度2880公里。如果从一个或若干个原有城市作多方延伸，可形成三角形网络系统。

"带形城市"理论对以后城市分散主义有一定的影响。苏联进行过带形城市的探讨。20世纪40年代希尔勃赛玛（Hilberseimer）等人提出的带形工业城市理论也是这个理论的发展。由现代建筑研究会（MARS）的一组建筑师所制的著名的伦敦规划（1943）采取了这种形式。此外，作为这种形式的变种，战后时期在哥本哈根（1948）、华盛顿（1961）、巴

黎（1965）和斯德哥尔摩（1966）的规划中都出现过。从华盛顿与巴黎都证明，在面临私有经济者企图在指状或轴线式布局的中间空隙地带进行建设的情况下，这种规划是很难保持住的。

第五节　美国的开展保护自然、建设绿地与公园系统

19世纪当一些先驱者看到利用现代技术改造城市的可能性时，也有另一些先驱者看到技术给城市带来的灾难，思考着如何保护大自然和充分利用土地资源的问题。这种思想和理论对城市规划产生了重要影响。美国人马尔什（G. P. March）从认真的观察和研究中看到了人与自然、动物与植物之间相互依存的关系。主张人与自然要正确地合作。他的理论在美国得到了重视。在美国很多城市中开展了保护自然、建设公园系统的运动。在实践中做出重要贡献的是奥姆斯特（F. L. Olmsted）。他于1859年获纽约中央公园设计竞赛奖。以后又设计了旧金山、勃法罗、底特律、芝加哥、波士顿、蒙特利尔等城市的公园。1870年他写了《公园与城市扩建》一书，提出城市要有足够的呼吸空间，要为后人考虑，城市要不断更新和为全体居民服务的思想。在他的影响下，美国的好多城市作出了城市公共绿地的规划。欧洲大陆如德国、法国也广泛接受了他的理论，推广了城市公共绿地的建设工作。

第四篇 现 代 城 市

第十五章 20世纪二次大战前的城市规划与建设

20世纪初，西方国家的城市问题主要有：1.随着工业革命后，新阶级的迅速成长，促成当时社会秩序的变更，以及继19世纪之后，城市化进程的进一步加速。2.新技术的问世造成的变革。

自产业革命以来的两个世纪中，资本主义的生产方式使社会的经济结构发生了巨大的变革，涌现了大量的工业生产城市。城市人口占总人口的比重大幅度上升，如工业革命发源地的英国，工业化和城市化处于领先地位。到20世纪初，英国城市人口占总人口的比重已经从19世纪中叶的50%增至75%。在资本主义发展较早的美国，城市人口占总人口的比重从1890年的35.1%增至20世纪20年代的50%。据统计在第一次世界大战前，拥有10万人口的城市就算大城市，而这些城市也不过仅占世界城市总数的1.6%。到20世纪20年代，世界城市人口约占世界总人口的10%。

20世纪初新技术的问世，对城市的规划与建设起了一定的推进作用。俄国地理学家彼得·克鲁泡特金（P. Kropotkin）提出，电的利用可使城市有可能在任何地点建设。他主张依靠电力开发分散布局的自给自足的城市。交通工具的进步对城市规划产生了最有力的影响。世界上第一条单轨铁路系统是19世纪末20世纪初在德国的伍珀塔尔城建成的。汽车也是20世纪发明的。美国人凯姆勒斯（E. Chamles）设想了在屋面上连续运行的车辆交通系统。1910年法国发明家赫纳德（Eugene Henard）设想城市的建筑物立在高支柱上，交通系统是环状的，飞机在屋面上降落。意大利建筑师伊利亚（A. S. Elia）则设想了以垂直与水平交通为基础的大都市。这是架设在地面以上的人行道和车行道系统。将摩天大楼连成一个整体的城市设想。这些设想对以后的理论产生了重要的影响。

从1914年的第一次世界大战爆发。到1939年第二次世界大战爆发，在这二十余年间大约可分为三个阶段：1.1917～1923年，是世界资本主义体系受到深刻震撼的时期，出现了第一

图 15-1 洛克菲勒中心

123

个社会主义国家苏联。战后德、奥、波、捷相继爆发人民革命，有的地区还建立短暂的苏维埃政权。欧洲各国陷于严重的经济和政治危机之中。这个时期产生了新建筑运动思潮，各国为严重的住房缺乏问题作出了一些努力。2.1924～1929年是资本主义相对稳定时期。各国经济得到恢复，出现某些高涨，建设活动随之兴盛起来。美国在战争中发了财，战后经济继续发展，城市中高层摩天楼接踵出现。欧洲主要工业国也出现建设活动的繁荣时期。3.1929～1939年是资本主义世界发生严重经济危机，酝酿和走向新的世界战争的时期，建设活动重新活跃了一个短时期。如美国于30年代初建设了纽约的洛克菲勒中心（Rockefeller Centre）（图15-1）。1939年第二次世界大战全面爆发，各交战国的城市建设活动趋于停顿。

第一节　1900～1918年的欧美城市

一、20世纪初城市规划的立法工作

20世纪初，欧美一些国家已认识到城市规划是政府管理城市物质环境的一项经常的和重要的职能。1909年是英美两国重要的一年。那年英国第一次通过了城市规划法，美国举行了第一次全国城市规划会议，发表了但尼尔·伯赫姆（Daniel Burnham）的芝加哥规划（图15-2）和芝加哥城市规划委员会的成立。在这时期德国、瑞典以及其他欧洲国家相继建立了规划行政机构并制订了立法。1916年纽约制定了第一次区划法规（Zoning Law），这是公认的区划法的开端。其目的在于保护现有地产价值和保证空气和阳光。后又制订基地管理法（Subdivision Control Act）。它是根据建筑管理规则以指导待建基地总平面的初步设计。这两个法对城市新辟地段的开发也起到控制作用。

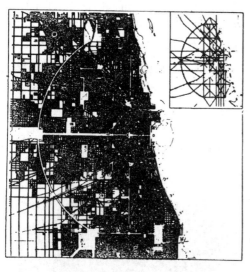

图15-2　伯赫姆芝加哥规划

二、田园城市与城郊居住区的建设

田园城市

20世纪初，霍华德的田园城市思想被英国的一些忠实的追随者所发展。在众多的杰出者中间有奥斯勃恩（Frederick Osborn）、翁温（Raymond Unwin）和帕克（Berry Parker）。英国第一座田园城市莱奇华斯，始建于1903年（图15-3），是翁温和帕克设计的。政府采纳了霍华德建议的集资方法，即从农村获得地价较廉的土地，然后通过以后的土地增值使新城公司按期偿还借款，并再从利润中拿出一部分投资于建设。莱奇华斯位于伦敦东北64公里，征得城市和农业用地共1840公顷，规划人口35000人，但到1917年，人口才达18000人，与霍华德的设想相距甚远。其后1919年建造了第二座田园城市韦林（图15-4），

距伦敦 27 公里，城市和农业用地共 970 公顷，规划人口 5 万人，也未能解决大伦敦工业与人口的疏散问题。

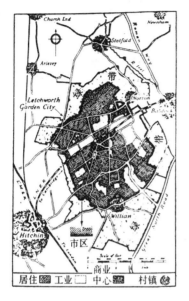

图 15-3　莱奇华斯田园城市

图 15-4　韦林田园城市

城郊居住区的建设

翁温和帕克于 1905—1909 年在伦敦西北的戈德斯格林（Golders Green）建设了汉普斯特德田园式城郊（Hampstead Garden Suburb）（图 15-5）。这不是一个田园城市，而是一个城郊居住区。1907 年新的地下铁道通至该居住区。这个城郊居住区的建设受到很多田园城市支持者的谴责，但这是一个创造"社会性综合社区"的成功实验。居住区内兼有各种住宅类型，从公寓大楼到小住宅，均经过精心设计，富于变化又十分和谐，这是 20 世纪初英国在规划设计方面的重要成就。

1912 年翁温和帕克写了一本小册子《拥挤无益》（Nothing Gained by Overcrowding），论证住宅发展应该采取低于当时通行的密度。他指出：公共绿地的需要是关系到千百万人的事。因此，为节约土地而采取较高的密度是严重的失误。他推荐新居住区的净密度为每公顷 30 户，按当时平均家庭人口计算合 125 ～ 150 人 / 公顷。这个标准被 1918 年官方的报告所采纳，成为二三十年代住宅设计的依据。帕克于 1930 年规划的位于曼彻斯特南面的威顿肖维（Wythenshawe）就是大致按照这个密度建设起来的。

翁温和帕克始终坚持霍华德关于用宽大绿带围绕新城的原则。帕克于 20 年代访问美国以后，吸取了美国建设园林大道（Parkway）（图 15-6）的经验，认为城市之间的"绿地背景"应该被这种方便而互相联系着的园林大道所占据。

建设城郊居住区的思潮也在欧洲其他国家得到发展。1910 年意大利在米兰城外 8 公里处修建了花园郊区米兰尼诺（Milanino）。1913 年德国在柏林近郊的斯塔肯规划了一个花园郊区。1912 ～ 1920 年巴黎制定了郊区规划，打算在离巴黎 16 公里的范围内建立 28 座居住城市。

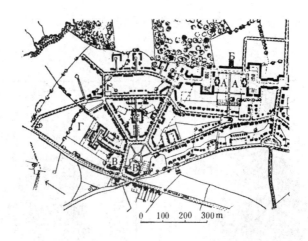

图 15-5　汉普斯特德田园式城郊
A—小教堂；Б—研究机构；B—中心区商店；Γ—学校

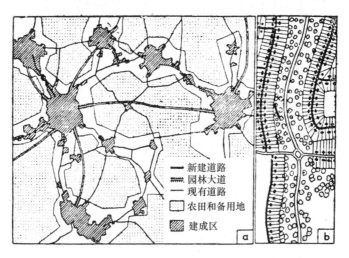

图中图例：
—— 新建道路
▒▒ 园林大道
▓▓ 现有道路
☐ 农田和备用地
▨ 建成区

图 15-6　帕克设计的园林大道

三、盖迪斯对区域规划和城市规划学科的贡献

自 1883 至 1919 年一位苏格兰生物学家盖迪斯最早注意到工业革命、城市化对人类社会的影响，进行了人类生态学的研究，研究人与环境的关系，以及决定现代城市成长和变化的动力。他重视人们对城市的多样化要求，强调公众参与和必须把城市变成一个活的有机体。他还创造了"城市科学"（Urbanology）这一术语，力求在实际的和可能的适用和美的意义上发挥每个地方的最大作用。1915 年出版了他的杰出著作《进化中的城市》（Cities in Evolution）。

盖迪斯在与法国社会学家勒普莱（P. G. F. Leplay）的合作中，强调提出了人类居住地与土地之间现已存在的、决定于地方经济性质的、细微的内在关系，并吸收了勒普莱提出的"三合一"即"地点——工作——人（Place——Work——Folk）"的关系的思想。盖迪斯《进化中的城市》一书的贡献在于牢固地把规划建立在研究客观现实的基础之上，即周密分析地域环境的潜力和限度对于居住地布局形式与地方经济体系的影响关系，强调把自然地区作为规划的基本构架。盖迪斯的历史贡献是他首创了区域规划的综合研究，这使他成为西方城市科学走向综合的奠基人。他首次提出以人文地理学提供规划的基础。他指出工业的集聚和经济规模的扩大，已经造成一些地区的城市发展显著地集中，诸如英国的西密特兰、兰开夏、中苏格兰或德国的鲁尔矿区等。在这些地区，城郊的发展造成了一种趋势，使城镇结合成巨大的城市集聚区（Urban Agglomerations）或称组合城市（Conurbation）。盖迪斯得出一个合乎逻辑的结论。在这种条件下，城市规划即成为城市地区的规划，把城市和乡村的规划都纳入进来，即包括若干城镇和它们四周的影响范围。30年代美国的芒福德（Lewis Mumford）的文章以及著名著作如《城市的文化》（The Culture of Cities）等支持了盖迪斯的理论。

四、沙里宁的有机疏散理论

1918 年芬兰建筑师伊里尔 - 沙里宁（Eliel Saarinen）为缓解由于城市机能过于集中所产生的弊病，提出了有机疏散（Organic Decentralization）理论。这在当时是一种有关城市发展及其布局结构的新的理论。

他建议有必要为西方近代衰退的城市找出一种改造的方法，使城市逐步恢复合理的秩序。既符合人类工作与交往的要求，又不脱离自然，使人们居住在一个城市和乡村优点兼备的环境中。他认为，城市作为一个机体，是和生命有机体的内部秩序一致的，不能听其自然地凝成一大块，而要把城市的人口和工作岗位分散到可供合理发展的离开中心的地域上去。

他认为重工业不应安排在中心城市的位置上，轻工业也应疏散出去。这些腾出来的大面积用地应用以开辟绿地。个人日常的生活和工作，即"日常的活动"可作集中的布置，不经常的"偶然的活动"则作分散的布置。

1918 年沙里宁按照有机疏散的原则制订了大赫尔辛基方案（图 15-7）。方案中主张在赫尔辛基附近建立一些半独立的城镇，以控制城市的进一步扩张。

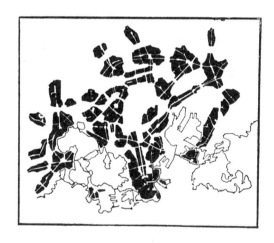

图 15-7　沙里宁制订的大赫尔辛基规划

有机疏散理论对其后欧美各国发展新城、改建旧城，以至大城市向城郊疏散扩展的工作均起着重要的影响。

五、未来主义城市设想

未来派（Futurism）是 20 世纪初在意大利出现的一个文学艺术流派。当人们对资本主义社会现实表示不满的时候，未来派却对资本主义的物质文明大加赞赏，对未来充满希望。1909 年，未来派的创始人，意大利作家马里内蒂（Marinetti）在第一次"未来主义宣言"中宣扬工厂、机器、火车、飞机等的威力，赞美现代大城市。对现代生活的运动、变化、速度、节奏表示欣喜。他们否定艺术的规律和传统，主张创造一种全新的未来的艺术。第一次世界大战前夕，意大利未来主义者桑·伊利亚（Antonio Sant′Elia）画了许多未来城市和建筑的设想图（图 15-8、图 15-9），并发表"未来主义建筑宣言"。他的城市图样都是庞大的阶梯形的高楼，电梯放在建筑外部。林立的楼房下面是川流不息的汽车、火车，分别在不同的高度上行驶。桑·伊利亚说："应该把现代城市建设改造得像大型造船厂一样，既忙碌、又灵敏，到处都是运动，现代房屋应该造得和大型机器一样。"

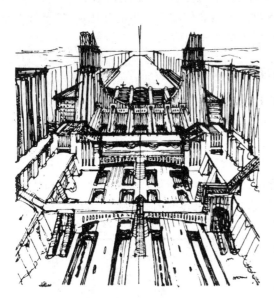

图 15-8　桑·伊利亚未来城市设想　　　　　图 15-9　桑·伊利亚未来城市设想

当时意大利未来主义城市设想虽无具体实践，但他们的观点对其后产生了不小的影响。

六、格里芬的堪培拉规划

澳大利亚首都原来设在墨尔本。20 世纪初，澳联邦政府决定另建都城，设在地处丘陵地带的堪培拉（Canberra）。1911 年 4 月举行了一次首都规划的国际竞赛，格利芬（Griffin）的方案（图 15-10）获选。他的指导思想是利用地形，把自然风貌同城市景观融为一体，使堪培拉既成为全国的政治中心，又具有城市生活的魅力。当时规划人口为 25000 人，用地面积约 30 平方公里。

城市选址很具特色。城市北面有缓和的山丘，东南西三面有森林密布的很高的山脊，使城市造型宛如一个不规则的露天剧场，可利用地区边缘的山脉作为城市的背景，和利用市区内的山丘作为主体建筑的基地或作为对景的焦点。按照格里芬的规划，在堪培拉西部筑了个水坝，把莫朗格罗河拦腰切断，形成一个人工湖，将城市劈成南北两部分，用两座大桥连接。南部以"首都山"为轴心，北部以城市广场为轴心。市内山光水色相互掩映。一条条道路向四周伸展，同一层层街道交织成蛛网。以大网套小网，纵横交错，内外衔接，十分壮观。南城以政府机构为主，北城以生活居住为主。

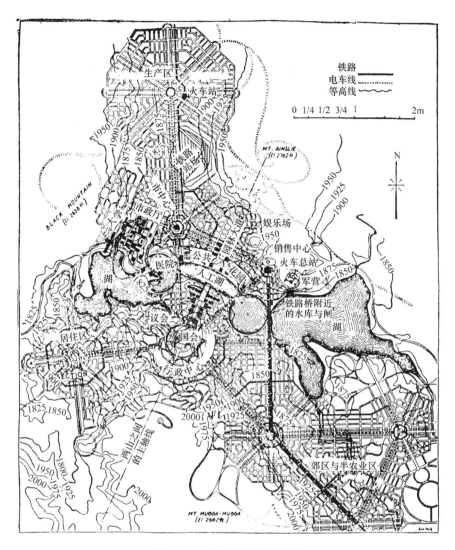

图 15-10　格里芬堪培拉规划

堪培拉的建设，完全按照格里芬的规划有计划地进行。城市布局合理，能适应其后的发展与规划调整。今日仍享有"田园城市"的盛誉。

第二节　1918～1945 年的欧美城市

一、新建筑运动对城市规划的影响

一次大战后，在西欧新的社会经济条件下，建筑与城市建设中的矛盾激化了。一些年青建筑师以德国格罗比乌斯（Walter Gropius）、密斯・凡・德・罗（Mies Van der Rohe）及勒・柯布西耶（Le Corbusier）为代表，倡导了新建筑运动。他们有比较完整的理论观点，有了一批创作实例，又有了包豪斯（Bauhaus）学院的教育实践。到 20 年代后期，成为欧洲现代建筑思潮。它的影响扩大到世界各地。

新建筑运动倡导者在建筑与城市建设上的主要设计思想是重视使用功能；注意发挥新材料、新结构、新技术的性能特点；把建设的经济性提到重要高度；主张创造新时代的新风格；反对套用历史上的陈旧形式；强调建筑空间；考虑人观察建筑过程中的时间因素；提出"空间——时间"建筑构图理论。

（一）勒·柯布西耶的"明日的城市"

在继承 19 世纪城市规划理论的基础上，20 世纪开始以来，建筑师们针对资本主义城市的症结，提出了各自的设想。霍华德、盖迪斯、沙里宁以及 30 年代初的赖特（F.L.Wright）等都对大城市这个庞然大物的出现表示怀疑，提出各种城市分散主义的理论。而柯布西耶却一反自空想社会主义与霍华德以来的城市分散主义思想，承认和面对大城市的现实，并不反对大城市和现代化的技术力量，主张用全新的规划和建筑方式改造城市。

他的关于城市规划的理论，被称为"城市集中主义"，其中心思想包含在两部重要著作中。一部是发表于 1922 年的《明日的城市》（The City of Tomorrow），另一部是 1933 年发表的《阳光城》（The Radiant City）。1925 年他还提出了巴黎改建的新设想方案。

他的城市规划观点主要有四：

第一，他认为传统的城市，由于规模的增长和市中心拥挤程度的加剧，已出现功能性的老朽。随着城市的进一步发展，城市最中心部分的商业地区的交通负担越来越大，而这些地区对于各种事业又都具有最大的聚合作用，需要通过技术改造以完善它的集聚功能。

第二，关于拥挤的问题可以用提高密度来解决。就局部而论，采取大量性的、高层建筑的形式能取得很高的密度，但同时在这些高层建筑周围又将会腾出很高比例的空地。他认为摩天楼是"人口集中、避免用地日益紧张，提高城市内部效率的一种极好手段"。他认为摩天楼朝气蓬勃、坚固、雄伟和反映时代精神，就像过去高耸的大教堂是形象地宣告对上帝和教会权力的信仰一样，他认为钢、混凝土和玻璃组成的五光十色的摩天楼是宣告对大规模的工业社会的信仰。

第三，主张调整城市内部的密度分布。降低市中心区的建筑密度与就业密度，以减弱中心商业区的压力和使人流合理地分布于整个城市。

第四，他论证了新的城市布局形式可以容纳一个新型的、高效率的城市交通系统。这种系统由铁路和人车完全分离的高架道路结合起来，布置在地面以上。

柯布西耶 1922 年发表的《明日的城市》一书中，假想了一个 300 万人口城市的平面图（图 15-11）。中央为商业区，有 40 万居民住在 24 座 60 层高的摩天大楼中。高楼周围有大片的绿地。周围的环形居住带，有 60 万居民住在多层连续的板式住宅内。最外围是容纳 200 万居民的花园住宅。平面是现代化的几何形构图。矩形的和对角线的道路交织在一起。规划的中心思想是疏散城市中心、提高密度、改善交通、提供绿地、阳光和空间。

1925 年他做的巴黎中心区的改建设计，即伏埃森（Voison）规划（图 15-12、图 15-13）中，将巴黎城岛对面的右岸地区来了个彻底改造。设计了 16 幢 60 层供国际公司总部大厦等使用的高塔。地面完全开敞，可自由地布置高速道路和公园、咖啡馆、商店等。这个规划抛弃了传统的走廊式的街道形式，使空间从四面八方扩展开去。

伏埃森规划被接纳的希望幻灭后，他于 1933 年为辛迪加社会设计一个新的城市，即《光明城》（Radiant City）（图 15-14）。这是一个假设为需要协调和有领导的社会的产物。城市中心区是居住区而不再是行政机关了。代替它的是一些各自容纳 2700 居民的居民联合

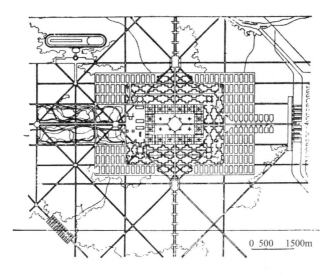

图 15-11 柯布西耶《明日的城市》规划方案

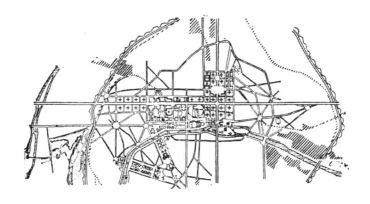

图 15-12 柯布西耶伏埃森规划

图 15-13 伏埃森规划对巴黎中心区的改建模型

体。城市仍保留着绿化空间和方便的先进的现代化交通运输组织。

（二）居住组群与街坊建设

新建筑运动的创始人如格鲁比乌斯等对一次大战后欧洲居住建筑、居住组群、街坊建设以及建筑工业化做了大量的研究工作。

居住组群

格鲁比乌斯于1930年在布鲁塞尔现代建筑第三次国际会议上探讨了建筑物的高度、间距、日照、朝向之间的关系，用科学方法计算出高层塔式建筑、行列式建筑以及周边式建筑在满足同样日照条件下的可建筑面积比数。他得出如建筑层数增加则建筑密度增加的相应幅度减少，并得出如日光角相同，用地内可建筑的面积，院落式（周边式）要比塔式的大。对塔式来说，在一定层数下，用地内的建筑面积有一个最大限度。同样层数的行列式或院落式（周边式）的建筑面积将是同样层数塔式建筑面积的两倍或三倍。但是格鲁比乌斯并不反对建高层住宅，他研究了在大城市建造高层住宅的优缺点，而在同一个大会的报告中主张在大城市建造10～12层的高层住宅。认为"高层住宅的空气阳光最好，建筑物之间距离拉大，可以有大块的绿地供孩子们嬉戏"。

图15-14　柯布西耶的《光明城》规划

街坊建设

1927～1929年在德国先后建造了格罗比乌斯设计的丹姆斯托克居住区（Dammer Stock Housing）和西门子居住区（Berlin Siemens Stadt Housing）。它们大多是3～5层的混合结构的单元式公寓住宅。在群体布置上，按好的朝向采取行列式的布局。在建筑和街道的关系上，有意地打破甬道或沿街的布置方式。这些住宅，外墙用白色抹灰，外形简朴整洁。

1927年德意志制造联盟在斯图加特（Stuttgart）举办的住宅建筑展览会上展出了一个街坊设计（图15-15、图15-16）。街坊中展出5个国家、16位建筑师设计的发挥新材料新

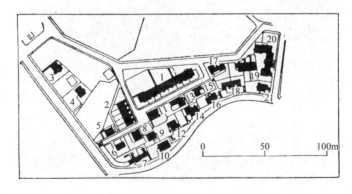

图15-15　斯图加特住宅建筑展览会街坊设计平面

结构性能的住宅。这些住宅，具有朴素、清新的外貌，建筑风格也比较统一。

这个时期，在工人阶级为自己的权利斗争的影响下，在欧洲一些城市为中等收入水平和低工资的劳动人民修建了一些工人镇和住宅区。其中以荷兰建筑师奥德（J. J. P. Oud）为荷兰鹿特丹设计的工人住宅区（图15-17、图15-18）在设计上最具特色。

图15-16 斯图加特住宅建筑展览会街坊设计透视

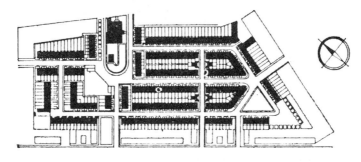

图15-17 鹿特丹工人住宅区平面

图15-18 鹿特丹工人住宅区鸟瞰

133

二、英国的卫星城市理论与田园城市的建设

卫星城市理论

霍华德田园城市理论的追随者雷蒙·恩温于 1922 年出版了《卫星城市的建设》一书 （The Building of Satellite Towns）。正式提出了卫星城市的概念（图 15-19），指出，卫星城市系在大城市附近，并在生产、经济和文化生活等方面受中心城市的吸引而发展起来的城市或工人镇。它往往是城市集聚区或城市群的外围组成部分。1927 年恩温主持大伦敦区域规划委员会的技术工作，建议用一圈绿带把现有的地方圈住，不让再往外发展，把多余的

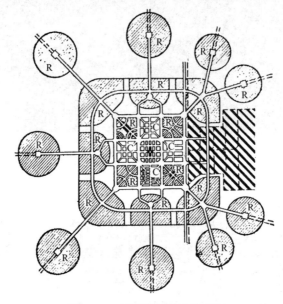

图 15-19　恩温卫星城市示意图
C—中心区；R—中心城与卫星城住宅区

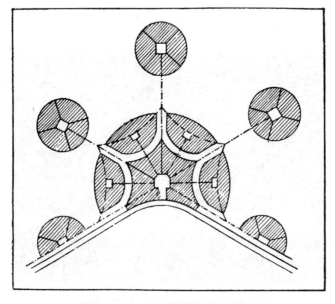

图 15-20　恩温卫星城镇群示意图

人口和就业岗位疏散到一连串"卫星"城镇（图15-20）中去。英国田园城市协会过去曾提出过这种解决伦敦发展的办法，现在被恩温的"卫星城市"理论所肯定。

田园城市建设

恩温的助手帕克，于1930年在英国建设了被称为第三个田园城市的威顿肖维（Wythenshawe）（图15-21）。它位于曼彻斯特南面，人口为10万人。它具有莱奇华斯和韦林规划设计的基本特征：围绕着城市的绿带，工业区和居住区的有机组合和精心设计的独户住宅。但绝大部分居民来自他们所就业的城市，不得不依靠公共交通来解决上下班问题。帕克在威顿肖维实行了他从美国获得的把城市明确地划分成相互结合的邻里单位。威顿肖维的总体规划表现了这种思想的影响。

受英国卫星城理论影响，苏联建筑师舍斯塔科夫（С. Шестаков）于1921～1924年制订了莫斯科卫星城规划（图15-22）。外面一圈卫星城离克里姆林宫半径大约为100公里。

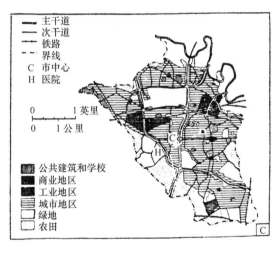

图15-21　威顿肖维田园城市　　　　图15-22　莫斯科卫星城规划（1921～1924年）

三、社区运动、邻里单位与划区理论

社区运动

19世纪末，美国在英国田园城市理论的影响下进行了建设城郊花园居住区的尝试。英国的低密度住宅群设计经验受到美国人的欢迎。他们还认识到，不仅要设计好住宅与住宅群，还必须创造更适合于人们生活的社区（Community）。20年代初，在纽约举行了关于社区问题的讨论。1923年成立了美国地区协会，对美国当时的社区的实际情况进行了调查，提出了美国城市规划理论，因而引起了许多国家规划建筑界的重视。首先是芒福德的地区城市理论的设想。他的设想是在一个大城市地区范围内，设置许多小城市，再用各种交通工具把这些小城市联结起来。其次是佩里的邻里单位理论。他们还主张应抛弃预先布置好街道和用地形式的外框，然后填入住宅的习惯做法，建议采用组织住宅公司和寻求长期投资的办法，建设由住宅群围成大小空间和拥有绿地的完整的社区。

大街坊与雷德伯恩体系

为组织好社区生活，并解决住宅受城市交通的干扰，美国早期的社区是采用建立大街坊（Super-block）的规划组织。美国建筑师斯泰恩（Clarence Stein）是最早正视大量私人汽车时代对城市建设影响的规划师之一。他设计了1933年开始建设的位于新泽西以北的雷德伯恩（Radburn）新镇大街坊（图15-23）。

雷德伯恩最初的规划面积为500公顷，规划人口为25000人，全城组成3个邻里，但突然来临的经济危机迫使建设规模缩小到30公顷、400套住宅，人口只有1500人，成为只有公共田园气息的郊区居住区。

图15-23 雷德伯恩大街坊

在这个居住区中，为把家庭主妇和孩子们使用的步行道路与汽车房分隔开，设计了一个与汽车道分隔的步行道路系统，通向每户住宅的后门。这种步行道经过住宅之间的公共绿地，然后再从地下穿越机动车道。机动车道按照分级的原则设计。从主要道路通向局部性支路，然后通向按尽端路原则（Cul-de-sac principle）设计的，服务于一小组住宅的局部性通路。这种"雷德伯恩"式的规划布局被称为"雷德伯恩体系"。

雷德伯恩体系的共同特点是：绿地、住宅与人行步道有机地配置在一起，道路布置成曲线，人车分离，建筑密度低，住宅成组配置、形成口袋形。通往一组住宅的道路是尽端式的，相应配置公共建筑，把商业中心布置在住宅区中间。这种把一个地区作为整体进行规划设计以形成社区的做法，在当时是先进的。

雷德伯恩体系后又被斯泰恩等于30年代运用在美国的其他新城建设，如森纳赛田园城（Sunnyside Garden City）以及位于马里兰、俄亥俄、威斯康星、新泽西的4个绿带城（图15-24、图15-25）。

美国的这四个州的4个绿带城是在1929年美国发生经济危机后，1933年为了用住宅建设刺激经济不景气而建的。马里兰绿带城位于马里兰州华盛顿郊外，面积为100公顷，有1000套住宅，道路结构是雷德伯恩体系改变了的形式，其他3个绿带城也都参照雷德伯恩体系进行修建。

邻里单位

1929年美国建筑师佩利（Clerance Perry）在编制纽约区域规划方案时针对纽

图15-24 马里兰绿带城

约等大城市人口密集、房屋拥挤、居住环境恶劣和交通事故严重的现实，发展了邻里单位（Neighbourhood Unit）的思想，以此作为组成居住区的"细胞"。它不仅是一种创新的设计概念，而且成为一种社会工程（Social Engineering）。它将帮助居民对所在社区和地方产生一种乡土观念。佩利做了一个邻里单位方案示意图（图 15-26）。他建议一个邻里应该按一个小学所服务的面积来组成。从任何方向的距离都不超过 0.8 ～ 1.2 公里，包括大约 1000个住户、相当 5000 居民左右。它的四界为主要交通道路，不使儿童穿越。邻里单位内设置日常生活所必需的商业服务设施，并保持原有地形地貌和自然景色以及充分的绿地。建筑自由布置，各类住宅都须有充分的日照通风和庭园。

图 15-25　威斯康星绿带城

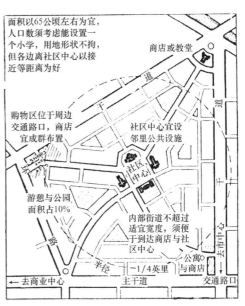

图 15-26　佩利的邻里单位示意图

　　邻里单位的基本规划思想被各国规划师在新城以及二次大战后若干城市的规划中被接受和发展。

划区

　　斯泰恩与佩利的组织社区与划分邻里单位的思想，于 40 年代被苏格兰交通警察助理总监屈普（H、Alker Tripp）所发展。他于 1942 年出版了一本名为《城市规划与交通》的书籍，提出一种创新的建议，即英国城市的战后重建应该建立在划区（Precincts）（图 15-27）的基础上，即用新的系统来代替那种造成车辆拥挤、加剧交通事故、功能混杂而且与地方道路有过多交叉点的城市主要道路网。新的系统是道路分级，主次干道与地方支路明显地分开，并且避免沿街建设房屋。这种高容量、高速度的干道决定了城市的大街坊形式。街坊内有自己的商店和地方性的服务设施。屈普把他的思想运用于伦敦东部的一个旧区（图 15-28），并在书中作了具体的图解式规划。

　　屈普的主张被那时正在编制伦效战后重建规划的建筑师们所采用。在伦敦重建规划的一个重要章节中，提出要求广泛运用划区的原则。战后英国考文垂（Coventry）中心区的重建，体现了划区的原则。

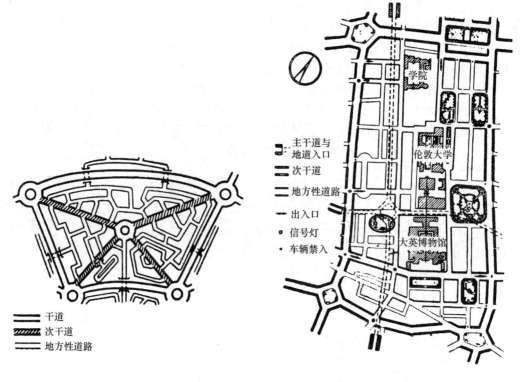

图 15-27　屈普的划区方案　　　　　　　图 15-28　伦敦一个旧区的划区方案

干道
次干道
地方性道路

主干道与地道入口
次干道
地方性道路
出入口
信号灯
车辆禁入

学院
伦敦大学
大英博物馆

四、区 域 规 划

20 世纪初、随着城市化的发展和某些工业化国家中各种城市问题的日益严重，一些先驱思想家提出，为适应城市发展的需要和改变旧有城市封闭式布局的空间结构形式，必须把城市与其影响的区域联系起来进行规划。20 年代以来，一些国家在一些大城市地区和重要工矿地区开展了区域规划工作。

英国于 1921 ～ 1922 年由艾勃克隆比主持，规划了英国顿开斯特附近煤矿区的区域规划方案。1927 年成立了大伦敦区域规划委员会。

美国鉴于 20 年代有些区域陷入贫困，有些城市被废弃，有些地区土地耕作恶劣和滥伐森林，破坏了地区经济，以及大量农村人口的流入大城市和使大城市越来越扩大，小城市越来越衰落，认识到解决这些问题的办法必须从区域经济前景中去寻找。于 1929 年开始了"纽约区域与周围地区的规划（Regional Planning of New York and its Environs）"（图 15-29），对纽约市的建设起某些调节作用。

德国的区域规划工作在 30 年代获得了显著的成就。德国地理学家、克里斯塔勒（Walter Christaller）通过对德国南部城市的考察研究，于 1933 年完成了《南部德国的中心地》的论著，提出了对其后各国区域规划工作者有影响的中心地理论（Centre Place Theory）。这个理论的中心内容是关于一定区域内城市和城镇的职能、大小与空间结构分布的学说，即城市的"级别规模"学说或城市的区位理论。其要点是从行政管理、市场经济、交通运输等三个方面对城市的分布、等级规模和空间结构进行研究，提出了理想的正六边形城市体系模式。该理论还强调，处于中心地位的城市，主要应搞好自身的市政和社会基础设施，以影响和服务于次级中心与腹地。

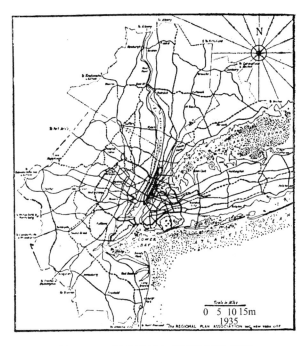

图 15-29　纽约区域与周围地区的规划

1944 年艾勃克隆比（Patrick Abercrombie）制订的大伦敦规划，勾画出一幅以大城市为核心向各方向延伸 50 公里，并且包含了 1000 万人口的广大地区未来发展的蓝图，这也是区域规划的一种类型。

在苏联，区域规划是在 30 年代广泛展开的。这时国家工业化的工作已全面铺开。最初，编制区域规划设计方案主要是由于要安排大型工业建设项目和建设新的城市（如奥尔斯克—哈里洛夫斯克和乌拉尔—契尔尼科夫工业区的区域规划）；而后又由于要建设大型工业区（例如顿巴斯和阿普歇伦半岛工业区）和疗养区（如克里米亚南海岸一带和高加索矿泉地的疗养区）。1933 年苏共中央和苏联人民委员会通过的决议就有明文规定，对那些独立的工业或联合的企业以及为其服务的城市和工人镇的各项建设来说，必须编制区域规划示意图。

五、雅　典　宪　章

20 年代末，新建筑运动走向高潮，1928 年在瑞士成立了国际现代建筑协会（Congrés Internationaux d′Architecture Moderne），简称 CIAM。在 1933 年的雅典会议上，与会者研究了现代城市规划与建设问题，分析了 33 个城市的调查研究报告，指出现代城市应解决好居住、工作、游憩、交通四大功能，应该科学地制定城市总体规划。会议提出了一个城市规划大纲，即著名的"雅典宪章"。

大纲指出，城市的种种矛盾是由大工业生产方式的变化及其土地私有引起，应按照城市人民的意志进行规划，要有区域规划的依据。城市应按居住、工作、游憩进行分区及平衡后，再建立三者联系的交通网。大纲列举了居住、工作、游憩和交通四大活动存在的严重问题后，指出居住为城市主要因素，应多从人的需求出发。住宅区应占用城市最好的地区，应规划成安全、舒适、方便、宁静的邻里单位。关于工作，提出应考虑与居住缩小距离，减少上下班人流。关于游憩，提出主要是增加城市绿地，降低旧区人口密度和在市郊保留良好风景地带。关于城市交通，提出主要应改变过去学院派那种追求"姿态伟大""排场"及"城市面貌"的做法，不要沿交通干道建造住宅和商店，应考虑适应机动交通发展的全新的道路系统。

大纲还提出城市发展中应保留名胜古迹及古建筑，强调城市规划是一个三度空间的科学，应考虑立体空间，要以国家法律形式保证规划的实现。

这个大纲适应生活、生产和科学技术给城市带来的变化，敢于向陈旧的传统观念提出挑战，因而具有一定的生命力。大纲的一些基本论点，至今仍有重要的影响。

六、广 亩 城 市

城市分散主义最早源自乌托邦空想社会主义者的思想和霍华德的田园城市思想。他们都反对现代大城市，主张取消大城市。1932 年美国建筑师赖特的著作《正在消灭中的城市》（The Disappearing City）以及随后发表的《宽阔的田地》（Broadacres）中被称为的"广亩城市"（Broadacre City）（图 15-30、图 15-31），是他的城市分散主义思想的总结，突出地反映了 20 世纪初建筑师们对于现代城镇环境的不满以及对工业化时代以前人与环境相对和谐的状态的怀念。他的广亩城，实质上是对城市的否定。用他的话说，是个没有城市的城市。他认为大城市应当让其自行消灭。他认为现有城市不能应付现代生活的需要，也不能代表和象征现代人类的愿望，建议取消城市而建立一种新的、半农田式社团——广亩城市。

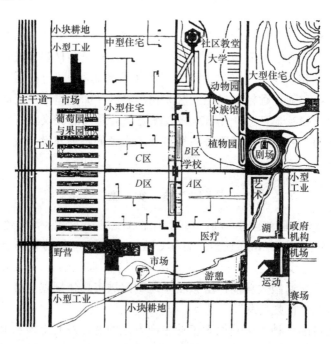

图 15-30　广亩城市平面

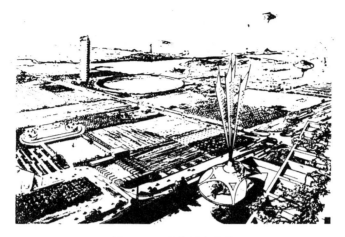

图 15-31 广亩城市鸟瞰

赖特的理想，是建立一种"社会"，这种社会保持着他自己所熟悉的、19世纪90年代左右威斯康星州那种拥有自己宅地的居民们过着的独立的农村生活方式。20世纪30年代北美的农户们已开始广泛使用汽车，使城市有可能向广阔的农村地带扩展。赖特论证，随着汽车和廉价的电力遍布各处，那种把一切活动集中于城市的需要已经终结，分散住所和分散就业岗位将成为未来的趋势。他建议发展一种完全分散的、低密度的城市来促进这种趋势。这就是他规划设想的"广亩城市"。每户周围都有一英亩土地（4047平方米），足够生产粮食蔬菜。居住区之间以超级公路相连，提供便捷的汽车交通。沿着这些公路，他建议规划路旁的公共设施、加油站，并将其自然地分布在为整个地区服务的商业中心之内。

赖特所期望的那种社会是不存在的。他的规划设想也是不现实的。但广亩城市的描述已成为今日美国城市近郊的稀疏的住宅以及居民点分布的离奇的图景的写照。

七、带形与指状发展城市

自1882年，苏里亚、伊、马塔的带形城市理论提出后，于1930年，苏联建筑师米留廷（Nikolai A.Milutin）也提出了带形城市的设想，绘制了城市"功能平行发展"示意图。即功能上连续的布置。这种带状布置方式使居住区与工业区均能沿交通干路平行发展和获得进一步扩展的可能。第二个五年计划期间米留廷在规划伏尔加格勒（图15-32）与马格尼托哥尔斯克两城市的方案中，用带状布局把工业地

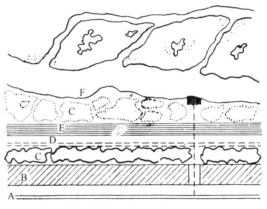

图 15-32 米留廷的伏尔加格勒规划
A—铁路；B—工业；C—公园；D—道路；
E—居住区；F—伏尔加河

带、交通运输地带、文教、居住等地带划分成六条平行带。居住区与工业区用800米宽绿化隔离。但在实践中伏尔加格勒工业区离河流太远、运输不便。马格尼托哥尔斯克介于矿山与水坝之间，二者相距较近，不利于带状安排。在此之前，1928年苏联建筑师拉符洛娃（В.А.Лавлова）也做了类似的带状城市（图15-33）。

40 年代德国建筑师希尔勃赛玛（Hilberseimer）为使工业城市为减少烟尘污染，而作出各种类型的烟尘污染图，论证得出带形城市（图 15-34、图 15-35）最有利于减少工业污染的结论。但这也仅停留在理论探讨，无任何实践成果。

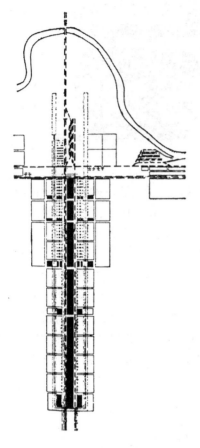

图 15-33　拉符洛娃的带形城市方案

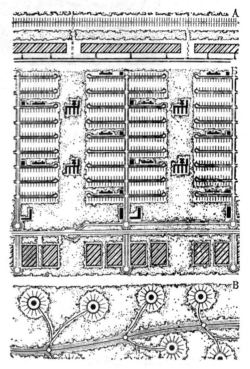

图 15-34　希尔勃赛玛的带形城市方案

A—米留金的带形城市方案；B—希尔勃赛玛的带形城市方案；
B—格罗皮乌斯的带形城市方案

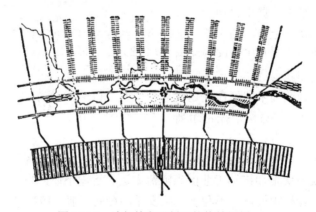

图 15-35　希尔勃赛玛制订的伦敦规划

1942 年由伦敦现代建筑研究学会（MARS）的一组建筑师所制订的著名的伦敦规划（MARS PLAN for LONDON，1942）（图 15-36）是采用了一个经过精心推敲的交通规划，把受德国空袭后的伦敦划分为从中央轴南北向伸出的 16 个触角式的居住区。城市呈指状发展。

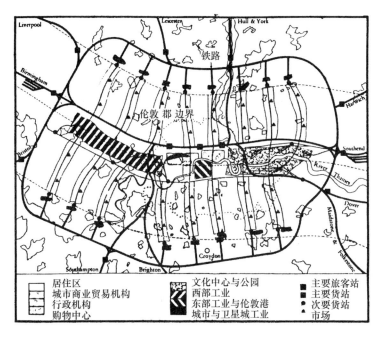

图 15-36　伦敦现代建筑研究学会制订的伦敦规划

城市呈指状发展是带状形式的一种变种。1921 年舒马赫尔所作的德国汉堡规划，城市沿交通线呈指状发展。特别是二次大战后，在哥本哈根、华盛顿、巴黎和斯德哥尔摩的规划中都出现过。

八、30 年代意大利、德国的城市建设

西欧大多数国家过去在城市建设上的追求"政治权威性"和"姿态宏伟"的几何权威主义在两次大战的间隙时期，因受现代建筑运动的影响"几何权威主义"被新的思潮所代替。但是，在意大利和德国，这种城市建设上的追求宏伟的传统重又抬头。由于这些国家要求设计方案具有纪念性和权威性而使这种显示政治制度或统治者的伟大的传统更加突出。在罗马为修建宏伟的大道（图 15-37），横暴地穿越古罗马帝国广场而破坏了建筑古迹的保护。为修建协和大街而把圣彼得广场前沿的波希街区拆除。这是为了追求庄严宏伟而破坏了广场前沿古建保护区。在罗马的塔伦多，宽阔的大道和过分庞大的市中心取代了传统的老街坊。

在柏林，类似的追求宏伟的规划表现在政府中心规划（图 15-38）和斯伟尔领导所作的大马路（Diegrosse Strasse）等。这条大街南北长达 7 公里，自植物园一直延伸到雄恩山，追求立面雄伟，表现出一种新古典主义，是德国一项重要的纪念性的建设工程。这条大街只完成一小段。德国的新城建设的情况也与此相似，沃尔夫斯堡（Wolfsburg）和索兹格特

（Salzgitter）、勒本斯塔特（Rabenstadt）等均采用规则式平面。这几个城镇是供大众汽车厂和戈林钢铁厂的职工居住的。这些城市的规划占地很大、密度很低、园林面积很多，体现了当时权威统治者的思想。

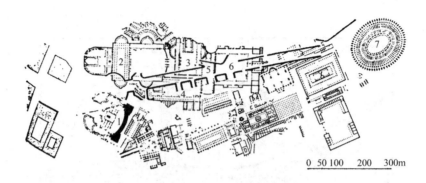

图 15-37　宏伟大道穿越古罗马帝国广场
1—爱麦虞限二世纪念碑；2—图拉真广场；3—奥古斯都广场；4—泽扎略广场；5—乃尔维广场；
6—韦帕香广场；7—斗兽场

1939 年内战结束后，西班牙的马德里规划，也强烈地反映了权威主义的传统。1941 年的"马德里城市建设总图"规划了一些长长的大街，两旁布置长枪党所统治的城市的机关和其他建筑物。在这个规划中，工人阶级在城市中被截然分隔开来，成为郊区的贫民地带。

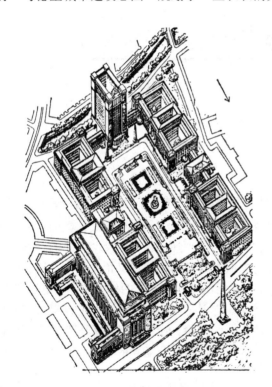

图 15-38　柏林政府中心规划

九、苏联社会主义城市

伟大的十月社会主义革命的胜利，为苏联的城市规划与建设开辟了新纪元。在苏维埃政权最初的年代里，为了求得在帝国主义包围中的生存和独立，提出发展经济，尽力实现国家工业化。结合战略布局，合理开发资源，采取有计划地配置生产力和在国土上均衡发展城市，并开始研究城市规划与建设的新原则、新手法。在 20 年代中期，开始改建莫斯科、圣彼得堡、巴库等大城市并改善了无产阶级的居住条件。由于实现国家工业化，30 年代起，广泛开展了区域规划工作，修建了许多新城市如查波罗什、阿穆尔共青城、马格尼托哥尔斯克、库兹涅茨克（图 15-39）等。在第一个五年计划期间（1929～1933 年）苏联开始建设了 60 个新的城市和大型工人镇以及进行了 30 个大城市的改建工作。

144

以马格尼托哥尔斯克为例。它原是乌拉尔山区一个较小的居民点。1930年当第一批冶金联合企业的建设者进入工地的时候，人口为5万余人，1934年5月人口已达20万以上，成为一个完全崭新的、巨大的工业城市。除了一些新的工业中心以外，同时建立了许多港口城市，如黑龙江上的共青城等。

列宁、斯大林进一步发展了马克思、恩格斯关于均衡地分布生产力和关于电气化的学说。斯大林确认城市是一种"最经济的人口分布的形式"。苏联的城市化过程发展迅速，城市人口从1926年的2631万人增加到1939年的5591万人，即增加了一倍多。

随着城市建设的发展，引起理论思潮的高涨。拉多夫斯基在20年代末编制了新的"发展中的"城市示意图，沿着抛物线的轴线发展公共中心，而居住区、工业区和绿化区则依次环绕公共中心发展。1930年米留金提出"功能平行发展"的带形城市设想。

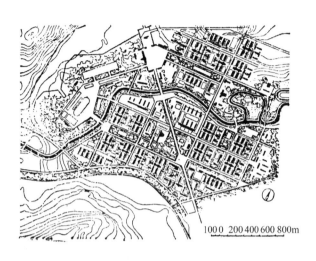

100 0 200 400 600 800m

图15-39　库兹涅茨克

联共（布）中央委员会为了促进苏联各城市的发展和首都莫斯科的规划建设，在1931年6月召开了全体会议，大会报告中指出："……我国社会主义城市发展的特点是：生产力的适当分布和全国自然资源、动力、原料的充分使用，引导我们走向消灭城乡对立的道路，那就是说在从前那些没有工业的、落后的、野蛮的地区，发展现代化的工业并创造高度的社会主义城市文化"。会议批判了西方学者的城市集中主义，企图在苏联发展巨大城市，也批判了城市分散主义，主张消灭现有大城市。全会责成莫斯科的各个机构着手科学地认真制定进一步扩建莫斯科的规划，建议开始进行修建莫斯科地下铁道和修建连接莫斯科河与伏尔加河的运河的准备工作。在会上颁发了关于"编制和批准苏联各城市与其他居民点的规划和社会主义改建设计"的决议。

根据1931年6月全会的决议，开展了莫斯科的规划工作，并在1935年7月10日发布了苏联人民委员会和联共（布）中央委员会关于莫斯科改建总体规划（图15-40）的历史性决议。这个决议否定了把现有城市当作被历史遗留下来的博物馆加以保存，而仅在它的外围另建新城；也否定了拆除现有城市而在原地按全新的计划建设新城的建议。全会认为，莫斯科必须从保存历史上已存的城市的基础出发，用整顿城市街道和广场系统的方法，进行改造规划。

这个规划是世界上第一个社会主义国家在生产资料和计划经济指导下，使城市从盲目发展转向有计划发展的第一次伟大尝试。规划的主要特点是：1.保留历史形成的同心放射式格局的布局基础。通过整顿街道广场，使城市得以改造。同时，通过合理的规划，疏散稠密人口和确保充足的水源，为居民创造良好的生活条件。2.根据1931年6月全会禁止在莫斯科新建工业企业的决议，人口规模控制在500万，扩大城市用地，把周边特别是西南地区划归市区，城市从285平方公里扩大到600平方公里。3.在市区外围建立10公里宽的森林公园带，分出 8 条绿楔伸入市区，并与市区各公园建成不间断的绿化系统。4. 发展包括地铁在内的公共交通。市郊铁路电气化。引用天然气，建设热电站。在开通莫斯科——伏尔加运河的基础上，开辟新水源。5. 把莫斯科变为港口，用运河与白海、波罗的海、黑海、里海连接起来。6. 在改造工作中，使广场、干道、滨河路、公园达到统一的艺术布局。在建造住宅和公共建筑时要运用古典的和新的建筑艺术的最好的范例，同时也要采用建筑艺术和工程技术上一切新的成就。

图 15-40　1935 年莫斯科总图

　　这一时期苏联的其他城市的建设也获得了突出的成就，很多规模不大的城市和市镇已变成设备完善的大工业中心。由于社会主义工业化，建设了大量的城市。仅 1927 年到 1941 年的 14 年里就出现了 285 个新城市。这些新城市的地理位置的分布，体现了均衡配置生产力的政策。很多新城市建设在东西伯里亚、西西伯利亚、远东、乌拉尔、北欧、中亚细亚、哈萨克斯坦和南高加索等地。

　　卫国战争时期，苏联城市建设工作的重点已转到苏联的东部，在那里布置了从西部各地区迁去的和新建的工业企业，发展了旧工业中心并出现了新城市。

　　卫国战争结束之前，苏联就展开了已解放的城市和乡村的恢复工作。战后的头几年苏联人民就用自己的劳动消除了严重的战争创伤。

第十六章　战后40年代后期的城市规划与建设

第一节　战后社会概况与恢复重建

第二次世界大战期间，交战各国的城市建设与民用建筑活动几乎完全停顿，大量的房屋毁于战火。战胜国与战败国都蒙受了极大的损失。苏联毁于战火的城市达1700座。工厂被毁的约32000所，集体农庄全部或部分被毁坏的约70000多处，共损失民居400万户。破坏最严重的是明斯克和伏尔加格勒。波兰遭1939年德国空军袭击，首都华沙与运输中心格但斯克（即当时的但泽）90%的建筑物被夷平。德国本身亦损失惨重。仅联邦德国部分，有500万户住宅被破坏。各城市中心如柏林、科隆和维尔茨堡等均破坏严重，其建筑被毁坏均在70%以上。日本在二次大战中亦受战争影响严重。广岛、长崎受到原子弹轰炸，城市建筑被破坏三分之一。东京毁坏达55%。战后工业由于被战争破坏，以及设备陈旧，工业生产总值只有战前的30%。法国在二次大战中受到严重破坏，损失很大，只是美国在二次大战中没受到多大损失，并因接受大量军事订货而发了大财，战后得以有强大的物质技术力量投入建设。

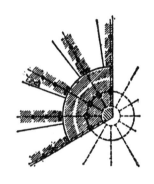

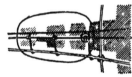

上图是主要工作地点的分布，下图是其中的一条带

图16-1　1947年哥本哈根
指状发展方案

战后欧洲与日本面临的任务一是恢复生产，解决战后房荒，进行若干重点的恢复和改建，二是有步骤有计划地改建畸形发展的大城市，建设新城，整治区域与城市环境，以及对旧城市规划结构进行改造，如1947年丹麦哥本哈根制订的指状城市发展方案（图16-1）。在大城市空间布局和功能组织上从放射状结构发展到带状系统，从分级的单中心结构过渡到灵活的多中心系统。

早在20世纪前期，欧美各国由于资本的集中与垄断，城市的分布和城市的规划设计都从属于资本的垄断性。大城市工业畸形发展，人口极度集中，使生活的空间与时间、地上地下的结构、土地的使用、城市的环境，都面临日趋严重的困境。40年代前半期，赖特发表了《不可救药的城市》；塞尔特（J. L. Sert）发表了《我们的城市能否存在？》；伊利·沙里宁（Eliel Saarinen）也以十分悲观的情调描述了现代资本主义城市的厄运。二次大战后，资本主义城市的固有矛盾更为突出，其中尤为严重的是土地和资源的不合理使用，人口的不合理密集，使人类各项活动超出了当地当时的环境容量。从根本上说，资本主义的土地私有、垄断投机以及人口分布与生产发展的无计划状态，是难以使城市合理发展的。但战后人民群众为重建家园、改变环境、改善生活、愈合战争创伤献出了巨大的智慧和劳动。为改善劳动条件和生活环境，向垄断财团进行了坚持不懈的有力斗争。战后资本主义各国在充分发挥人力资源、开展技术革新和利用外资外援等条件下，经济不断增长。更因垄断资本与国家机器日趋融合，大量财富集中到国家手中，于是国家采取政府资助等有效措施和制定适应时宜的城市规划综合政策，为有计划地、有成效地进行战后恢复建设创造了有利条件。

以下介绍英国、法国、苏联与波兰的战后重建工作。

第二节　英国战后重建工作

欧洲各国战后恢复工作以异常飞跃的速度进行。在迅速恢复的过程中，许多国家出现了应急的重建工作与城市长远规划的矛盾。在这方面，英国做得较好。英国早在30年代就看到必须控制大城市人口的无限膨胀，从1941年起便已开始着手对一些被破坏的城市如伦敦和考文垂（Coventry）进行规划。战争结束后，这些城市的修复和重建有计划有条理地按照规划方案进行。

40年代后半期，英国的城市规划与建设曾处于领先地位，对各国城市规划中出现的一些共同问题如压缩和控制特大城市人口和规模、探索特大城市较理想的规划结构、完善现代化城市交通设施、改善城市绿化环境、美化城市景色等都提供了一系列的有益经验。英国的新城建设在选址、利用地形、妆点自然景色、塑造建筑群空间造型等方面都有独特成就。美国20年代末由佩里首创的邻里单位理论在哈罗新城规划中得到实现。考文垂等规划中的市中心商业步行区在当时也是一种创新。这种把机动交通挡在步行区之外的措施是1942年由英国警局交通专家屈普首先提出的。

一、大 伦 敦 规 划

自19世纪工业革命开始，伦敦市区不断向外蔓延，外围的小城镇和村庄不断为它所吞并。至20世纪30年代矛盾空前激化，特别是1939年大伦敦人口已达860万。早在1937年，英政府为研究解决伦敦人口过于密集问题，成立了以巴罗爵士为首的"巴罗委员会"。该委员会于1940年提出的巴罗报告，指出：伦敦地区工业与人口的不断聚集，是由于工业所引起的吸引作用，因而提出了疏散伦敦中心地区工业和人口的建议。1942年由艾勃克龙比主持编制大伦敦规划，于1944年完成轮廓性的大伦敦规划和报告。其后从1943—1947年又陆续制订了伦敦市（City of Londan）与伦敦郡（County of London）的规划。

阿伯克龙比主持编制的大伦敦规划，吸收了霍华德与盖迪斯等先驱规划思想家们关于以城市周围的地域作为城市规划考虑范围的思想。在大伦敦规划中体现了盖迪斯首先提出的组合城市（Conurbation）的概念。并且在制订规划过程中遵循了盖迪斯所概括的方法，即"调查——分析——规划方案"。从调查研究伦敦及其周围的详细情况，分析所要解决的主要问题，然后提出大伦敦规划的对策与方案。

当时被纳入大伦敦地区的面积为6731平方公里，人口为1250万人。规划从伦敦密集地区迁出工业，同时也迁出人口1033000人。

规划方案（图16-2）在距伦敦中心半径约为48公里的范围内，由内向外划分了四层地域圈，即内圈、近郊圈、绿带圈与外圈。内圈建筑与人口密集，其主要改造特征，是控制工业、改造旧街坊、降低人口密度、恢复功能的地区。降低居住用地净密度，每公顷

190 人到 250 人，迁出人口 415000 人。近郊圈作为建设良好的居住区和健全地方自治团体的地区，限制居住用地净密度，每公顷不超过 125 人。圈内空地尽量绿化，以弥补内圈绿地之不足。绿带圈为一宽约 8 公里的绿化地带。圈内设置森林地带、大型公园绿地以及各种游憩、运动场地，并就近供应新鲜蔬菜和副产品。绿带圈内严格控制建设，构成一个制止城市向外蔓延的屏障。绿带圈以外的外圈主要用以疏散伦敦郡过剩人口与工业企业。根据 I946 年"新城法"于 1946～1949 年规划设置 8 个具有使居民就地工作的卫星城，可安置迁入 50 万人口。另按 1952 年公布的"城镇发展法令"，扩建了原有的 20 多座旧城镇，可安置迁入 40 万人口。

大伦敦的规划结构为单中心同心圆封闭式系统，其交通组织采取放射路与同心环路直交的交通网（图 16-3）。由 5 条同心环路与 10 条放射路组成。其中 B 环路是主干路，位于伦敦郡中部。10 条放射路由此向外延伸，使伦敦中心区与周围各码头、市场、货场、调车场与工业中心便捷地联系起来。D 环路是快速干路，与 10 条放射路相交处都作立体交叉，使过境交通不穿过市区而从 D 环路绕行通过。

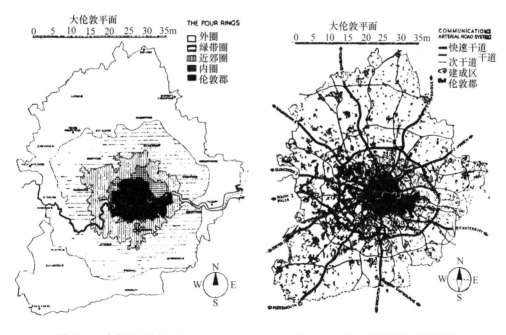

图 16-2　大伦敦规划方案　　　　　　　图 16-3　大伦敦规划的交通组织

伦敦郡规划绿地内每人 8 平方米增至每人 28 平方米。建成区内绿地成网，建成区外绿地以楔状插入市内，并重点绿化泰晤士河岸。

伦敦中心区改造重点在西区与河南岸，并对其作了详细规划。于 50 年代起开始重建。规划原则上以 6 乃至 10 万人组成居住区，居住区由若干个规模为 6000～10000 人的邻里单位组成。

大伦敦规划吸取了 20 世纪初期以来西方国家规划思想的精髓，对所要解决的问题在调查分析的基础上，提出了切合时宜的对策与方案。这一规划方案对当时控制伦敦市区的自发性蔓延，以及改善已很混乱的城市环境起了一定的作用，对四五十年代各国的大城市规划有着深远的影响。

但大伦敦规划在其后几十年的实践中，曾出现不少问题。一是中心区人口非但未减，反而有所增长，整个伦敦地区人口亦继续增长。预计到公元2000年新增职工将达100万人。二是对其后第三产业的发展估计不足。由于第三产业的大量涌现，大量居民每天用一小时以上的时间走五六十公里路程去伦敦中心区上班。三是新城建设投资较大，对疏散人口的作用不够显著，新城人口大多来自外地，反而使伦敦周围人口增加。四是工业迁出后，没能有效地改造，旧区矛盾依然严重。五是在距市中心3至10公里的环形地区内，环形和放射路上的交通负荷不断增长；接近城市边缘而不进入伦敦中心区的车辆是不多的。六是地铁和快速交通延伸至郊区后，站线周围又自发地建起了大批成排房屋，使城市的无计划扩张无法制止。

60年代中期编制的新的大伦敦发展规划，试图改变1944年大伦敦规划中的同心圆封闭式布局模式，使城市沿着三条主要快速交通干线向外扩展，形成三条长廊地带。在长廊终端分别建设三座具有"反磁力吸引中心"作用的城市——南安普敦—朴次茅斯、纽勃莱和勃莱契莱，以期在更大的地域范围内，解决伦敦及其周围地区经济、人口和城市的合理均衡发展问题。

二、哈 罗 新 城

战后英、法、北欧等国所掀起的新城运动首先是从英国开始的。英国于1946年颁布了"新城法"，并组织了新城建设公司。

1946年至1950年间英国指定建设的第一批新城，较多地体现了原来霍华德田园城市的规划思想。其特点是规模比较小、密度比较低；按邻里单位进行建设；功能分区比较严格；居住区、工业区等区划分明；道路网为环路和放射路组成。这一代新城在功能和形式等方面大体相似，都强调独立和平衡，但对经济问题考虑较少。

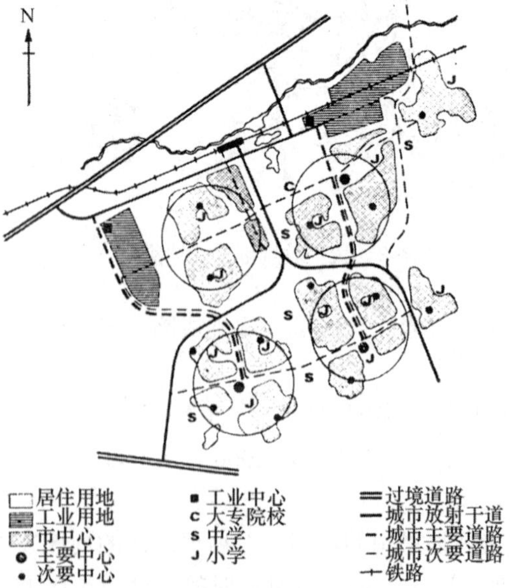

伦敦的卫星城哈罗（图16-4）被誉为第一代新城的代表，是20世纪40年代伦敦附近的新城之一，于1947年开始规划。

哈罗新城南距伦敦37公里，占地2560公顷，规划人口最初定为6万，后改为8万人。新城建设重视选址工作，选择了有特色的乡间用地，北有河谷，南有丘陵和林地。

河谷、铁路和公路形成了新城的边界。铁路在北边、火车站居中、它的东面和西面是两片工业用地。城市中心（图16-5、图16-6）位于全城几何中心偏北，以市中心为半径分布着4个居住区。这种规划模式与传统的英国郊区实际情况相似。4个居住区是由13个4000～7500居民的邻里单

图16-4 哈罗新城平面

图例：
居住用地　工业中心　过境道路
工业用地　大专院校　城市放射干道
市中心　中学　城市主要道路
主要中心　小学　城市次要道路
次要中心　　铁路

位组成。居住用地净密度为125～175人/公顷。每一邻里单位都有小学和较小的辅助性商业中心。各邻里单位之间用宽敞的空地或绿地隔开。在空地上布置小学和休息体育场地。

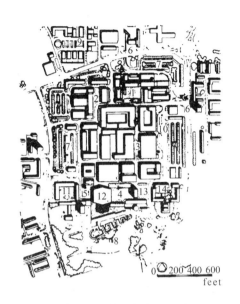

图16-5 哈罗市中心平面

1—商业广场；2—文娱广场；3—主要商业街；
4—市中心广场；5—教堂广场；6—地下自行车道；
7—停车场；8—几何形庭园；9—服务区；
10—公共汽车站；11—科技学院；12—公共会堂；
13—市政府厅舍办公楼；14—法院

全城主要道路由火车站向南。经市中心分出东西两线，呈Y形。1947年规划时，考虑只有10%的居民有小汽车，汽车路的设计比较粗糙。自行车路和步行路各自成为独立系统，穿行于各区内部，不与主要道路依傍或走同一路线。这在当时是规划上的一个重要革新。基地上原有小路和乔灌木被完好地保留下来，既保护了原有风景，又留给居民们一种历史联想。

城市中心兼为附近地区村镇居民服务。规划特色强调"城市性"。组织一个有内部步行系统的、周围被车路和停车场所包围的市中心，这在当时也是一种新的尝试。市中心内部有市场广场、市民广场、教堂广场、影剧院广场和两条步行商业街。南边市民广场周围安排了全城的重点建筑：教堂、大会堂、市政厅和法院。主要建筑立面朝南，形成城市中心突出的南立面，面向其南的谷地、绿化空间和一个规则式花园。整个市中心功能多样、交叉重叠、关系紧凑。

在城市景观上，哈罗有一个美好的田园城市风貌。它巧妙地利用了城市的地形地貌，如利用外围的河谷和丘陵包围城市的大片绿地，利用一道东西向的冲沟和从东、西、南三个方向伸入城市的楔状农地，把城市分

图16-6 哈罗市中心鸟瞰

成4块高地，即4个居住区。利用这些块与块之间的冲沟和低地辟为主要道路和宽阔绿带。市中心所处地势最高，成为全城的视觉中心。

哈罗的两个工业区，提供14400个就业岗位。每个区中心或邻里中心也安排了一些服务性工业。

英国的新城如哈罗等，经长期经营，因人口发展不快（哈罗城1978年12月底人口为79500人），缺少丰富多彩的城市生活，且就业困难，因而出现年轻人回流大城市的倾向。英国乃于60年代中期产生另一种倾向，拟建设规模为25万～40万人口的新城。

三、考文垂和斯蒂文乃奇市中心商业步行区

考文垂和斯蒂文乃奇的市中心商业步行区的设计是战后英国对城市规划的一个重要贡献。它们是现代化城镇中第一批设计完好的步行区。

考文垂于二次大战时被轰炸，市中心损失惨重。1947年新城法公布后，开始进行规划。市中心商业步行区（图16-7、图16-8）采用"平面分隔"，把汽车路与步行区划分得很清楚。汽车可在步行区周围通行，设有几个停车场，可容纳1700辆汽车。市中心广场在商业中心东西步行街的终端，这个广场将商业步行区与文化中心连接起来。广场建筑群以及商业步行区的建筑与小品造型美观、布局完整统一。

斯蒂文内奇的商业步行区（图16-9）较考文垂更为完整，是整个市中心全是采用步行

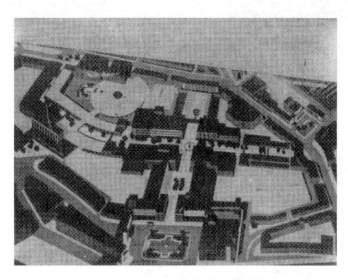

图16-7　考文垂市中心商业步行区模型

图16-8　考文垂商业步行区透视

区的城市。商业步行区中央为一条400多米长的商业步行街，又从中央步行街分出两条往东的步行街与一条往西的市政广场。广场中间有一个喷水池，上面有一座钟楼，并有一个置于平台上的母亲与孩子戏耍的铜像。广场旁有公共汽车站。步行街商店前面有连续的挑檐，可避风雨，并可保持商店立面的各自特色，而不破坏建筑艺术上的整体协调。步行街的南边是郡政府大楼、图书馆、医疗中心与警察署等。

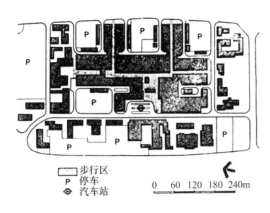

图16-9 斯蒂文内奇商业步行区

步行区
P 停车
汽车站

0　60　120　180　240m

第三节　法国的战后重建

法国的建筑在二次大战中受到严重的破坏，战后严重缺房。在战后的几年中，由于没有像英国那样在战争期间便已进行城市规划，因此应急的重建与城市规划之间矛盾很大。

一、勒·哈佛的重建

战后40年代法国在城市改建方面基本上实现了规划意图的城市只有勒·哈佛（LeHavre）。

勒·哈佛是法国沿英吉利海峡的主要港口城市，战前有居民156000人。它的面积为150公顷。市中心部分在战争中全部被炸毁。全市有80000居民，无家可归。港埠建筑也遭到很大的破坏。1944年和战后，奥古斯都·贝瑞（Auguste Perret）接受了重建的任务。

远在20世纪初，戛涅提出了"工业城市"的设计蓝图，表现出法国人眼中的工业化时代的背景，并最大限度地采用了当时的建筑和交通运输先进技能，注重实际功效。贝瑞在战后40年代对勒·哈佛城的改建设计（图16-10、图16-11），承认是受了戛涅的直接影响。

图16-10　勒·哈佛中心区平面
1—市中心广场；2—《海洋之门》建筑群；3—广场；4—海港邻近区；5—水池

图16-11 勒·哈佛中心区透视

勒·哈佛以两条干道为主要规划轴心。在两条干道的交叉处组织了包括市政厅在内的一个广场。该建筑以18层高的塔尖高耸入云。这个巨大的城市建设布局是按6.24米×6.24米正方形统一模数网组成。城市总体规划、道路、街坊以及房屋都纳入模数系统（图16-12）。采用模数制，使在规划上更好地组织大片市区用地，是高度工业化施工条件的必然结果。同时，也为道路工程和管网工程的广泛工业化创造了前提。所有建筑物的建筑形式均是在采用标准结构构件的基础上形成的。预制构件在此被第一次大规模地应用。有些房屋的结构包括墙板及各种部件都是预制的。有的则只有墙板、楼梯和门窗才是预制的。为了避免建筑形式不致因采用同一构件而雷同，则有意识地在建筑体量和节奏上进行调整。

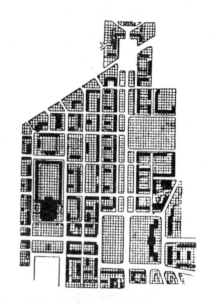

图16-12 勒·哈佛模数系统

为使这一海港城市成为欧洲与其他大陆之间的一个重要枢纽，力图使其具有壮丽的面貌。这个意图通过运用古典构图手法，建造一条庄严美丽的中央干道而体现出来。在4～5层的建筑之间配以塔尖高耸的8、10或12层楼房，以及重点处理市政厅广场和海港入城处的广场的空间体形布局。体形高大的圣·约瑟夫教堂，以其103米耸入云霄的塔尖，点缀了全市的建筑景色。

勒·哈佛市为迅速恢复战后严重房荒，除采用高度工业化的装配式钢筋混凝土施工方法以外，也采用其他施工方法和材料，如被破坏建筑的碎石、砖等。但这些房屋为数不多，且都位于次要街道上，并不破坏勒·哈佛市的建筑艺术统一。

勒·哈佛的改建工作也存在许多缺点。新市区的总体规划十分平淡，以不大的矩形街坊系统组成，主要都是周边式建筑。房屋建筑处理亦平淡重复。

二、勒·柯布西耶的居住单位

二次大战前，勒·柯布西耶曾研究多种形式的居住综合体。他把这种大厦综合体叫做"居住单位"（L'Unite d'Habitation）。他认为理想的现代化城市就是由"居住单位"即带有服务设施的居住大楼所构成。他从这种思想出发，为许多城市做过规划，可是一直没有得到实施。二次大战后，从1946年开始，才为马赛市郊区设计一座大型公寓综合体（图16-13）。

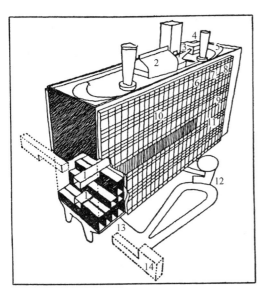

图 16-13　马赛公寓

1—走道；2—健身房；3—浴室；4—餐厅；5—游乐雕像；6—保健中心；7—托儿所；8—幼儿园；9—俱乐部；10—青年活动的创作室与会议室；11—洗衣房；12—入口与门房；13—汽车房；14—标准化的双联式公寓

这楼于1952年建成。是一幢从城市规划角度出发设计的房屋，体现了勒·柯布西耶早在20年代便已在探索的、关于构成城市的最基本单元的设想。马赛公寓共可容337户，住1600人。地面层是敞开的柱墩，上面有17层。每3层设一走廊。住宅为跃廊式，共有23种不同类型，其中1～6层和9～17层为居住层，7～8层为商店和公共设施，有面包房、副食品店、餐馆、酒店、药房、洗衣房、理发室、邮电所和旅馆。在第17层和屋顶上设有幼儿园和托儿所。屋顶上有儿童游戏场和小游泳池。屋顶上还有成人健身房，有供放映电影的设备。沿着女儿墙还布置了300米长的一圈跑道。这座公寓大楼除解决300多户人家的住房外，同时还满足家庭日常生活的基本需要。住在大楼里的居民由于经常交往，产生了对集体生活的向往。他们建立了自己的工会、图书馆，还出了一份小报，讨论"光明城"（马赛公寓）的生活问题。居民们曾联合起来，支援过罢工而失业的南特治金工人。

第四节　东欧、苏联与日本的战后重建

一、波兰的战后重建

二次大战后，面对着被战争破坏几成废墟的城市，波兰华沙与鹿特丹采取了两种截然不同的方式。鹿特丹的重建完全是另起炉灶，焕然一新，而华沙的重建，出于从政治上对侵略者的憎恨和民族自豪感，决定对波兰传统文化古城基本上依原样重建。

二次大战前，华沙城市人口为126.5万人。1939年德军突然空袭波兰，首都华沙遭到严重破坏，90%的建筑物被夷平，城市基础设施亦多毁于炮火。1945年解放时，城市人口只剩16.4万人，维斯杜拉河左岸战前最繁华的市中心荡然无存（图16-14）。战后英勇的波兰人民决心重建家园，在华沙设立首都复兴机构，以惊人的毅力和建设速度，重建被毁的民居和城市道路及其管线，还重修了一些历史古迹。不到一年，华沙人口恢复到47万人。1945年开始制订"华沙重建规划"（图16-15）。在勾画空间面貌时，是把它建设成为一个开放的、先进的和绿树成荫的现代化城市，改变了战前拥挤、混乱和肮脏的面貌。规划决定限制城市工业发展；扩大广场与绿地面积，其中包括新辟一条自北向南穿城而过的绿化

走廊地带以及扩展维斯杜拉河沿岸的绿色走廊；重建华沙古城的重要历史性建筑；并使其有机地结合在现代大城市的布局结构之中。华沙新中心区，不论在内容上、用地上都大大超过历史上所形成的范围。中心区还规划了一些重要的科学文化机构。

战后波兰，在工业建设上，首先恢复重工业，其建设以克拉科夫（Cracow）为重点，1950 年城市西部出现钢铁新城诺伐·胡塔（Nowa Huta）。

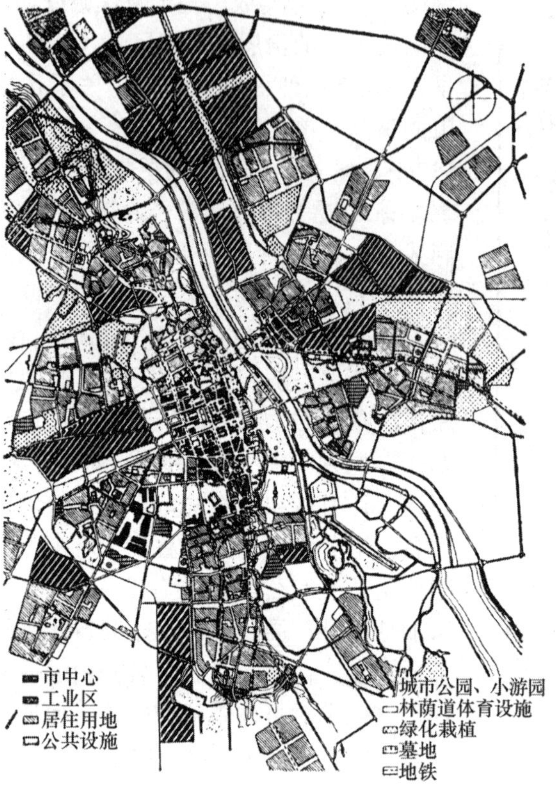

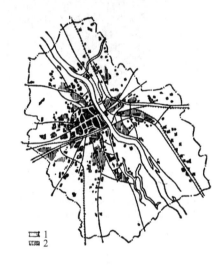

图例：
■ 市中心
■ 工业区
∕ 居住用地
□ 公共设施
□ 城市公园、小游园
□ 林荫道体育设施
■ 绿化栽植
■ 墓地
■ 地铁

图 16-15　华沙重建规划

1
2

图 16-14　华沙 1945 年战争破坏示意图

二、苏联的战后重建

卫国战争期间，苏联城市被破坏得最严重的是伏尔加格勒和明斯克，它们要重新建设。其他如莫斯科与圣彼得堡等亦受到严重破坏。苏联政府颁布了首先恢复 15 个遭受战争破坏的城市的决议，并特别注意首先必须恢复那些在改建工作上战前就落后于整个城市的市中心区。苏联人民发挥集体智慧，战后的头几年就用自己英勇的劳动消灭了严重的战争创伤。他们把重建家园工作分为三个阶段。首先恢复最起码的生活条件，搭盖营房等临时性建筑，然后过几个月再建半永久性住所以及搭建临时应急工厂，使生产有所恢复。最后配合 1945 年所订的五年计划，作长远建设计划。战后由于大量建设的需要，对于住宅、学校等大量性建筑和工业厂房的工业化问题，如标准设计、定型构件等环节曾给予相当的重视。短短的几年里，苏联的城市建设取得了很大的成绩，不少几乎夷为平地的城市，很快地又展现在地平线上。

在重建伏尔加格勒过程中，临时性房屋建在未来公园土地上，以便拆除后进行绿化，建设的速度与范围是惊人的。战后三年内，人口便从战时 750 居民增至 30 万人口，许多企业均已复工，共建房 65 万平方米。

战后城市总体规划（图16-16）考虑沿伏尔加河建设新城市。每一建成区距河均不超过3～4公里，在街区之间修建大量的草坪，在玛玛耶夫山规划建立一座中央文化休息公园。斯大林格勒将沿着伏尔加河长达50公里。自伏尔加河上看伏尔加格勒将无处不是风景区。死难烈士纪念碑将在伏尔加河畔建立。在纪念碑前面的广场中将建立一座保卫伏尔加格勒博物馆。

图 16-16　战后伏尔加格勒规划

列宁格勒的建设恢复工作，是从1944年5月开始的。其总体规划是按照1935年莫斯科总图的建设原则制定的，同时参照了巴黎、华盛顿规划的艺术布局，把有害工业区迁往郊区，建设地铁，重整运河系统，改进公用事业，并把受战火毁坏的夏宫完全修复。

1949年联共中央和苏联部长会议通过了关于改建莫斯科的新的总体规划的决议，因为1935年批准的改建莫斯科总体规划基本上已经完成，决议中指出进一步改建首都，应该在科学地制定能反映苏联国民经济、科学和文化新的巨大发展的规划基础上进行。

战后莫斯科住房生产虽已达最高纪录，但仍不够分配。当时莫斯科还要求进一步美化市容。1947年苏联部长会议就通过在莫斯科建筑首批超高层建筑，计划从克里姆林宫起，沿莫斯科河两岸一些空旷丘阜之上，有节奏地布置广场、绿地，安排8座30层高的社会主义的现实主义典型建筑物，于1950年次第兴工，其中包括列宁山上的莫斯科大学（图16-17）、2座旅馆、3座公寓和2座办公楼，全部于1953年竣工。

三、日本的战后重建

日本战后，整个经济面临崩溃的边缘，130个都市的建筑物被破坏1/3，东京毁坏达55%，房荒十分严重。战后日本把全力用在战后复兴上，尽先解决居住和生产问题，在美国的扶植下，通过五年的时间，得到了初步的恢复。

1945年战争刚结束，日本就立即计划建造简易住宅30万户，颁布公共住宅紧急措置令。1946年发表战灾地区复兴计划基本方针，并举办东京都复兴计划方案竞赛。1947年在东京开始建造4层钢筋混凝土公寓式住宅。

图 16-17　莫斯科西南区中心轴

157

1949 年，日本政府审议住宅建设法规政策，各地纷纷建造公务员宿舍，民间开始自建住宅。1950 年日本颁布外资导入法，使西方最新技术和设备引进日本，迈开了日本建筑工业化的第一步。1951 年首都建设委员会成立，颁布首都建设法和公营住宅法，并着手进行制订东京总体规划。1947 年日本对被原子弹破坏的广岛市重新进行规划。广岛战前人口有 40 万，新规划的广岛定为 50 万人口，有"和平林荫道"，宽 100 米，在"原爆"地点辟和平中心。1949 年由丹下健三设计纪念�门和两层纪念馆，1950 年建成。

第十七章 20世纪50年代的城市规划与建设

第一节 50年代的城市恢复与建设概况

50年代上半期，二次大战各参战国家不同程度地从战争破坏中得到恢复。由于经济发展、技术进步和人民群众对重建家园的努力，使恢复与重建工作能以出乎意料的速度顺利进行。西欧各国如英国虽在战后殖民体系受到冲击，但经济方面仍有大幅度增长。城市规划上切合时宜地颁布了一系列关于控制土地和规划建设的法令，规定了政府与地方当局在修复和重建中的职责等等，有力地保证了规划的顺利实现。以新城建设而言，到50年代中期，伦敦周围的8个新城基本建成并已拥有原计划人口的一半。法国战后的经济恢复也是比较快的，到1949年它的工业生产已恢复到战前水平，因此它的建设活动相当活跃。在国家资助下，为解决尖锐的住宅问题，建造了大量采用预制装配的工业体系的住宅区。联邦德国的经济发展也是比较突出，至50年代末已基本解决住房问题。苏联和东欧各国，在重建城市方面，也积累了丰富的经验，取得了一系列重要的成果。不少在战时几乎夷为平地的城市，于50年代初，又展现在地平线上。日本在战后的经济恢复和发展中，依靠科学技术的发展和全体人民的勤奋努力，至50年代后期已成了经济实力雄厚的国家，在城市建设上成绩尤其突出。朝鲜于1953年停战后，立即开始了恢复和重建工作，以千里马精神从废墟上恢复和重建一座座新城。

50年代各国城市化步伐加快，促进了大城市的建设和改造、大城市周围新城的建设以及各种具有新的职能的城市如科学城的建立等等作出了重要的贡献。为医治市中心过于拥挤、城市功能过于复杂、城市负担过重、交通阻塞和环境污染等大城市病，故在大城市周围建设了许多新城，如英国的坎伯诺尔德、瑞典的魏林比、日本的千里新城、苏联的泽列诺格勒等；但由于规模过小，不能提供多种就业机会以及公共服务设施不足等原因，未能起到疏散大城市人口和缓解大城市困境。50年代后期，开始对像伦敦那样的一元化结构体系，即大城市只有一个中心，然后再环绕这个中心来进行规划布局的做法，提出了异议。促使60年代以后，大城市多中心规划结构的采用和推广。50年代的新建大城市，以印度的昌迪加尔和巴西新都巴西利亚为典型。这两个城市的建设，都曾轰动世界。但规划上都有过分追求形式，对经济、文化、社会和传统较少考虑的缺点。朝鲜平壤的高速度建设，鼓舞了朝鲜人民的革命斗志和体现了社会主义国家统一计划和统一建设的优越性。

这个时期各国对古城、古建筑保护、对市中心和重要商业街区的建设、对居住区的规划结构都进行了新的探索。塑造了新的格局形态、空间特征，提高了城市的环境面貌和文化特征，满足了时代要求。意大利罗马的避开古城、另建新城的规划手法是各国古城借鉴的榜样。各国的成片成区保护亦各具特色，并注意对乡土建筑的保护，有的整个村落、整个集镇和整个自然风貌被完整地保存下来。随着新城市的建设和旧城市的改造，各国出现了一些设计水平较高的城市中心和商业街区。新的生活方式的改变、文化艺术的繁荣，对塑造城市中心和商业街区的空间和总体形象起重要的作用，而城市中心和商业中心的环境特色和它所反映出的文化素质也时时影响着城市市民的精神面貌和生活情趣。商业街区，在布局形态上，从商业干道发展到全封闭或半封闭的步行街；从自发形成的商业街坊发展到多功能的岛式步行商业街；从单一平面的商业购物环境发展到地上、地下空间综合利用的立体化巨型商业综合体；从地面型步行区发展到第二层平面系统的步行天桥商业区和地下商业街等等。中庭式商业建筑空间和室内商业街不仅创造了一种全天候商业购物环境，对于旧城中心区的改造复兴以及历史文化名城风貌特色的保护，也起了重要的作用。保护历史性商业街区，强调其文化风貌特色，使城市中心和商业街区倍增风采。

这时许多国家在大城市地区和重要工矿地区开展了大量的区域规划工作，并有不少国家实现了有计划的国土整治。区域规划中的中心地理论（Centre Place Theory）和增长极核理论（Growth Pole Strategy）得到广泛运用。为避免大城市恶性膨胀，50 年代的多中心城市集聚区荷兰兰斯塔德（Randstad）和德国的莱因—鲁尔（Rhine—Ruhr）树立了良好的榜样。

这个时期环境学科的兴起和 CIAM 第十小组的建立是城市规划的重要历史性变革。它为 60 年代以来的城市规划与建设，奠定了理论基础。

第二节　50 年代的城市化与郊区化运动

二次大战后，世界各国工业化和商业经济迅速发展，相应城市化速度也日益加快。世界人口往大城市涌流的势头，十分猛烈，已达到失控程度，以致城市有"爆炸"的危险，产生了一系列严重的城市问题，如城市住房紧张、交通壅塞、环境恶化、失业人口增长。英国 1946 年颁布新城法，企图控制人口向伦敦集聚，日本为克服东京、大阪、名古屋等大都市圈人口的过度集聚，分别通过了"国家首都区域发展法"、"近畿区域发展法"。1957 年制定首都区域发展规划，曾规划了一个郊区带（绿带），以图控制城市的膨胀，均未奏效。

1950 年百万人口以上的城市已达 51 个，特别是第三产业比重的逐年增大，加速了城市化进程。虽然第二产业如制造业等可迁出中心城市，但新发展起来的第三产业仍在市中心及中心城市进一步聚集。从整体看，中心城市产业仍在集中。这是由于企业越是互相靠近，越能抢先得到比较可靠的保证。

人口涌向大城市，城市规模一再扩大，还是容纳不了增加的人口，尤其是第三世界，大城市的人口密度较高。从农村或外地涌向大城市的移民在市区外围定居，这些人多数要到市区工作，加剧了大城市的交通拥挤和环境恶化。这种城市外围化（Periurbanization）造成市区规模层层扩大，更带来交通困难和环境恶化。这种急剧的城市化又给那些地区薄弱的经济基础带来空前的压力。

50 年代在一些西方发达国家，在交通、通信手段现代化的基础上，城市人口出现了离心流动，即郊区化（Suburbanization）现象。这时的人口与经济活动的分布渐渐突破了城区界限，向周围的郊区发展，出现了以中心城市为核心，连同其他毗邻的内地、腹地，形成统一的大城市地区（Metropolitan Region），即人口由集中在各个城市"点"的形式发展到城镇群体，即城市集聚区（Urban Agglomeration）的形成。这是城市化发展新阶段的表现。

城市化与郊区化的交互作用使西方国家大城市的空间结构发生了变化，改变了城市用地平面布置的形式。自 50 年代以来，那些历史较久的大城市的中心地区人口数量在逐步减少，人口、工业、商业等向郊区和周围地区扩散，造成郊区城镇化的现象，城市核心地区却处在衰退之中。但也有一些国家（如苏联和东欧），其大城市地区的中心城市和郊区都在发展。许多发展中国家的大城市地区也是这样的。

西方发达国家，城市化的另一特征是向城市群（City Cluster）发展。在西欧，工业区密集，人口密度大，各城镇之间的距离缩短，一个城市群聚集着数十个法律上的城市和居民点。城市群已成为居民点组合的主要形式。

第三节 50 年代的新城建设

自英国于 1902 年及 1920 年建设莱奇华斯和韦林两个卫星城以来，将近 40 年时间，田园城市的信徒们为建设新城展开了广泛的宣传活动。除了二三十年代给历届英国政府写过几个介绍新城的官方报告外，没有新的进展。一直到战后 1946 年通过新城法以后，才有所突破。

英国的新城运动是战争的产物。英国政府在战争方酣时意识到为保护人民的抗战高昂情绪，必须向人民保证，等和平恢复后一切都要得到改善，包括重建被战争毁坏了的城镇和对国土资源进行规划。战后新成立的工党政府向人民保证进行重大的社会和经济改革。在这样的政治条件下，1946 年国会批准了新城法，后来又批准了更为著名更有远见的 1947 年城乡规划法。

英国新城建设的成功在很大程度上是得力于 1946 年新城法。有了新城法，有可能以政府的名义作出建立新城市以及划出一部分土地来建设这个城市；有可能成立开发公司来规划和建设新城；有可能以政府的名义使开发公司按照当时市场价格加上赔偿费用购买（必要时强买）土地所有者的土地；有可能使政府负责贷予开发公司全部资金，分期偿还。

英国的新城规划，并不是孤立的，它是一项全国土地资源和经济发展的开拓规划，以及改善全国人民的生活和工作条件的综合性计划的组成部分。

英国建设新城的主要目标是要建设一个"既能生活又能工作的、平衡的和独立自足的新城"。新城的工作岗位需要来自多种工业多种渠道。新城社会不能是单一阶级的社会，应能吸收各种阶级和阶层的人来居住和工作。

继英国建设新城以后，50 年代瑞典、日本、苏联等国相继建设新城。瑞典是继英国以后建设新城最早的国家。他最早地接受了路易斯·芒福德的《城市文化》（Culture of Cities）一书的观点和英国大伦敦规划关于建设新城以及按照邻里单位的概念建设新城的思想，于 1948 年就开始建设新城。日本因解决住房短缺，于 50 年代末开始建设新城。日本的物质环境依赖着西方社会规划的模式。西方的社区思想与邻里单位模式在新城建设中起主导作用。苏联于 50 年代末开始在莫斯科外围建设第一个新城泽列诺格勒，拉开了苏联建设新城的序幕。

一、英 国 新 城

英国自 1946 年通过新城法后，就开始建设新城，到 1950 年共规划了 14 个新城，一般称为第一代新城。50 年代英国总结了第一代新城的一些缺点例如密度低、人口规模小、不足提供文娱或其他服务设施以及新城中心不够繁华、缺乏生气和活力等，乃于 1955 年决定建设第一个第二代新城坎伯诺尔德（Cumbernauld）。

坎伯诺尔德

坎伯诺尔德（图 17-1）位于苏格兰境内，位于格拉斯哥东北约 23 公里的一长条山地上。建设目的是吸收格拉斯哥的人口和工业。规划人口为 7 万人，规划用地为 1680 公顷，于 1956 年完成规划总图。这个第二代新城较之 40 年代的第一代新城有所改进，即规划上比较集中紧凑，密度比哈罗、斯蒂文乃奇等为高，改变了过去邻里单位的结构形式并努力使新城大部分人口集中在靠近新城中心地带，使其形成一个整体结构较为紧凑的新城。新城有一个繁荣的市中心，设有为全市居民服务的购物中心以及其他服务设施。市中心外围的山坡上布置住宅区。主要工业区在城市南北两端，城市周围有开阔绿地。

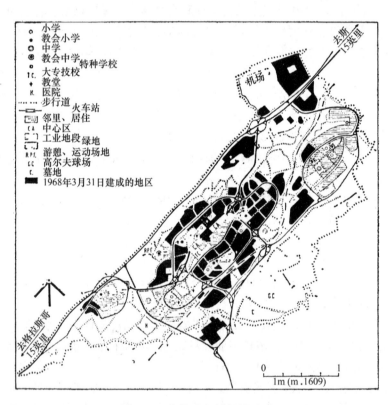

图 17-1　坎伯诺尔德新城平面

市中心（图 17-2）建在山顶。沿着山脊建了两排楼房。中间是一条双向车行道，两排多层楼房的底层都是停车库、公共汽车站、货场等。二楼有超级市场、百货公司、事务所用房以及医疗中心、图书馆、公共会堂、旅馆、餐厅、酒店等等。二层楼有许多过街人行桥，把两排楼房连成一体，其他各层有公寓住房。整个新城中心像个巨型综合体建筑，有 8 层，把市中心所需各种公共设施与一部分住房都安排在一座大厦内。

城市的规划结构建立在有效的交通组织的基础上。道路交通的特点是人车分离，一条主干线穿越市中心，一条环路围绕整个山头，对各住宅区提供服务性联系。全市有一条完整的步行道系统，从中心区放射出去，通过各住宅区到达外围开阔绿地。

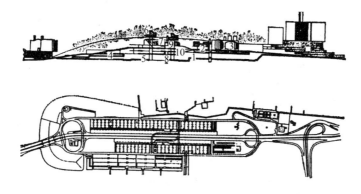

图 17-2　坎伯诺尔德新城中心平剖面

　　住宅区建于山坡上，住宅的类型由山形位置决定。在平坡地形建带花园的二层住宅，在陡峭地建设锯齿形住宅，此外还修建 4 ～ 5 层和某些 8 ～ 12 层的公寓式建筑，以达到高密度要求。

二、瑞　典　新　城

　　瑞典在二次大战中的中立地位使它没有遭受战争损失，战后较早地使全国基本上解决了住宅问题。并较早地开始新城建设。首都斯德哥尔摩于 40 年代末就开始建设新城。它与英国新城不同，英国强调独立自足，须与母城有一定距离，而斯德哥尔摩的新城都是母城的一部分，它既不是完全依赖于母城的居住郊区，也不是完全独立的新城。

　　从 1948 年开始，这些郊区新城按照斯德哥尔摩总图沿着斯德哥尔摩市中心往西北和往南延伸出来的地下铁路线建设。

　　斯德哥尔摩郊区的新城规模较小，要求每个新城人口不少于 25000 人，以若干新城组成一个区。在区内的一个新城里，设置一个大的商业中心兼为邻近的新城服务，如魏林比市中心就是兼为区内其他新城服务的。

魏林比

　　魏林比是 1950 年规划的瑞典的第一个新城，位于魏林比区内。魏林比区用地很大，将近 1200 公顷。它坐落在斯德哥尔摩以西 10 ～ 15 公里的一片森林地带，空气清新，邻近海岸。这个区内的若干新城（图 17-3）是沿着向西方森林地带和米拉连湖张开的弧线布置的，保存了优美的自然地形和良好的景色。在建设用地上保留了峭壁和大圆石。有地下铁路和高速干道保持和母城的联系。

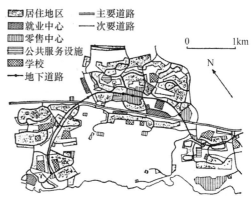

图 17-3　魏林比区

　　魏林比（图 17-4）本身占地面积 170 公顷，计划人口 23000 人，并与东西两侧其他居民点邻近，故设计了为 8 万人口服务的城市中心。

图 17-4　魏林比规划

新城中心（图 17-5、图 17-6）采用岛式布局，占地 700 米 ×800 米，位于山顶之上，比地面高出 7 米。铁路可以从中心区下面通过，并设有自动扶梯与地面层车站相连。位于山顶上架空的主体建筑是地铁车站、办公楼与百货商店。架空平台上是步行区，坐落在其下的是快速交通线。其外围有市政委员会会堂、电影院、剧院、各种文化机构、俱乐部、图书馆礼堂、邮局、教堂诊疗所等和供存 400 辆汽车用的 3 层地下车库。地下还设两层仓库和服务房间以解决进货和贮货问题。中心区设有喷泉和花坛，有美好的建筑景观。

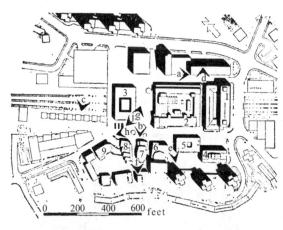

图 17-5　魏林比中心平面
1—办公楼与商店；2—商店、百货商店与餐厅；3—地下铁路车站与商店；4—保健中心与商店；5—福利事业办公楼；6—剧院；7—电影院；8—社区中心；9—教堂

图 17-6　魏林比中心鸟瞰

公共中心周围布置居住建筑群。高层建筑安排在新城中心 500 米以内，在较远处密度较低，大多是一、二层住宅，或松散分布，或形成组群。另有三、四层的公寓区，约住 70% 的居民。此外还有十一、二层的塔式公寓。为阻挡寒风，住宅区广泛采用周边式封闭

164

式街坊布置，形成三面建筑一面敞开的庭园式布局，并组织成不同的群体组合。还有一些建筑物布置在阶梯状地形上。由于高低错落，衬托自然景观，造型比较活泼。

三、日　本　新　城

日本于1951年颁布公共住宅法。1955年颁布日本住宅公团法，为迅速解决战后的房荒，作出了巨大努力。但50年代各大城市人口急剧增加，住房仍供不应求。以大阪为例，从1955年左右开始，平均每年增加人口20万人，住宅仍严重不足，乃于1957年开始了千里新城的规划建设。它标志着日本从建设城市住宅区发展到开发新城。从那时起，日本许多地方相继迅速地规划了大规模的新城。

千里新城

千里新城位于大阪市中心北部约15公里，是利用丘陵地建设的一座卧城，标高30～130米。新城占地面积1160公顷，规划人口15万人。

新城的规划结构（图17-7）是以7条城市干道，把新城划分为12个邻里单位。它是组织新城的基本单位，其用地面积为60～100公顷，有2500～3500住户。由3～5个邻里单位组成一个居住区。每个居住区有居住区中心。人行与车行采取完全分离的方式。城市干道和邻里单位道路均有公共汽车线路。新城与大阪之间有便捷的铁路与快速公路交通联系。

千里新城中心（图17-8）同时也作为大阪市的副中心，规模较大，各项设施较齐全，

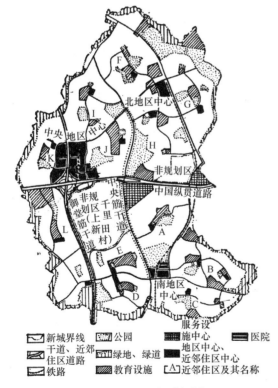

图 17-7　千里新城规划

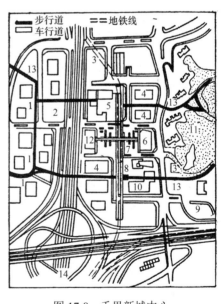

图 17-8　千里新城中心

1—办公楼街；2—电厂；3—汽油储存罐；4—停车场和存车楼；5—中心大楼；6—百货商店；7—站前广场；8—专业店铺街；9—旅馆；10—娱乐中心；11—公园绿地；12—超级市场；13—黑粗线是步行专用道路；14—御堂筋道路

城市气氛浓厚。新城中心占地28公顷，以铁路车站为轴，在南北走向的商业街两侧布置130多家商店。在这条商业街中部的路西是超级市场，路东是百货公司。这两家商店用专

用过街天桥和地下步行通路连接起来。围绕这些商业设施还有中心大楼、娱乐中心、旅馆和停放8000辆汽车的停车场等。市中心西侧建有办公大楼街。

新城的规划布局充分利用自然地形，对一些丘陵和山坡地，尽可能保存原有的地形，因地制宜，随高就低布置建筑物。新城绿地较多，保留了不少原有的草地，开辟为公园绿地。

每个邻里单位都有高、中、低不同类型的住宅。在靠近邻里单位中心和居住区中心的部位一般布置高密度的中、高层公寓住宅。周边地带布置低密度的低层住宅。住宅建筑采用与周围环境协调的色彩。各种公共建筑造型别致、色调明快。

四、苏 联 新 城

十月革命后苏联实行了土地国有和计划经济等重大措施，城市规划与建设也纳入了有计划发展的轨道。但自建国至50年代还是一直存在着人口分布不合理和大城市规模控制不住以及一些有条件发展的中小城市得不到进一步的发展。首都莫斯科在城市建设方面从开国到50年代进行过不少重大的试验。为防止城市规模过大，1932年开始采取限制迁入户口的措施；1935年第一个总体规划确定限制新建工厂，但这些都不能解决莫斯科的问题。50年代末在被迫扩大市界的同时，提出建设一系列卫星城市即新城的计划。如1956年7月通过的方案，考虑周围建7个新城，离市区距离最近的45公里，最远的60公里。

图17-9 泽列诺格勒规划
1—西居住区中心（青春广场）；2—潘菲洛夫大街；3—斯霍德尼亚河；4—中央大街；5—市中心

1957年4月决定补充泽列诺格勒，并把它作为第一个试点项目。

泽列诺格勒

泽列诺格勒位于莫斯科西北，离市界约26公里。1959年开始进行建设工程。人口规模原规划为65000人，后扩大到8万～10万人。规划从莫斯科市区迁出38个生产单位在新城落户。在此基础上建立一个无污染的工业区。

全城（图17-9）有西北、东北和南部三个工业区，其中以西北工业区规模为最大。20世纪60～70年代又在新城建立了一系列工业企业、公用事业单位与电子技术学院等科研文教单位。终于逐步从一个"卧城"转变为一个独立性较强的卫星城。1977年的人口已突破12万人。

泽列诺格勒的平面布局严谨而简单。全市除西北工业区外，分成了两大块各有自己的公共中心的规划区，并由位于中央的市级中心（图17-10、图17-11）把它们联结成整体。两个规划区又由生活居住区和工作区组成。其间用步行道相连。住宅层数当初以5层为主，70年代提高到9层、10多层，最高的达到20多层。

泽列诺格勒拥有丰富的森林。全城2200公顷中，森林有900公顷。选择了城市用地最美的一块地段，即人工湖边一块宽阔的缓坡地，用来建立市中心。

城市的各部分同自然风景有机地协调，使简洁的城市结构处处风景如画，活泼清新。

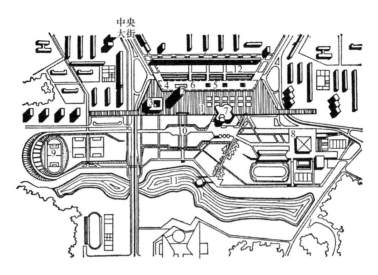

图 17-10 泽列诺格勒市中心平面

1—市中心广场（位于中层台阶，形成一块大平台，高架在交通干道之上，平台两端通过高架桥同两侧的居住区相连。车辆不能从干道进入市中心广场）；2—高层旅馆；3—市苏维埃办公楼；4—邮电局；5—商业中心；6—餐厅；7—文化宫；8—运动综合体（和9、10、11三项设施一起，都处于下层台阶）；9—容纳五千人的体育场；10—中心公园；11—人工湖；12—"长笛式"住宅（位于上层台阶，其地平面与中央大街和中层台阶4、5、6三项公共建筑的屋顶处于同一标高，形成市中心的背景）

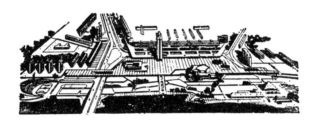

图 17-11 泽列诺格勒市中心透视

泽列诺格勒被誉为名副其实的一个"绿色的城市"。

第四节 50年代的步行商业街、郊区购物中心、室内商业街和地下商业街

　　西方国家自古以来，就有步行空间的历史，丰富了城市空间形式和历史文化面貌。古希腊有宽阔、连贯的柱廊和敞廊。古罗马有内向封闭的皇家广场步行空间序列。欧洲中世纪有像意大利锡耶纳坎波广场那样的不能通车的步行中心广场。文艺复兴时期达·芬奇首创了人流车流分行的错层交通系统。18世纪工业革命以后，尤其是20世纪后，原始的道路、广场不能适应汽车洪流，原始道路对于人行、车行与商业活动的兼容性受到冲击。20世纪20年代，新建筑运动的倡始人柯布西耶设想了交通立体分流，解决人、车矛盾，恢复步行空间。1927年德国埃森市的林贝克街就已是禁止交通车辆通行的商业步行街。其附近的科隆市的霍合大街和斯切德格斯大街在二次大战前就规定在一天的特定时间内专供行人使用。这些街上没有商店进货或仓库的入口。

　　二次大战后，在新城建设中步行商业街的建设得到了广泛的重视。40年代末英国建设

了斯蒂文内奇与考文垂等步行商业街。50年代荷兰、西德等继英国之后建设了步行商业街。如荷兰建设了林巴恩（Lijnbaan）步行商业街。瑞典建设了魏林比市中心山脊平台上的步行商业区，和斯德哥尔摩商业中心的谢尔格尔加特步行商业街。美国的第一个步行商业中心位于密歇根州凯拉孟佐城。该步行商业街改建于1959年。开始由两个街坊组成步行商业区，后逐渐发展到4个街坊。

郊区购物中心早在1920年就已在美国出现，但只是在50年代中期才得以发展。

室内商业街的产生早在19世纪。较早的有1848年汉堡建的西勒姆集市。另外，意大利米兰教堂广场室内商业街也比较著名，称之为这座城市的"起居室"。50年代现代室内商业街首先在美国复兴。自1956年起，美国有的郊外购物中心在联系各家商店的步行道上加设顶盖，安装空调设备，使之不受外界气候条件干扰，开始了室内商业街的时代。

地下商业街的雏形于1930年东京修建第一条地下铁道时就已出现。当时在地下通道的两侧自发地设立了一些商业摊棚。此后有些地铁的地下通道旁有计划地设置了一些小商店。二次大战后，1955年在东京建成了第一条长达100米的地下商业街。接着日本许多城市效仿兴建。1955年其总面积已达30000平方米。

一、50年代荷兰的步行商业街

林巴恩步行商业街

荷兰鹿特丹市中心区在战争中全部被炸毁。战后在重建工作中，荷兰保持了建筑与城

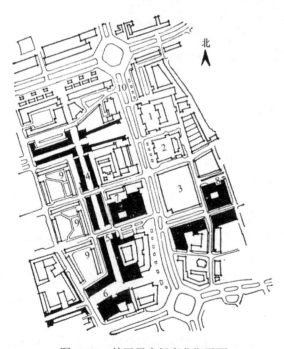

图 17-12 林巴恩步行商业街平面

1—市政厅；2—邮政局；3—经济机构；4—林巴恩商业中心；5—商业中心扩展部分；6—平纳威商业中心；7—新建百货商店；8—百货商店；9—公寓；10—市中心大街

图 17-13 林巴恩步行商业街透视

市结合的优良传统，成功地塑造了位于市中心的林巴恩步行商业街（图17-12、图17-13）的建筑形象。这条街于1952年开始建设，街宽18米与12米，由两排平行，每段长约100米的二、三层商店组成。筑有横跨街道的遮棚。这些遮棚与沿商店橱窗上面的顶盖连成整体，使步行街的顶部组成网格状的遮阴通道，与其下的铺地紧密相呼应。步行街的内部空间饰有小商亭、草坪、树木、花坛、喷泉、雕像、座椅、灯具、标志牌等。商店的断折立面线形成了向内凹入的门和橱窗，建筑形式美观，有亲切舒适感。商店按模数网设计，面宽为8.6、6.6或13.2米，进深15米。

林巴恩商业步行街是平面型的布局。魏林比的中心区则是架空的步行商业区。

50年代末改进前一阶段的线形简单商业步行区为复合的步行环境。商业中心区的环境容量较大，争取了更大的步行空间。同时也提高了环境质量以满足人们随着生活条件的改善而对它的更高的要求。许多欧洲城市如联邦德国的汉诺威科隆等，都对市中心商业区进行了大规模的改造。

二、50年代美国的郊区购物中心

50年代，随着城市的不断扩大，郊外新居住区的陆续出现，特别是美国和欧洲一些国家的城市相继进入了以私人小汽车为主要交通工具的时代，大批中产阶级纷纷迁居郊外。50年代中期以后，特别是在美国，出现了大批郊区购物中心。

美国底特律的郊区购物中心（图17-14）为解决顾客停车问题，占地64公顷。购物中心位于基地中央，四周可停车7764辆。

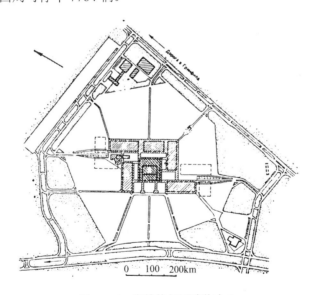

图17-14　底特律郊区购物中心

三、50年代的美国室内商业街

美国从1956年起，开始建设有空调设备的封闭式室内商业街，以满足人们对商业街提出休息、游览、娱乐的要求。为了破除内部空间的单调感和封闭感，又逐渐把许多原来室外的环境设施如树木花草、街灯、座椅、喷泉、雕塑等布置在室内步行街中，使人有置身自然的感觉，这样使步行街具有林荫道的作用，成为漫步游憩的场所。玻璃拱顶将街道两侧建筑连成整体，融汇在一个空间。商店、市场以及其他公共设施分别串联在街道上，上下数层，通过宽阔的楼梯和自动电梯相通，构成多种用途的综合体。

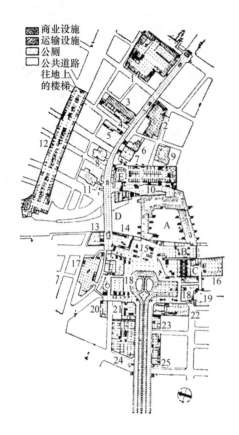

图 17-15　新宿地下街市

1—伊势丹；2—三越新宿支店；3—汇兑大厦；4—纪伊国星大厦；5—丸井新宿支店；6—中村商店；7—高野大厦；8—富士银行；9—三爱；10—新宿车站大厦；11—二幸新宿支店；12—新宿车站歌舞伎街；13—新宿西口会馆；14—地下铁大厦；15—小田急百货店；16—京王百货店；17—小田急百货店；18—商业街；19—安田生命第二大厦；20—星和大厦；21—斯巴尔大厦；22—安田生命大厦；23—永和大厦；24—朝日生命大厦；25—新宿大厦

A—国铁新宿车站；B—小田急电铁新宿车站；C—京王帝都新宿车站；D—常团地铁丸之内线新宿车站；E—新宿车站东口地下停车场

四、50 年代的日本地下商业街

日本地下街至 1955 年已有面积 3 万平方米，其后发展速度甚快，规模亦甚大。其发展原因除日本经济实力和技术力量外，大城市人口稠密，环境恶化，地面交通事故多也是主要原因。地下街的兴建正是为解脱此种困境。日本地下街（图 17-15）的兴建，促使城市向地下立体发展，增加了城市的土地利用率。地下商业街使大量人流转入地下，疏导了城市地面的交通。有的地下商业街是地下铁道的连接通道；有的与大型商店、办公楼、快速电车站等相联系；有的是换乘车的联系道，以此组成一个高效的空间联络体系，吸引了大量的人流。有些地下商业街还设有各种游乐和休息设施，加之有良好的人工气候，成为人们乐意休息逗留购物的地方。

第五节　50 年代的新建大城市——印度昌迪加尔和巴西新都巴西利亚

50 年代的新建大城市以印度的昌迪加尔和巴西新都巴西利亚最为著名。

一、印度昌迪加尔城

昌迪加尔（Chandigarh）是印度旁遮普邦的首府，1951 年进行规划并开始建设。该城位于喜马拉雅山南麓一块北高南低、坡度缓慢的台地上。这里原是受干旱威胁。位于城市东北部的水库建成后，为城市的开发创造了良好条件。近期规划 15 万人，远景规划 50 万人。近期占地 3600 公顷。该城规划方案（图 17-16）由勒·柯布西耶修订。他以城市形态象征生物形体的构思，构成了城市总图的特征。主脑为行政中心，设在城市的顶端山麓下。商业中心位于全城中央，象征城市的心脏。神经中枢位于主脑附近，为博物馆、图书馆等等，地处风景区。大学区位于城市西北侧，宛如右手。工业区位于东南侧，宛如左手。水电系统似血管神经、分布全城。道路系统构成骨架。市内建筑像肌肉贴附。留作绿化用的间隙空地似肺部呼吸。

　　整个城市有明确的分区，政治中心孤立于城市的北缘之外，地势居高临下，处于控制和俯视全城的特殊地位。商业中心位于近期规划范围的几何中心。公共图书馆等文化设施与商业中心挨在一起，使这里成为全市公众的活动中心。工业区位于城东，是一个独立的工业区，对工业类型不予限制。文化区位于西边，设大学及其他文化科学机构。居住区基本上与上述各区不相混杂而分布于全城。这种明确的功能分区规划模式，反映了1933年雅典宪章的基本原则。

　　昌迪加尔的行政中心（图17-17）用强烈的映衬手法，把议会大厦、高等法院（图17-18）、行政大厦和邦首长的官邸作了恰切的相互联系和空间变化，用水面倒影手法使放置较远的建筑在感觉上仍感贴近。

　　各干道成直角相交，其中由商业中心向北

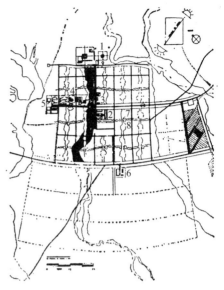

图 17-16　昌迪加尔规划

1—行政中心；2—商业中心；3—接待中心；4—博物馆与运动场；5—大学；6—市场；7—绿地与游憩设施；8—传统商业街

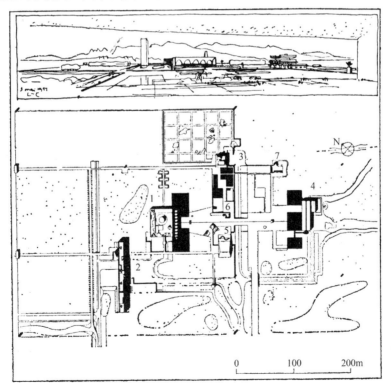

图 17-17　昌迪加尔行政中心

1—议会；2—政府大厦；3—州长府邸；4—法院；5—神堂；6—州长府邸前的水池；7—纪念性雕塑

通向政治中心和向西接连文化中心的十字交叉干道是全城主干道路。全城还有一个组织在绿化系统中的自行车和人行的交通系统。干道之间分成邻里单位，面积各为 0.8 公里×1.2 公里，居住人数各为 5000 ~ 15000 人。商业布局模仿东方古老的市场街道，从横向穿过每个邻里单位，而从纵向穿过邻里单位的是绿化地带，其中设置学校托幼等儿童机构。

图 17-18　昌迪加尔高等法院

此城于 50 年代初由于布局规整有序而得到称誉。但城市建成后，问题不少。当时印度总理尼赫鲁对建设新首府的理想是，新的城市要成为"印度自由的象征，摆脱过去传统的束缚，表达我们民族对未来的信心"。从城市的综合社会效果来看，它没有成为尼赫鲁要求的"自由的象征"。在这里，功能分区导致了社会分化。城市里各邻里单位的面积大体相近，但规划者按居民收入水平规定了不同的建筑密度，其服务设施又大体相等，仅便利了富有阶层。昌迪加尔的另一个重大缺陷是脱离印度国情，把外来的西方文化强加在一个古老的东方民族身上。规划者遵循尼赫鲁要"摆脱过去传统的束缚"的原则，把西方的生活方式搬到印度，而没有考虑占全市企业总数一半左右的小商贩从事营业的规划安排问题。昌迪加尔的建设主要是为新首府竖立纪念碑。其中心虽规模宏大，但构思和布局过于生硬机械，建筑之间距离过大，广场显得空旷单调，形成的建筑空间和环境亦不够亲切。

二、巴西新首都巴西利亚

1956 年巴西政府出于全局和长远的战略考虑，为开发内地，繁荣经济，决定迁都巴西中部原是一片荒原的巴西利亚。这里地势平坦，气候宜人，位于 3 条河流的分水岭上，水源充足。总体规划的评选采用了巴西名建筑师科斯塔（L.Costa）的方案（图 17-19），规划人口 50 万，用地约 150 平方公里。城市平面模拟飞机形象，象征巴西是一个迅猛发展、高速起飞的发展中国家。机头昂向东方，寓示朝气蓬勃。机头有三权广场（国会、总统府、最高法院），建有政府各部大楼（图 17-20、图 17-21）。机身长约 8 公里，是城市交通的主轴。其前部为宽 250 米的纪念大道，两旁配有高楼群。两翼为长约 13 公里的弓形横轴，沿着"八"字形的帕拉诺阿湖畔展开，这里是商业区、住宅区、使馆区。由于是顺应地形弯曲的，所以和自然景观紧密结合。飞机尾部是文化区和体育运动区，其末端是为首都服务的工业区和印刷出版区。城市主轴和两翼成十字交叉，象征巴西是天主教国家。城市交通设计是现代化的，为货运交通设置了专用线，为步行交通设置地下通道和步行街，主干道交叉点设置大型立体交叉。

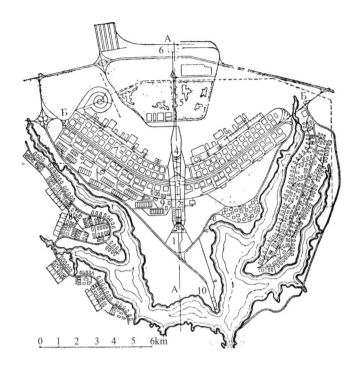

图 17-19　巴西利亚规划

1—三权广场；2—行政厅地区；3—商业中心；4—广播电视台；5—森林公园；6—火车站；7—多层住宅区；
8—独院式住宅区；9—使馆区；10—水上运动设施

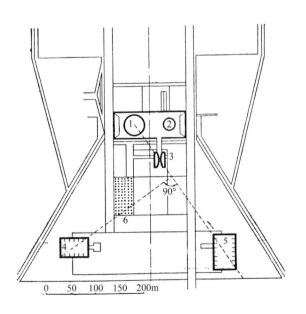

图 17-20　三权广场平面

1—众议院；2—参议院；3—行政大厦；4—高等法院；5—总统官邸；6—森林区

为控制与统一大城市空间以及突出城市的个性，采用的规划手段有三。一是运用高速公路先进技术；二是运用公园绿地湖泊等美化设施；三是处理好东西主干道的空间布局和突出三权广场上的宏伟建筑群。

东西主干道从三权广场到十字形干道轴线交叉，再到干道下部电视塔，处处呈现不同的空间景象。轴线的三权广场始端庄严肃穆，然后是宏伟壮观，而到大教堂和文化地区则比较亲切。三权广场上矗立着三座独立建筑物——立法、行政与司法建筑。它们在富有上古之风的等边三角形中确立了切合其内容的形式。它们的几何形体的形式构图和位于大空间中的富于雕塑感的巨大体量，造型简洁完整，形象独特醒目。有些建筑形象蕴含一定的意义，如国会大厦是两座并立的高 27 层的大厦，两楼中间有天桥相连，形成 H 形，意示维护人类尊严，保障人权。众议院大厦，形似一只朝天的巨碗，表示言论开放。参议院大厦却像一只倒扣的巨碗，表示它是决策机构。

图 17-21　三权广场鸟瞰

居住街坊面积为 200 米 ×280 米，由 8 ～ 12 幢集体住宅组成。加上四周较低矮的住宅和小学、商店等文化服务设施组成面积为 960 米 ×720 米的邻里单位。

巴西利亚有连片的草地、森林和人工湖。绿化面积平均每人 72 平方米。人工湖周长约80 公里，面积达 44 平方公里。大半个城市傍水而立，湖畔建立不少俱乐部和旅游点，使环境更加美好。新首都无污染工业，因此城市环境质量可列世界名城之先。

这个城市是根据勒·柯布西耶密集城市的模式，并以宏伟的规模建设的。建成后，各方面人士反映，该城市与印度昌迪加尔近似，认为它是按规划师刻画的模子生搬硬套地建造成的人工纪念碑。它过分追求形式，对经济、文化、社会和传统较少考虑，与其说是个生活的城市，不如说是个机械的城市组合体，感觉空洞和缺乏渊源与生气。它的中心亦与昌迪加尔一样，在城市中显得过分高高在上，睥睨一切和超越一切。整个城市特别是生活居住部分，缺乏人情味，缺乏亲切宜人、雍容和蔼的气氛，而城市应该是一个富有民主气氛、富有生命活力的有机体，由社会组成，因不同的民族文化和当地居民生活而异。

巴西利亚现在已有 100 万以上的人口居住在新都和它的几个大型市郊卫星镇内，其中每个市郊卫星镇的居民人数都超过 30 万。

第六节　朝鲜平壤的重建

朝鲜于 1945 年 8 月获得解放。从 1950 年开始并经历了三年的反侵略战争，平壤被炸为废墟。朝鲜停战以后，在废墟上以高速度完成了战后经济恢复三年计划（1954 ～ 1956年）。1956 年开始执行社会主义大建设的五年计划，掀起千里马运动。在人、财、物奇缺的条件下，以奇迹般的速度进行了平壤市的重建。它的特点是平地起家，全部新建，速度快，规模大。在建设中注意的原则是：1.强调城市的人民性，一切都从方便人民生活出发，为劳动人民服务。2.注意城市建筑的多样化，创造丰富美丽的环境。3.重视城市中的文化建设，使公共文化建筑成为教育人民的场所。4.城市规模不搞过大，控制在100平方公里，不超过100万人口。城市按上述原则严格地把面积人口容量固定下来。规划范围以外，植树造林形成绿化地带，限制了大城市的无计划扩张。距中心城市10～30公里处是广阔农村，在这里设置了大型公园、大片绿地、疗养所以及大型游览区。市区北部的大成山，是近郊游览胜地。距中心城市20～30公里处设置卫星城市（图17-22）。大部分工业设置在市郊，沿大同江和山前布置，仅市区西南部热电厂附近有一个工业区。为控制大气污染，市内无有害工业。仅保留了一些无污染的轻工业车间和家庭作业班的加工车间，便于妇女就近工作。

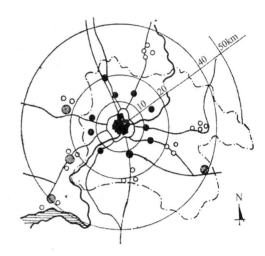

图17-22　平壤卫星城体系

平壤市自然条件优胜，地形起伏。普通江、大同江贯穿全城与市中心的牡丹峰互相映照（图17-23）。以牡丹峰公园为中心，结合布置大型公共建筑。两江（大同江、普通江）、三山（大成山、牡丹峰、烽火山）为主体的绿化系统把城市分隔成几个地区，形成组团式布局。沿干道布置小游园，沿街建筑虚实结合，高低错落，色彩鲜艳，形式多样。市区绿化成荫，市容整洁，交通有序，环境优美，被誉为"花园中的城市"。

城市中心位于历史形成的老城址。这里地理条件优越，自北向南流经城市中心部分的大同江成为城市空间发展的自然轴线。市中心区自50年代起逐步形成了以金日成广场（图17-24）为主的行政、文化教育服务中心；以万寿台上的革命博物馆、金日成塑像及两侧群雕、千里马铜像为主的文化思想教育中心；以千里马大街（图17-25）及临普通江一侧的人民文化宫、体育馆等为主的

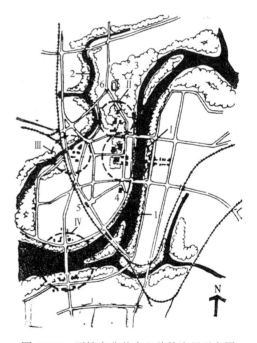

图17-23　平壤市公共中心总体布局示意图
1—大同江；2—普通江；3—牡丹峰；4—平壤大剧院；5—平壤火车站；6—凯旋门；Ⅰ—金日成广场；Ⅱ—朝鲜革命博物馆；Ⅲ—千里马大街；Ⅳ—忠诚桥

体育、服务、文化娱乐中心。这样就组成了以金日成广场为主，其他中心为辅，按不同职能分散布局的城市公共中心体系。对全市的建筑空间艺术面貌也起了全面控制的作用。

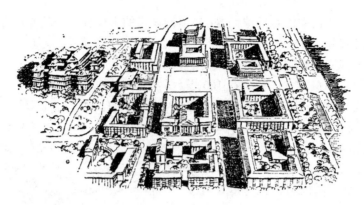

图 17-24　金日成广场透视

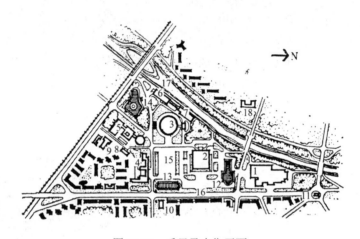

图 17-25　千里马大街平面

1—人民文化宫；2—体育馆；3—滑冰馆；4—苍光山旅馆；5—苍光院；6—清流馆；7—冰上练习馆；8—商店；
9—办公楼；10—办公楼；11—普通门；12—1 号喷泉；13—2 号喷泉；14—3 号喷泉及小公园；15—停车场；
16—千里马大街；17—普通江及游园地；18—办公楼

第七节　50 年代的科学城

　　50 年代一些发达国家认识到把科研机构、生产企业和高等学校集中在统一的区域综合体的范围内，是一种先进的组织形式，有助于科学技术与文化教育的提高和国民经济的发展。这种区域综合体可以在现有工业企业的基础上形成；可以在高等学校的基础上形成；也可以在科研机构的基础上形成。以科研、教学、生产三结合的科学城多半是作为大型城市群的一个组成部分发展起来的，大多属于中小城市。他们常位于城市群边缘地带。50 年代末的科学城以苏联的新西伯利亚科学城较为典型。

新西伯利亚科学城

　　50 年代末期，苏联为了开发西伯利亚的天然气资源和发展生产，于 1957 年 5 月决定建设新西伯利亚科学城。此城坐落在鄂毕河畔、新西伯利亚水库边上，距新西伯利亚市 25 公里。原定城市人口规模为 5 万人，用地面积约为 1370 公顷。这里自然条件良好，林木茂盛，环境僻静。

科学城（图17-26）的规划结构是以为城市居民创造良好的工作、生活学习和休息条件为基础的。在制订总体规划时，规定了以下几条原则：

1. 整个城市分区明确，保证就近工作，就近居住。根据当地主导风向是寒冷的西南风的特点，由水库往东北方向，顺序划分出阻挡西南风的林区、生活居住区、卫生防护带、科研区、市政仓库区。

2. 全城有一套各功能分区之间，联系方便、交通安全、车行道与步行道隔开的交通系统。

3. 尽量保存和利用自然风景。在科学城1370公顷的用地中，除了500～520公顷建筑用地和150～200公顷后备用地外，其余全是树木、森林公园、公园、卫生防护带、林木苗圃等绿地。利用水库，在沿岸地带建立了长2.5公里的、风景如画的浴场。

4. 建立合乎要求的一整套分级文化生活设施。

5. 建筑物和构筑物的布置结合地形和绿地。建筑物有良好朝向。

6. 为远景发展留有余地。

新西伯利亚科学城的科研区布局严整。在布置各个院、所时，注意在院、所的组群之间，以及院所组群和居住建筑之间设置卫生隔离带。房屋之间按工艺条件，留出必要的间隔。主楼设在沿街，其他辅助性建筑放在用地内部，以便最大限度地缩短道路和昂贵的工程管线的长度。

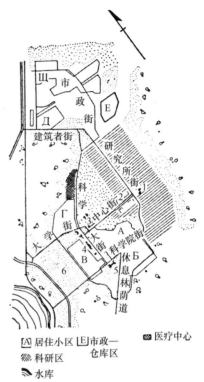

图17-26 新西伯利亚科学城规划
1—核子物理研究所；2—科研区中心；3—大学；
4—市中心；5—科学家之家；6—中心公园

科学城有大量科研机构，离新西伯利亚市又有一段距离，因此必须为科研区配备一套动力供应设备和市政管线设施。其市政工程设施为电力、热力、煤气、蒸汽、给排水、弱电流综合设施以及电视系统等等。

第八节　50年代的欧洲古城古建筑保护

欧洲工业革命后的相当一个时期，人们认识不到古城与古建筑的保护问题。20世纪20年代的现代建筑运动的历史虚无主义思想，也助长了对古城古建筑的破坏。二次大战后，美国出于胜利者的心情，认为技术财力可以缔造一切，对城市中心进行大拆大改，破坏了历史面貌。战后华沙的重建，出于从政治上对野蛮的侵略者的憎恨和民族自豪感，决定对波兰传统文化古城，基本上依原样重建。恢复后的历史古都华沙，具有令人难以忘怀的魅力。联邦德国对于城市的历史文化传统也是重视的，如在纽伦堡，把被毁了的城墙修复了起来；在波恩将政府建筑放在古老的建筑区中心以外与哥德斯堡之间以免损害旧城原有历史传统。意大利的古城与古建筑具有数量多、分布广、历史长、保护好等特点，是当时各国借鉴的榜样。

意大利古城与古建筑保护

战后意大利认识到古城与古建筑保护需要科学文化、经济技术和法律政策的共同作用，采取了有效的保护措施。在城市总体规划上，采取了避开古城另建新城的规划手法。古城部分，全面保护它的古老风貌。新城建设，尽量发挥其现代化的优势。如为了保护塞里纳斯（Selinus）古城，在它的东部隔一段距离，另建新城（图17-27）。又如罗马市规划，为了保护古罗马，二次大战前就定下了避开古罗马建设新罗马的城市总体规划。在这个规划的指导下，古罗马城保护得十分完整，而新罗马城又建设得非常现代化，被誉为"欧洲的花园"。在古罗马旁建设新罗马（图17-28），可以缩短新旧罗马之间的交通距离，便于旅游交往。按照新罗马规划进行建设中，发现地下有一条古罗马大道。为了保护这一古迹，他们重新修改了规划，让出了这条古罗马大道的遗迹。由于历史的变迁，很多古迹被埋在地下2～3米深处。在罗马市中心区地下几乎都是古罗马时期以来的街道和建筑。罗马政府采取的办法是发掘一点，保护一点，不搞全面展开。对地面上留下的古建筑所采取的保护办法是，在不恢复原状的前提下，保护现状。在不损坏现状的情况下，加固维修和制作复原模型。除了保护罗马古城外，还将有一定遗迹的大片土地规划为考古公园，与古城同时予以保护。

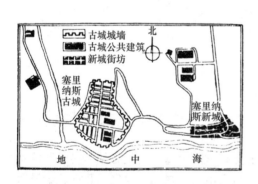

图 17-27 塞里纳斯古城与新城关系

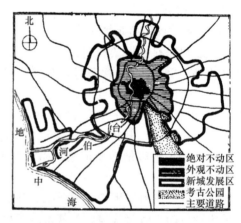

图 17-28 罗马古城保护规划

意大利古城市与古建筑保护采用区别主次、分级分群保护。如古罗马古城划分为绝对保护区与外观保护区两部分。意大利的群组古建筑分为古希腊建筑群、古罗马建筑群、阿拉伯建筑群、文艺复兴建筑群、巴洛克建筑群、哥特式建筑群等等。在古建筑群的四周临近或相互之间不准随意插建别的建筑，以免混淆古建筑群的个性和特色、破坏古建筑群的环境。

战后1947年意大利建立了保护古迹的法律，得到国家真正的重视和明显的收效。许多古城与古建筑保护问题，都是通过议会决策的。

各国的成片成区保护

战后一些国家对于有历史意义的市区往往成片成区地保护起来。例如联邦德国的纽伦堡和雷恩斯堡、意大利的佛罗伦萨和锡耶纳、捷克的布拉格、伊朗的伊斯法罕、苏联的撒马尔罕等等，都大面积地保留了中世纪的市中心，包括街道、作坊、住宅、店铺、教堂和寺庙、广场等等。意大利的威尼斯和美国的威廉斯堡，则是整个城市被当作文物保护下来。对于乡土建筑的保护也十分重视，往往是整个村落、整个集镇地加以保护，而且还包括它们的自然环境。

第九节　50年代新建的城市中心

战后50年代，随着一些新城市的建设，出现了一些设计水平较高的城市中心。这些中心与城市总体密切配合，每条街和每个广场都有自己的特点，体现了多样性与各自的独特个性。纪念物与建筑小品的配置亦与建筑群的背景互相映衬，街道与广场的光影效果、色彩效果都比较理想。设计较好的新建的城市中心有瑞典的魏林比、发斯塔（Farsta），芬兰的塔皮奥拉（Tapiola），英国的哈罗、斯蒂文内奇、坎伯诺德，苏联的泽列诺格勒、新西伯利亚科学城，南斯拉夫的新贝尔格莱德中心等。

瑞典发斯塔市中心

发斯塔是斯德哥尔摩南面的卧城。于50年代初开始建设。市中心先进的规划原则体现在公寓楼的组织，市中心位置的确定，交通的安排，绿带的规划等方面。市中心广场的特征是以两层建筑包围着的一个棱形的内部空间。市中心的丰富的空间变化，创造出令人愉悦的亲切环境。在主要广场反面有两组15～17层的塔式住宅。它们既突出了城市的风貌，又是市中心的组成部分。

芬兰塔皮奥拉市中心

芬兰田园城市塔皮奥拉（图17-29）位于芬兰湾海岸，离赫尔辛基11公里，人口17000人，于1952年开始建设。这是一个美丽如画的田园城市，被誉为二次大战后世界上最诱人的小城市之一。建筑物与自然风景密切结合，保持原有植物和地形。城市中心（图17-30）可为包括邻村在内的8万人服务，利用砾石采石场辟作人工水池。水池周围布置行政机构、文化设施、公用建筑、商店、体育运动设施、公园、游泳池和停车场。建筑形象完整统一，绚丽多姿。

图17-29　塔皮奥拉城市鸟瞰

图17-30　塔皮奥拉市中心

苏联新西伯利亚科学城市中心

苏联新西伯利亚科学城于 1957 年决定建设。其市中心（图 17-31）地处科学城的中心。中心的规划摆脱了过去的习惯概念，似乎中心应当是建筑群成团布置，形成紧密的核心，而是把它布置成一条长约 900 米的带状中心。在这条带状中心里，一边是科学大街和沿街的公共建筑，另一边是宽阔的林荫大道。透过林荫道可以看到后面的 9 层塔式住宅，塔式住宅后面是一排布置在陡坡上的 4 层住宅。由于巧妙地利用了地形，给市中心增添了不少色彩。根据功能分区、市中心的建筑群分成几组：科学家之家、新西伯利亚大学、科学大街上的公共建筑、市中心林荫大道和市中心广场上的办公大楼。

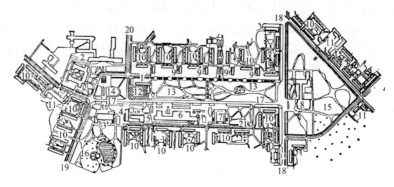

图 17-31　西伯利亚科学城

1—党、政机关大楼；2—新西伯利亚国立大学；3—文化馆；4—旅馆；5—邮电局；6—市级商业中心；
7—《莫斯科》电影院；8—科学家之家；9—9 层住宅；10—4 层住宅；11—小区商业生活综合服务部；
12—市中心广场；13—林荫道；14—大学前面的街心花园；15—科学家之家附属公园；16—文化馆公园；
17—科学大街；18—科学院街；19—大学街；20—中心街；21—通道

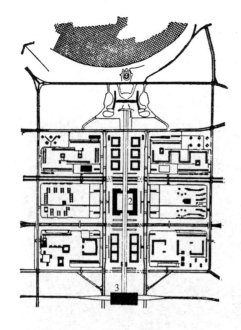

图 17-32　新贝尔格莱德市中心
1—议会；2—商业中心；3—火车站

南斯拉夫的新贝尔格莱德中心

位于萨瓦河左岸的新贝尔格莱德的总平面草图在二次大战前已经制订，战后又重新研究，于 1950 年完成。

萨瓦河右岸的贝尔格莱德旧中心是传统的商业和文化中心，左岸新贝尔格莱德是行政中心。由于在河边公园布置了纪念性建筑，使这两个中心联合成一个综合体。新贝尔格莱德中心（图 17-32）特别强调几何形构图。

第十节　50 年代的居住区

二次大战后，欧洲各国为解决房荒，需要大规模高速度地进行建设。欧洲各国相继采用邻里单位或新村（Housing Estate）的形式组织居住区。世界各地亦逐渐采用。50 年代中期，苏联和东欧各国在建筑工业化基础上，为加快住宅建设，并为居民创造更好的生活条件，亦开始搞居住小区。

其规划理论基本上是因袭西方的邻里单位，但又结合各自的国情，在规划内容与手法上作了相应的补充。1958年苏联的《城市规划和建筑规范》明确规定将小区作为构成城市生活居住区的基本单位。

西方国家于50年代中后期，为适应现代化快速交通的需要，开始以3万～5万人口，面积为100～150公顷的社区（Community）或居住区作为生活居住用地的基本单位。

苏联与东欧各国在50年代后期亦开始建设50～80公顷的扩大小区，或称居住综合体（Жилой Комплекс），并规划几个小区组成的，规模为2.5万～5万人，用地为100～200公顷的居住区。

一、欧洲居住区与居住小区（或称"新村"、"邻里"）

英国哈罗东北角居住区

哈罗东北角居住区的3个邻里是被道路和绿带分隔而成。主要中心位于交叉口的一侧。每个邻里又分若干150～400户的住宅团。

其中北马克霍尔（Mark Hall North）（图17-33）由3个住宅团组成。有1～3层低层住宅和9层塔式住宅。

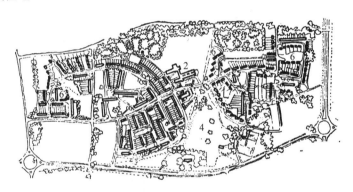

图17-33　英国哈罗北马克霍尔邻里
1—商店；2—小学；3—教堂；4—公园；5—塔式住宅；6—低层住宅

明确的规划结构是由道路的分级和合理布置社会活动，以及居住区、邻里、住宅团三者之间均有绿地相隔而形成的。

法国博比尼（Bobigny）小区

博比尼小区（图17-34）是50年代法国著名的住宅建设。地形起伏，住宅顺应地形自由布置。住宅平面有曲尺形的5层单元式住宅，拼成锯齿形的单元式住宅以及平面为圆形和三叉形的塔式住宅。这些住宅相互映衬，形成疏密高低的空间变化和各具特色的院落。

瑞典巴罗巴格纳（Baronbackarna）小区

巴罗巴格纳小区（图17-35）建于1954～1957年。住宅平面成曲折形。周边的三面布置车行道路，中间设一大花园。住宅分布在道路与花园之间。住宅前院与大花园连成一片，组成一个既宽敞又多变的空间，里面布置了小学、幼儿园和儿童游戏场等。

美国和拉丁美洲国家的居住区与居住小区

美国底特律拉法耶特（Lafayette）花园新村

拉法耶特花园新村（图17-36）于1955年设计。新村由两个住宅团组成。中间用宽阔的绿地隔开，绿地的中段是公园，北边是运动场，南面是小学。住宅采用高低层相结合，分区布置，高层为21层，布置在住宅团边缘。低层是一、二层，有组织地穿插布置。新村公共中心设在东南一端，是新村的总入口。

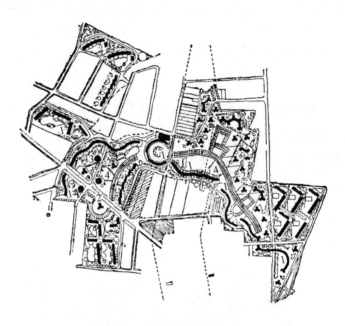

图 17-34　法国博比尼小区

1—5 层住宅；2—11 层三叉形平面住宅；3—11 层圆形平面住宅；4—随地形起伏的步行林荫道

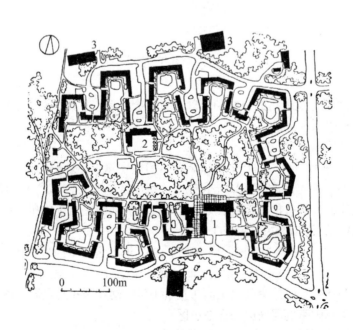

图 17-35　瑞典巴罗巴格纳小区

1—商业中心；2—小学；3—汽车库；4—幼儿园

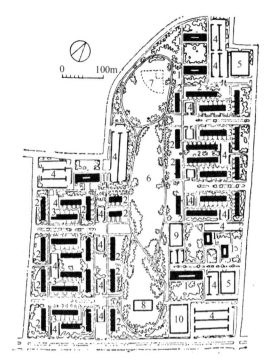

1—21层住宅；2—2层联排式住宅；
3—1层联排式住宅；4—停车场；
5—汽车库；6—公园；7—运动场；
8—小学；9—俱乐部；10—商业中心

图 17-36　美国底特律法耶特花园新村

委内瑞拉加拉加斯城"12月12日"小区

小区（图 17-37）位于市中心。由 4 个住宅组组成。每个组团内部都有托儿所和幼儿园。组团之间有绿地和运动场。住宅层数较高，居住密度较大。公共福利设施较完善。

墨西哥华莱士住宅群

华莱士住宅群（图 17-38）位于城郊，占地 25 公顷，能容纳 3000 居民，其中 6 栋是

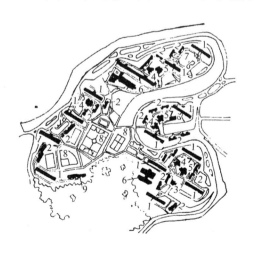

图 17-37　委内瑞拉加拉加斯城十二月
十二日小区

1—15层住宅；2—4层住宅；3—商店；
4—幼儿园；5—托儿所；6—学校；7—儿
童游戏场；8—小型运动场；9—防治所

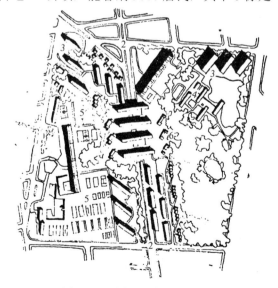

图 17-38　墨西哥华莱士住宅群

1—8层住宅；2—干道；3—11层住宅；
4—行政中心；5—运动场；6—幼儿园

11 层住宅，4 栋是 8 层住宅。道路从 8 层住宅的地下通过。地段规划是自由式的。内有行政中心和运动场。原有绿地全部保留。

二、苏联与东欧居住区与居住小区

苏联莫斯科新切廖摩西卡 9 号街坊

新切廖摩西卡 9 号街坊（图 17-39）是苏联 50 年代中期居住区规划从街坊演变为小区的一个转折点。

这个扩大街坊面积为 11.85 公顷，居住人口 3030 人，已具有小区规划的一些特点，例如用地范围扩大，并在街坊内配置了比较完善的生活服务设施。这个街坊的设计与苏联传统做法不同，住宅布置不采用周边式和拐角单元，而采用直条形住宅，利用不同的院落平面布置而取得建筑空间的变化，利用原有地形布置房屋，以减少土方工程并利于街坊绿化，广泛利用草坪以解决街坊绿化，在绿化庭院中布置有休息、游戏、运动场地和家务杂院。

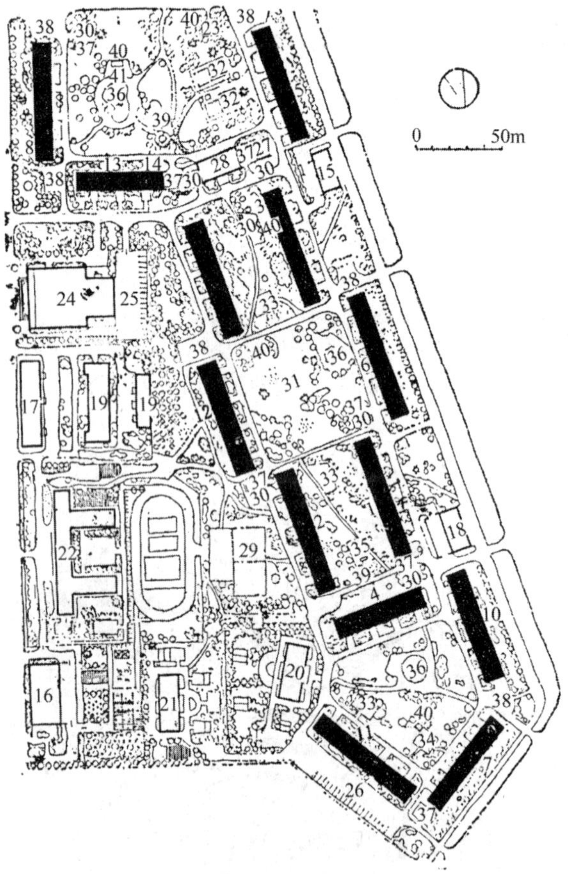

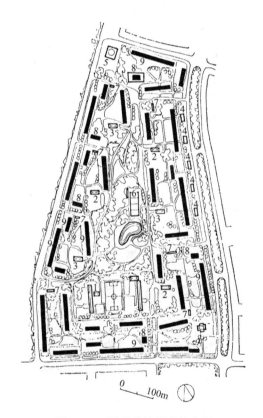

图 17-39　莫斯科新切廖摩西卡 9 号街坊

1～14—住宅楼；15—粮店；16—食堂；17—百货商店；
18—粮店；19—自动电话站；20—托儿所；21—幼儿园；
22—学校；23—杂院；24—电影院；25、26—车库；
27、28—变电所；29—网球场；30—垃圾站；31—游戏场；
32—运动场；33—儿童游戏场；34—休息场地；35—喷泉；
36—戏水场；37—杂务院；38—停车场；39—亭子；
40—凉棚；41—花架

图 17-40　波兰华沙姆荷钦小区

1—小学；2—幼儿园；3—托儿所；
4—商业售货亭、服务性建筑；5—百货公司；
6—公共文化中心；7—车库；8—塔式住宅；
9—多层单元式住宅

波兰华沙姆荷钦小区

姆荷钦小区（图17-40）以小学和公共绿地为中心，划分10个住宅组。每个住宅组有居民1000～1200人。住宅组以幼儿园或托儿所为中心，这是50年代后期典型的小区结构。

在一个住宅组中，住宅的长度、高度、方向都有很大差别，再加上低层的托幼和汽车库的不同组合，建筑空间比较丰富。住宅组所有院落都与公共绿地沟通，成为一个花园式住宅小区。

民主德国霍也斯维达（Hoyersweda）居住区

民主德国霍也斯维达新城于50年代中期仅设一个居住区，用地100公顷，居民35000人，以9个住宅组和一个居住区中心组成。每个住宅组3000～4000人。

Ⅰ、Ⅱ、Ⅲ三个住宅组（图17-41）采用以行列式为主与周边式结合的形式，扩大和丰富了建筑群的空间。每个住宅组都有一个中心绿地。除市中心对面6幢8～10层塔式住宅外，其他住宅均为4层。

图17-41　民主德国霍也斯维达Ⅰ、Ⅱ、Ⅲ住宅组

1—小学；2—幼儿园；3—托儿所；4—游戏场；5—食堂及商店；6—剧场；7—电影院；8—图书馆；9—商店；10—菜市场；11—银行；12—邮局；13—办公楼；14—运动场；15—车库；16—文化休息公园

第十一节　50年代的区域规划与国土整治

第二次世界大战后至50年代，许多国家结合国内经济的恢复和发展，在一些大城市地区（如巴黎、莫斯科、东京、汉堡、斯德哥尔摩等）和重要工矿地区（如联邦德国莱因—鲁尔、苏联顿巴斯和若干新建大型水电站影响地带）开展了大量的区域规划工作。有不少国家并实现了有计划的国土综合开发，包括资源的开发和保护，后进地域的开发，大城市的重新开发，产业的合理布局等等。

日本战后发展极快，在建设中很重要的经验是，重视区域规划，有计划的开发国土。为克服岛国国土狭小之短，以工业重新布局为中心，调整经济的地区结构。1950年日本政府颁发《国土综合开发法》。根据这个法，制定了"特定地域综合开发计划"。在全国21个地区重点投资，调整工农业布局，并治山治水，保护国土。至50年代后期，日本经济进入高速发展时期，于1962年制定"第一次全国综合开发计划"。

波兰制订全国土地规划的工作是在战后开始的。1947年就有专题论文，建议按功能把波兰全国分成若干片以某种经济为主的地区。50年代末，制订了公元2000年的全国用地开发计划，摸清了全国的自然资源，全国各地区之间的社会、经济差别在工业化和城市化方面存在的趋势。

一、中心地学说与增长极核理论

德国地理学家瓦尔特、克里斯塔勒（Walter Christaller）于 1933 年提出了中心地理论。这个理论在二次大战前未被重视。二次大战后，中心地理论首先在美国、荷兰以及瑞典等地得到承认。50～60 年代，荷兰在须德海周围地区大面积围海造陆，在几千平方公里的范围，按照克里斯塔勒的模型规划了居民点网和交通网。1960 年这个理论为国际学者所推崇，誉为"克里斯塔勒模型"。其理论要点是从行政管理、市场经济、交通运输等三个方面对城市的分布、等级和规模进行研究，提出了理想的正六边形城市体系模式。克里斯塔勒认为，乡镇的理想分布形态应是均匀地分布在整个国家范围内，也就是位于六边形的角上，而位于六边形中心的那个点，起着管理从属它的 6 个点的作用。这个理论在实际应用中虽有时并不是适应国家和区域的社会经济结构与基础的变化，但它概括的基本原理仍有一定的生命力。

50～60 年代，不少发展中国家以中心地理论为基础，提出了增长极核策略。增长极核的概念是 1955 年由法国经济学家 F·佩鲁（Fransois Perroux）提出的，以后又经许多学者对他的理论加以充实提高。增长极核策略的主要点是把工业等建设快速地在少数极核（一般指经济上能增长较快的城市）进行，以促使极核本身增长和首先繁荣，并企图以极核的影响来带动其附近的发展。佩鲁的理论依据，是模拟力场学说，认为经济活动的空间可看作由一些点（或称极核）所构成的力场空间。每个点都有其影响范围，同时也是起聚集作用的核。这个点一方面可产生极化效果，吸引其腹地的资金劳力等，以加速极核本身的成长，另一方面它们又具有波及效果，可以将成长中心的发展波及腹地。增长极核策略对发展中心城市，争取较高的经济效益，在 50～60 年代曾起过积极作用。一些发展中国家曾集中力量发展了一些中心城市（Primate City），但由于有些国家片面运用增长极核策略，导致大城市膨胀失控。到 70 年代的重大策略转移，是积极发展小城镇或小的极核（Small Town，Small Growth Centre）。从 80 年代开始，各发展中国家相继地把重点转向推动次级城市（Secondary Cities）的策略，主张把次级城市的发展规划建立在国土规划的基础上，完善中心地理论，将全国分成若干区域，于区域内选择或布置次级城市作为发展的中心。例如泰国把全国分为一个中央区和三个边缘区，每区内选定一到两个区域增长中心（Regional Urban Growth Centres），一到两个次级增长中心（Subregional Growth Centres）和若干个低级增长中心（Lower-order Centres）。

二、城市集聚区——荷兰兰斯塔德和联邦德国莱因—鲁尔

荷兰兰斯塔德和联邦德国莱因—鲁尔是欧洲两个最大的城市集聚区，亦即多中心城市地区。荷兰和联邦德国都是人口密度极高的国家。为避免大城市的恶性膨胀，对全国的城市进行了均衡发展的规划布局。

（一）兰斯塔德

兰斯塔德（图 17-42）位于荷兰西部，地跨南荷兰、北荷兰和乌德列支三省，是一个由大中小型城镇集结而成马蹄形状的环状城镇群。其开口指向东南，长度超过 50 公里，周长为 170 公里，最宽地带约 50 公里。中间保留一块大的农业地区、称为绿心（Green Heart）。英国规划师杰拉尔德·伯克（Gerald Burke）根据这一特点将兰斯塔德命名为绿

心大都市（Green Heart Metropolis）。

兰斯塔德各城市几乎都形成于中世纪。早在 1667 年荷兰政府就提出了以围海造陆为主要内容的整治国土的规划设想。1850 年兰斯塔德的各城镇虽然彼此接近，但仍然是分隔开的实体。而到 20 世纪 50 年代，各大城市与周围小城镇又进一步互相靠拢伸延，环状城镇群——兰斯塔德就告形成。荷兰政府为防止城市过分密集和连片，于 50 年代开始便明确了从区域整体出发，疏散阿姆斯特丹、鹿特丹、海牙等大城市的人口，不使过分集中，在城镇间保留缓冲地带等规划原则，形成了兰斯塔德即环形城市带（Ring city）的概念。

图 17-42　荷兰兰斯塔德

兰斯塔德的人口和城镇分布比较集中。它所在三省是西欧最稠密的地区之一。其面积占全荷兰的 18.6%，而人口为 45%。兰斯塔德城镇群包括 3 个 50 万～ 100 万人口的大城市：阿姆斯特丹、鹿特丹和海牙；3 个 10 万～ 30 万人口的中等城市：乌德列支（Utrecht）、哈勒姆（Haarlem）、莱登（Leiden）以及许许多多小型城镇和滨海旅游胜地。这些城镇以阿姆斯特丹、鹿特丹、海牙和乌德列支为中心，由西部沿海逐渐向东南延伸扩展。城镇之间距离一般只有一二十公里，总人口达 423 万（1970 年），占荷兰人口的 1/3 左右。

兰斯塔德的主要特点是把一个大城市所具有的多种职能，分散到大、中、小城市，形成既分开、又联系的有机结构，如海牙是中央政府所在地，阿姆斯特丹是全国金融经济中心，鹿特丹是世界吞吐量最大的港口，乌德列支是国家的交通枢纽，也是全国性的活动中心。这几个城市周围的城镇，如莱登、哈勒姆、希尔维萨姆（Hilversum）等，也都分担着各种城市职能，并与城镇群整体保持联系。国外亦有把这种城镇群称为"多中心型"大都市（"Polycentric" type of metropolis）。国外城镇建筑群并不少见；但对位于首都周围，并形成有明确职能分工的多中心城镇群来说，兰斯塔德则是独一无二的。

兰斯塔德城镇群的突出特点，是它的"多中心"性质。荷兰在城市规划中控制城市规模的重要经验之一，是采用线形辐射方式发展，并建立"绿心"、"绿楔"和缓冲带，建立中小城镇。它是通过积极的规划政策引导而形成的一种特殊的布局形式，对控制大城市规模，防止恶性膨胀，解决城市扩建和人口聚集是一种行之有效的措施。国外多数城市规划工作者对兰斯塔德的经验给予高的评价。

60 年代以后，荷兰提出了全国人口的均衡分布和均衡就业的设想。为保护"绿心"不被侵占，提出了兰斯塔德环状地带沿交通干线向四周发展，并建议在环状地带外建设新城镇以缓和环状带的城镇群的压力。

（二）联邦德国莱因—鲁尔

联邦德国莱因—鲁尔（图17-43）也像荷兰兰斯塔德一样，是个复杂的多中心的城市集聚区。这个大城市区域伸延在北莱因——威斯特法伦州的5个行政区内。按职能分区可以分成8个大城市区域，有20座城市。其主要城市有首都波恩（Bonn）、科隆（Cologne）、杜塞尔多夫（Dusseldorf）和埃森（Essen）等。这个长116公里、宽67公里的城市集聚区有1000万人口，但各主要城市人口规模均不大，如埃森、杜塞尔多夫与多特蒙德均60万人口，科隆80万人口。这些城市的功能各有所专，如波恩是联邦德国政治、文化中心，科隆是交通枢纽和商业中心，埃森是机电、煤化工业中心，多特蒙德是炼钢、重机工业中心，杜塞尔多夫是金融中心兼有化工、服装工业等等。莱因—鲁尔区的城镇鳞次栉比，相距仅几公里至几十公里。这个城市集聚区是联邦德国最大的工业中心，也是欧洲工业的重心。全区年产煤占联邦德国总产量的80%～90%，钢产量占联邦德国年产量的65%，年产采矿设备占联邦德国的70%。1970年工业产值占全国的1/6。

莱因—鲁尔的许多主要城市创建于中世纪前期。公元1500～1800年间德国在政治上的分裂，这些城市或形成小首府，或实质上是独立的帝国。1815年莱因—鲁尔划归普鲁士。随着工业的发展，莱因—鲁尔成为一个大工矿区。1920年，德国政府认识到为改变工矿区矸石成山、煤渣成堆，居民点散乱布置的无政府状态，必须进行全面规划、统筹安排，成立了鲁尔区煤管区开发协会，简称SVR组织。50年代开始，该协会为联合范围更广的权力机关，是一个区域规划联合会。通过该协会的工作，使得过去布局混乱的大工业中心，发展成为一个具有良好的绿化、环境清洁、街道整齐的城市集聚区。协会把风景绿化规划和土地利用规划放在重要位置，以纵横条形林带，把工业区和城镇居民区分开，使工业点和城镇群掩映在森林之中。矸石堆经过边覆盖边植树，已形成

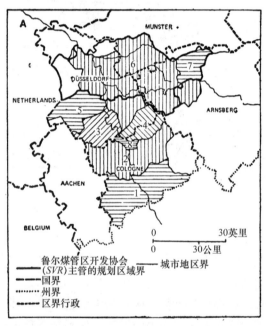

图17-43　联邦德国莱因—鲁尔

1—波恩；2—科隆；3—杜塞尔多夫；4—乌王塔尔 - 佐林根 - 雷姆沙伊德；5—克雷费尔德 - 明兴格拉德巴赫 - 赖特 - 菲尔森；6—内鲁尔；7—哈姆；8—勒弗库森

起伏的绿化山丘。塌陷区已成为供人们休息游乐的人工湖。有些经填充绿化和15年以上的沉降，可辟为农田牧场或可以建设独院式的居住区。

莱因—鲁尔区的"多中心型"城市集聚区形式在50年代已经显示出它是一种比较有生命力的形式。从交通、人口、土地等方面均较单一中心的城市区域为优越。

三、国 土 整 治 规 划

在国外，国土整治的某些工作虽开始较早，但把国土作为整体，有计划、有组织地进

行综合整治，是 50 年代以后更加明确地提出来的。

战后日本经济发展迅速，与国土开发工作取得成效有密切关系。为发展工业、降低运价，政府出资于太平洋沿岸的运输便利之地填海造陆（1945～1975 年共填海造陆 11.5 万公顷）布置大型联合企业，建深水专用码头。50 年代后期与国土开发工作相适应提出建设太平洋带状地带的设想。

法国战后为了复兴荒废的国土，实行了一系列经济与国土开发计划。从第二个计划（1954～1957 年）开始，开展了以地域开发、改善人口与产业布局为目标的国土整治规划。

联邦德国的国土整治采取了类似法国的办法。1953 年对由于战争和经济竞争造成的落后地区制定了重新开发计划。

苏联从 1928 年开始的 5 年计划，就要求促进全部国土的开发，1948 年发表的斯大林改造自然计划是国土整治工作的一个范例。同年开始了伏尔加河开发计划。1952 年完成伏尔加河—顿河列宁运河，并在伏尔加格勒、古比雪夫建立了巨大水力发电站。

开发西伯利亚和远东是 1937 年以来的主要建设目标。50 年代中期，利用安加拉—叶尼塞地区水力燃料资源，发展炼铝、化学、采矿等工业，建立了一系列区域生产综合体。

第十二节　50 年代城市环境学科的兴起和 CIAM 第十小组的建立

一、50 年代城市环境学科的兴起

50 年代之前，欧美各国在新建筑运动理论指导下，对改善城市机能的混乱状态起过重要作用，但由于历史的局限性，城市规划设计一直沿用传统的设计概念，未能满足战后 50 年代经济迅速发展和人民物质与文化生活日益提高所提出的人与环境、人与社会以及群众参与规划设计等时代要求，未能解决世界各地先后发生的空气和水体对城市的污染以及建成区不断向外扩张所带来的严重环境问题，使人们担心自然资源的被糟蹋，担心人类生存的前提条件受到灾难性破坏。1959 年荷兰首先提出整体设计（Holistic design）和整体主义（Holism）。把城市作为一个环境整体，全面地去解决人类生活的环境问题。1958 年希腊成立了"雅典技术组织"，在多加底斯（Doxiadis）的领导下，建立了研究人类居住科学的人类环境生态学学科，开始对人类生活环境和居住开发等问题进行了大规模的基础研究。其后又有人研究人类社会和自然相互影响又相互制约的关系，提出应使自然界的资源再生能力和环境再建能力保持一定水平。50 年代后期进一步发展了多种城市环境学科，如环境社会学、环境心理学、社会生态学、生物气候学、生态循环学等学科，这些学科相互渗透结合，成为一门研究"人、自然、建筑、环境"的新学科，要求把建筑、自然、环境和社会（人群）结合在一起，要求提高城市环境质量，增加环境舒适度，使自然环境与人工环境密切结合，并从社会与人群的角度考虑环境问题。

二、CIAM 第十小组的建立

1955 年在阿尔及尔召开国际现代建筑师会议（CIAM）第十次小组（Team10）的成立大会。会议批评了 CIAM 的旧思想旧观点，提出了为适应新的时代要求的关于城市和建筑的新思想新观点。他们倡导的新理论，为欧美 50～60 年代城市规划与设计的探新提出了

有益的见解。

第十小组的城市设计思想的基本出发点是对人的关怀和对社会的关注。1954年1月第十小组在荷兰召开预备会，发表《杜恩宣言》，提出以人为核心的"人际结合"（Human Association）思想，并建议按照城市、村镇和住宅的不同特性去研究人类居住问题，以适应50年代人们为争取生活的意义和为丰富生活内容的社会变化要求。第十小组认为城市的形态必须从生活本身的结构中发展而来，城市和建筑空间是人们行为方式的体现，城市规划工作者的任务就是把社会生活引入人们所创造的空间中去。

第十小组提出了一种新的城市形态——簇群城市（Cluster City）（图17-44）。这是第十小组关于流动、生长、变化思想的综合体现。

关于流动的思想，第十小组认为一个现代城市的复杂性，应能表现为各种流动形态的和谐交织。他们设想一种三角形的汽车道路系统，以便获得均匀的交通流量和充分发挥道路的功能。他们企图使建筑群与交通系统有机结合（图17-45），使建筑物表现出"流动"、"变化"、"停止"、"出发"等特征，并产生新的形态。他们设想了具有空中街道的多层城市。这些空中街道网（图17-46）是贯通建筑群的分层的宽阔步行街。它既是线型的延伸，又联系着一系列场地。在道路沿线和场地周围设有商店、邮箱、公共电话间等公共设施，并形成各具特征的空中街道。这种空中街道是第十小组主要成员英国史密森（Smithson）夫妇于1952年在伦敦金巷（Golden Lane）高密度居住区设计竞赛方案中首先提出的。

关于生长的思想，第十小组指出，任何新的东西都是在旧机体中生长出来的，每一代人仅能选择对整个城市结构最有影响的方面进行规划和建设，而不是重新组织整个城市。他们认为用生长的思想改建旧城市，可保持旧城市生命的韵律，使它在不破坏原有复杂关系的条件下不断更新。

各种流动与建筑之结合

簇群城市示意。中央为旧中心

图17-44　簇群城市

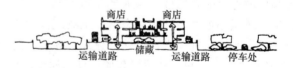

服务于不同流动的建筑物

图17-45　建筑群与交通系统有机结合

关于变化的思想，是史密森夫妇提出的"改变的美学"的思想。他们认为城市需要一些固定的东西，这是一些改变的周期较长，能起到统一作用的点，如市政厅和某些历史建筑等。依靠这些点的存在，人们才能对短暂的东西进行评价并使之统一。城市的环境美应

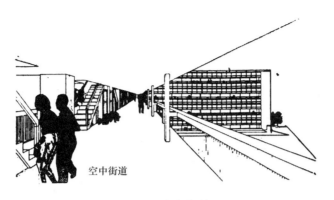

图 17-46　空中街道

反映出对象的恰如其分的循环变化。

从流动、生长和变化出发，簇群城市首先考虑易变性，在流动上是速度的加快。在时间上是第四个向度的增值，城市更新的循环周期缩短。在居住问题上是居民迁居的流动性和居民生活环境的多变和多样。

簇群城市是以线型中心为骨干而多触角地蔓延扩展。它们把线型的中心称为"干茎"（Stem）。干茎（图 17-47）既为居民提供联系的通道，也包括为居民服务的各种设施，如文化、教育、商业、娱乐以及步行道、车行道、公用管线等。干茎的使用周期较住宅长，但它也是随着时间的推移和活动的改变而不断更新。第十小组预言，由于汽车泛滥和雅典宪章的束缚而消失的原先富有人情味的街道观念，在簇群城市中又将重新出现，并在形式和空间容量上将超越旧式街道。

图 17-47　干茎

簇群城市的思想最早是由史密森提出的。他所做的示意图包容了旧城，以均匀交通流的三角形车行道路为骨架。居住簇群是各种类型住宅形成的极为自由的结合。

第十八章　20世纪60年代以来的城市规划与建设

第一节　60年代以来的城市规划与建设概况

20世纪60年代，是一个值得重视的年代。在不少学科领域的发展过程中，这一阶段是重要的转变时期。在城市规划方面，它向多学科发展。各学科的交叉和横向的发展使城市规划成为一门高度综合性的学科，出现了一大批理论名著，标志着在城市规划指导思想上的一个重要突破。在城市规划编制上，各国政府对规划实行统一领导，宏观控制。从过去的物质建设规划（Physical Planning）发展到多学科的综合规划，把物质建设规划与经济发展计划、社会发展规划、科技文化发展规划以及生态环境发展规划互相结合，并采取综合评价，以系统论的观点进行总体平衡。

这个时期各国城市的主要发展趋势是：世界城市化进程仍在继续；发达国家中小城市仍将不断增长；第三世界的人口将继续大量增加。为防止无计划的过度的城市化，控制大城市、发展中小城市的概念在大多数国家中仍受到重视。在大城市的布局形态上，封闭式的单一中心的城市布局渐为开敞式多中心所代替。规划的范围从国土、从区域、从大城市圈、从合理分布城镇体系等多方面进行综合布局，使全国的人口与生产力布局与城市规划协调，使城乡融为一体，并把保护生态环境作为区域规划与城市规划的重要内容和目标。在发展过程中，世界城市将进一步现代化，这包括城市管理与服务的现代化和生产技术的现代化。新的技术革命、现代科学方法论以及电子计算、模型化方法、数学方法、遥感技术等对城市规划与建设将产生愈益显著的影响。建设技术密集型的科学园区或科学城是各国为发展尖端技术与新兴产业的一种重要建设任务。城市群体布局也成为世界城市的发展模式之一。这种布局的特点是在一定区域范围内聚集着众多的城市，组成一个相互依赖、兴衰与共的经济组合体，称为大城市连绵区（Megalopolis）。

60年代以来一些发达国家已步入"环境的时代"、"旅游的时代"、"文化的时代"并向着"生态时代"迈进。新的时代所提出的环境、文化、游憩、生态等要求不同程度地在60年代以来的区域规划、城市总体规划、新城建设、大城市内部的改造、科学城和科学园区、古城和古建筑保护、城市中心、商业街区、居住区规划等方面体现出来。

法国为控制巴黎地区的人口膨胀，从全国范围制订的区域规划（即国土规划），为各国树立了榜样。苏联莫斯科的多核心分片式规划为世界一些学者所称誉。英国密尔顿·凯恩斯和巴黎郊区的第三代新城，从扩大人口规模、从环境、就业等方面增进新城的吸引力以起到疏散大城市人口和产业的作用。为解决郊区化过程所产生的市中心衰落，即"内城渗漏现象"，东京建设了三个副中心；巴黎建设了拉、德方斯副中心；纽约罗斯福岛上建设了"城中之城"；伦敦于城市中心区建设了巴比坎中心，都获得了大城市内部改造的较好效果。尤其是70年代初西方世界爆发能源危机以后，重返大城市和振兴内部已成为各国旧城改造规划的主要内容。各国大量建设科学园区或科学城，美国除硅谷外，

33 个州都已建成或正在建设科技城市。日本已建成筑波科学城和正在建设关西科研综合体。其他发达国家和第三世界国家亦不遗余力从事这方面的建设。这个时期古城和古建筑保护已逐步成为世界性的潮流。各国法规都把历史遗产保护提高到重要高度，并已成为全民运动。城市设计工作也有新的飞跃，对城市的空间进行了再评价、再认识并重新认识人在城市空间塑造中的地位、价值和所能起到的支配作用以及丰富城市环境和文化的作用。在城市中心、广场、步行购物中心、商业街区以及园林绿化和居住区的建设等方面均做了大量的探新工作。

随着环境概念的全面深化，城市设计的评价标准着重"人、社会、历史、文化、环境"。从人类环境——行为的研究，深化设计方法，使不再停留在单纯以视觉艺术方法由设计者决定的形态设计，而是把城市环境主要理解为一种综合的社会场所。按照使用者的要求，在环境中寻求满足使用者的需要、理想与爱好的场所（Place）与形态，其含义包括空间、时间、交往、活动、意义等综合内容。

1977 年 12 月国际建协修订的城市规划新宪章——马丘比丘宪章提出了新的规划指导思想。宪章对区域规划、城市增长、分区概念、住房问题、城市运输、城市土地使用、自然资源与环境污染、文物和历史遗产的保存和保护、工业技术、设计与实践、城市与建筑设计等都提出了建设性的意见。

各国规划工作者提出各种未来城市方案设想。它们的共同点是具有丰富想象和大胆利用一些尚在探索中的先进科学技术手段，以求对人类自身的整个未来活动的规划作一些超前性的假设。

第二节　60 年代以来的城市化

一、世界城市化正以空前的速度向前发展

自从 20 世纪 50 年代以来，世界性的城市化进程大大加快了。1950 年全世界人口为 24 亿。至 1980 年增加到 44 亿，增长 0.8 倍，而其中城市人口却从 1950 年的 7 亿增加到 1980 年的 18.17 亿，增长近 2.7 倍，而农业人口仅增加不到 0.3 倍。许多发达国家城市化水平平均达 60% 以上。1980 年的城市化水平英国达 88.3%，联邦德国达 86.4%，美国达 82.7%。

世界城市化的迅猛发展，激起人们对生存空间、生活方式和价值观念的改变，也给人类带来了一系列的矛盾和严重后果。如不合理控制，将破坏生态平衡并加剧国家和地区的经济发展和比例失调。

现在已有不少发达国家大城市的集聚失去了控制，出现了数百万、1000 万人口以上的超级城市。其城市矛盾已达到尖锐、激化的程度。不少发展中国家亦步其后尘，如墨西哥首都墨西哥城。这个 20 世纪初人口仅 30 万的城市，近几十年来人口却以每隔十年翻一番的速度猛增着，1980 年人口已达 1500 万人，一跃而为世界第一大城市。

由于历史、经济等原因，发展中国家的城市化带来了许多比发达国家更难以解决的社会经济问题。许多国家城市的市政建设跟不上人口剧增的需要，住房奇缺、交通拥挤、水电供应困难、治安混乱以及失业严重和工业污染等等。

苏联东欧等社会主义国家在城市化过程中亦出现各种城市矛盾。但出现矛盾的根源与

资本主义国家不同，克服这些矛盾的方法也不同。社会主义制度具备许多控制城市化合理发展的客观条件，可以采取一系列有关控制城市盲目增长并使城镇分布更加合理的措施。苏联战后建设了大量的新城市，它们在整个城市数量中所占的比重较高，在城市分布体系中作用也较大。在苏联欧洲部分，他们采取城市化向深度发展，即建立有利于生产力布局和人口分布的城镇集聚区。在边远地区，采取城市化向广度发展，即主要同矿产、水利和森林资源的开发以及生荒地和熟荒地的开垦相结合。东欧国家亦采取了相应的控制效果。罗马尼亚致力于清除城市过分集中现象，刺激中小城市发展。匈牙利控制城市化速度，刺激中等城市的发展和限制首都的扩大。保加利亚根据生产总布局规定逐步克服大城市产业过分集中现象，使全国工业和部门的分布较为均衡。南斯拉夫城市发展比较均衡而以中小城市为主，这是由于南斯拉夫实行社会经济发展分散化政策的结果，同时也是发展全民防御体系、保护空间环境、平衡生态战略的需要。

二、世界城市化的动态特征和地域组织形式

当代世界城市化的动态特征，表现在城市人口职能构成上的改变、地域组织形式上的改变以及在居民社会心理、价值观念和生活状况的实质性改变。

城市化职能构成上的改变，集中地表现在第一、第二、第三产业人口所占比重的变化，特别是第三产业人口的不断增长。在许多发达国家的城镇中，从事第三产业的劳动者占40%～50%。

城市化空间地域的改变，主要表现在城市化空间地域范围影响联系的不断扩大、城镇居民点形式的改变和一种全新的居民点体系的出现。大城市逐步被城市化区域所代替，表现了对早期传统城市化的辩证否定。在美国，已逐步形成规模庞大的城市化地带。东北部的大西洋沿岸和五大湖南部各州，是工业化和城市化程度最高的地区，其中世界上最大的大城市连绵区，其范围包括波士顿、纽约、费城、巴尔的摩、华盛顿以及周围200多个中小城市。在欧洲出现的有伦敦周围地区、法国大巴黎地区等。在亚洲有东京—大阪联合区。

另一方面，随着新的技术革命的到来，中小城市的作用越来越显著。中小城市如美国的硅谷、日本的金泽，已通过各自的努力，建成富有活力的经济基础。这些城市的特征是地方性的、分散性的，适宜于个别企业和互不关联的不同类型工业的设置。这些地方性城市是相对独立而不是联系起来的城市组群。这种分散性、独立性、低密度的城市形式，也是发达国家城市空间结构的一种形式。

至70年代，城市郊区化运动出现了新的变化，这就是在美国等许多发达国家，城市的企业也开始从集中化向分散化转变，相继迁往郊外。这种现象也出现在瑞典的斯德哥尔摩、联邦德国的波恩，比利时的布鲁塞尔等城市。这一方面导致市政税源锐减，加剧了城市中心的衰退。另一方面加速了城市设施向郊区蔓延，吞食了大量的良田。从1947年到70年代初，美国新建的65座城市，其中62座位于大城市郊区。

但70～80年代一些发达国家的产业结构也产生了变化，特别是第三产业迅速发展。美国的一些老城市，如费城、圣路易以及南卡罗来纳州的查卡斯顿原来流出的人口开始流向市中心地带。各发达国家都提出内城复苏的建设方案和制订各种优惠政策鼓励居民迁回内城。

第三节 60年代以来的国土规划与区域规划

自60年代以来，一些发达国家由于工业的迅速发展和城市化进程的加剧，国土规划与区域规划已进入新的发展阶段。其主要标志是：（1）量大、面大、类型多，除了进行大城市地区和工矿地区的区域规划外，还开展了经济不发达地区、农业地区、风景旅游地区、流域开发地区等多种类型的区域规划。（2）把全国各地区的区域规划联系起来向整体化发展，开展了国土规划的工作，如法国把全部国土分成22个经济区，联邦德国将全国分成38个经济区，统一进行国土规划，日本已进行了三次全国性的国土综合开发规划。（3）在国土规划和区域规划中提高了对环境保护、生活福利以及就业安排等社会问题的重视。在少数经济发达国家，对非生产领域的规划注意力已超过生产领域。（4）国土规划与区域规划政策的制订保证了规划的实施。（5）有些发达国家出现了大城市连绵区。

一、60年代以来的国土规划

60年代以来，许多国家都实施了有计划的国土综合开发，其内容是异常广泛的，包括资源的开发和保护、后进地域的开发、大城市的重新开发、产业的合理布局等等。

日本的三次全国综合开发计划

日本于1962年提出了"全国综合开发计划"，将全国分为过密地域、整治地域、开发地域三类，重点开发集中于太平洋带状地带，以钢铁、石油与石油化学工业为中心。其中工业特别整治地带重点建设鹿岛等6个地区，它们的建成，使工业更为集中，并进一步促进太平洋带状工业地区的形成。

1969年日本又提出了"新全国综合开发计划"。当时日本经济已达世界先进水平，但太平洋沿岸地带环境污染严重。这个计划从整治环境出发，要求扩大国土开发，重新布置工业并调整经济的地区结构，调整人口的"过密"、"过疏"状况，把新的大型工业基地配置到日本的东北、西南地区去，然后以新干线、高速公路、通信网，把它们和大城市的中枢管理机构联结起来，以改变经济过分集中于太平洋地带的现象。

1977年日本公布了"第三次全国综合开发计划"。这次计划优先考虑提高公共福利、改善人民生活、保护自然环境、建设健康而文明的生活环境和开发落后地区以确保国土的平衡发展作为主要目标。为进一步提高居住生活，计划在全国建立800个"定居圈"，以完善中小城市的生态环境。

其后日本又制订了计划期为1986～2000年的"第四次全国综合开发计划"。其基本课题为：（1）适于高龄成熟社会，具有安全感和稳定感的国土建设。（2）连接城市和乡村，既美丽又舒适的国土环境。（3）建设向世界开放的有活力和稳定感的国土。

法国的国土整治

法国于50～60年代实施了一系列经济与国土开发计划。从第七个计划（1976～1980年）开始把国土整治的重点从产业转向生活，把不断提高生活质量、改善居住环境放在核心位置，并把22个国土整治区合并成8个国土整治研究地带。

为了推动企业向地方分散，开发落后地区，控制和限制先进地区的盲目发展，法国制订了一系列有效的国土规划与区域规划政策。

苏联的国土规划

开发西伯利亚与远东地区，一直是苏联巨大国土开发规划的重要课题。1976 年第十个五年计划以后更把这两个地区作为开发重点。由于这两个地区的地下资源极为丰富，80 年代初苏联制订了"西伯利亚自然资源综合开发计划"。这计划包括综合利用西伯利亚和远东地区的矿物资源、原料资源、土地资源、森林资源以及水力资源等方面的重大问题。该计划有 30 多项不同级别的开发计划，如"西伯利亚的石油气"规划、"贝阿铁路干线地区经济开发规划"等等。

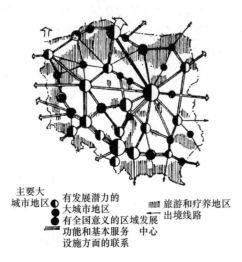

主要大城市地区　有发展潜力的大城市地区　有全国意义的区域发展功能和基本服务设施方面的联系　旅游和疗养地区　出境线路　中心

图 18-1　波兰全国发展规划

70 年代苏联编制了 1990 和 2000 年《苏联全国居民点分布总体规划基本规定》和《苏联全国居民点分布总体规划》。从国土规划的整体概念出发，对全国居民点的分布提出了预测和规划设想。

波兰、匈牙利的全国发展规划

1974 年波兰政府批准了"全国发展规划"草案（图 18-1），选定了 23 个主要发展中心，其中 6 个是目前的小城市，但具有较大的发展潜力。

规划遵循平衡发展的原则，同时加速目前不发达地区的经济和物质生产，包括合理利用现有的自然资源和矿业资源。在农业人口过剩地区发展加工工业，并逐步向生产自动化过渡。在发展形态方面，要求进一步形成全国区域——地方发展中心的分级体系，并通过生态研究，进一步加强环境保护。

匈牙利亦于 1971 年批准了全国居民点网络分布规划（图 18-2），确定了区域——地方

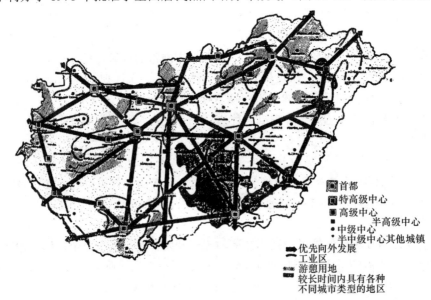

　首都
　特高级中心
　高级中心
　　　半高级中心
　中级中心
　半中级中心其他城镇
　优先向外发展
　工业区
　游憩用地
　较长时间内具有各种不同城市类型的地区

图 18-2　匈牙利全国居民点网络分布规划

中心的 6 个层次的分级体系、全国工业地区的分布和游憩地带的划分等。

朝鲜的国土规划

朝鲜于 1967 年完成第一次全国国土规划，1977 年颁布了国土法，其总目标为发展国民经济，增进人民福利，整治和美化国土，有远见有计划地安排整个经济生活。国土规划遵循的主要原则是尽力爱惜和保护耕地，控制城市规模，建设小型城市，保护革命战迹地，开垦和利用海涂造林，综合地开发利用沿海和领海，保护水资源，预防公害等。

综上所述，一些发达国家的国土整治工作的发展趋势已从经济开发转向社会开发，从单项开发转向综合开发，从开发先进地区转向开发落后地区。

二、60 年代以来的区域规划

60 年代以来，一些发达国家都集中于区域和区域发展的研究，企图在区域范围内进行全面的经济和社会规划，均匀地分布生产力和就业人口，以对抗现代化大城市所产生的向心力。

英国的区域规划

在英国，提出了反磁力吸引体系。认为每个城市都有与其相适应的地区吸引范围，同时一定地区范围内也必然有其相应的区域中心。从各个城市之间的关系来看，它们之间也不是各自独立，而是相互联系的。地区内各个城市之间形成了一个统一的整体，这就是城市居民点体系。其实质就是根据工业、农业、交通运输和其他事业的需要，在分析各城镇的建设条件和充分利用原有城镇的基础上，明确各城镇地区的分工协作关系，把区域内的城乡居民点组成一个互相联合的整体。

著名的英国"东南部研究计划"和苏格兰的区域发展规划则是根据增长极核的理论进行规划的。其理论是：在精选的极核中密集投资，可以激发整个区域的增长。这个理论被广泛地用于落后区域的发展。法国、法属殖民地、土耳其、拉丁美洲和美国的"河流流域研究"都运用增长极核的理论进行了区域规划实践。

法国的区域规划

法国的区域规划着重研究在增长率水平之下的区域的发展，以关心落后地区的区域性增长成为区域规划的主题。60 年代法国政府为有效地控制巴黎地区的膨胀，克服西部地区的人口急剧下降、农业地区的衰落和煤炭工业地区的不景气景象，制订了 21 个规划大区的区域规划，并在全国范围内均衡地发展 8 个平衡性大城市（图 18-3），对国民经济实行"平衡发展法"。在全面考虑全国生产力配置的基础上，限制巴黎地区人口和工业的发展，疏

图 18-3　法国的规划大区和平衡性大城市

197

散巴黎的经济活动，使各省的经济能有较大的发展，使荒凉的地区逐步繁荣起来。为此制定了 20 个移民方案，其中比较现实的是使移民分布在贝尔湖周围福斯湾工业区附近的一些主要城市中，其中马赛区域规划的指导思想就是使之建成为法国东南部的工业交通综合区，并作为巴黎的主要平衡区而进行规划的。

除马赛平衡区外，其他 7 个平衡区中主要的有以里尔等城市组成的北方平衡区，用以促进旧煤炭、纺织工业地区的复兴；有洛林的南锡——梅斯平衡区和阿尔萨斯的斯特拉斯堡平衡区，用以繁荣东部工业；有里昂——圣艾蒂安平衡区，用以复兴一个不景气的煤田地区和开辟荒僻的山地农业地区；还有西南部一个非常重要的工业发展中心图卢兹平衡区等等。

联邦德国的区域规划

联邦德国的拜恩州是"中心地"理论产生的地区。1974 年的拜恩州区域规划，运用了中心地规划理论。

拜恩州位于联邦德国南部，是一个重要的州，人口 1100 万。规划中按人口、居住面积和工作场所将全州分为三类地区：稠密区、乡村地区和边沿区，并规定了每一类地区规划调整和发展的原则。还考虑了各中心地影响范围的负荷量及在使居民的合乎要求的范围内取得服务和供应的原则，以此来确定中心地的布局。

拜恩州中心地共分 6 级，即最小中心、低级中心、可能的中级中心、中级中心、可能的高级中心、高级中心。对于中心地，除了服务设施外，重要的任务就是要基本控制就业岗位的储备数。企业的选点首先应当考虑在各级中心地区。

中心地之间的相互关系主要通过发展轴来联系。所谓发展轴即地区的线状基础设施。在大的稠密区，发展轴可以沿着放射线开辟。

一些发展中国家的区域规划

进入 60 年代以来，一些发展中国家的区域规划，大多偏重"增长极核"理论的应用，企图以重大的工业城市的繁荣来带动或促进附近地区的繁荣和发展。然而增长极核的应用并没有达到理想的效果，反而造成了农村级中小城市的人口急剧向大城市迁徙，造成核心城市的人口剧增。例如印度从 1961～1971 年间进入城市的人口占城市人口的 46%。加尔各答 1980 年人口已达 880 万，泰国曼谷已达 600 万，集中全国人口的 60% 以上。当初想通过对核心城市的投资来促进附近地区的繁荣，反而造成了附近地区和乡村腹地的劳动力、资金、原料的"倒流现象"。此外，个别发展中国家具有中心地点功能的集镇仍然很少。例如洪都拉斯具备中心级功能的集镇只占农村居民点的 1% 弱，而新几内亚的巴布亚地区在 70 年代还没有联系村镇的网络。

因而 70 年代以后，发展中国家转而注重小城镇。1980 年联合国人类居住会议号召发展一种充分机动的中间性的城镇居住体系来消灭特大城市的吸引力，并建议发展适当规模的小城镇作为农村腹地的社会、经济、文化中心。

弗雷德曼（Friedmann）于 1978 年提出 5 万人口的农村在自给自足的经济基础上进行与城市经济极少联系的村镇建设。巴基斯坦则积极推行整体农业开发计划。这些都是从"增长极核"走向另一极端。

也有学者认为"增长极核"理论可以和弗雷德曼的理论结合。这样，在国土开发，在整个区域的发展中，可以提供就地服务和就业岗位，以阻止向大城市的盲目流动，并通过对中心区域的投资来达到整个区域的繁荣。

三、大城市连绵区

大城市连绵区的形成是当今世界城市发展的趋势之一。它是一般呈带状的、规模很大的城镇集聚区。它以若干个几十万以至几百万人口以上的大城市为中心，大中小城镇连续分布，形成城镇化的最发达的地带，组成相互依赖、兴衰与共的经济组合体。

法国地理学家戈德曼（Jean Gottmann）对美国东北部从波士顿经纽约、费城、巴尔的摩直至华盛顿的带状城镇集聚区结构进行了研究，于 1961 年把这种结构命名为大城市连绵区。其后欧洲、日本等国相应地进行了各自的大城市连绵区规划。

美国已形成 3 个大城市连绵区。

1. 波士顿——华盛顿大城市连绵区。简称波士华希（Boswash），是世界上第一个也是世界上最大的大城市连绵区，是一条北起缅因州南到弗吉尼亚州，延伸 600 多公里，宽度在 100 公里的狭长的人口稠密的走廊地带。区内具有上述五大都市以及附近的 200 个中小城市，拥有美国总人口的 19.2%（4199 万），制造业的 70%，构成了一个特大的工业化和城市的区域。

2. 芝加哥——匹兹堡大城市连绵区。简称芝匹兹（Chipitts）。它从威斯康星州的密尔沃基城开始，经过芝加哥、底特律、匹兹堡、布法罗到纽约州的奥尔巴尼，并已同"波士华希"大城市连绵区和加拿大的多伦多——魁北克的大城市连绵区相连接。城市学家将它命名为"大湖区大城市连绵区"（The Great Lakes Megalopolis）。

3. 圣地亚哥——旧金山大城市连绵区。简称"圣圣"（Sansan）。它从加利福尼亚州南部的圣地亚哥，经洛杉矶，圣塔巴巴拉、圣约金谷地到旧金山海湾地区和萨克拉门托，人口逾 2000 万。

以上这三个地带内的大城市区还在发展，估计至公元 2000 年美国约有的 3 亿人口中，将有一半以上分布在这三大城市连绵区中。

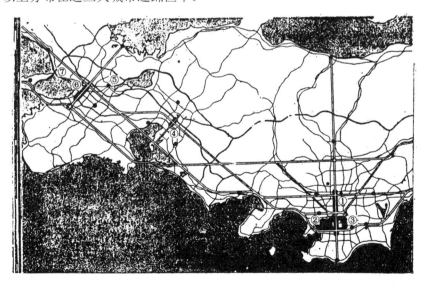

图 18-4　日本东海道大城市连绵区

1—东京；2—横滨；3—千叶；4—名古屋；5—京都；6—大阪；7—神户

其他国家的大城市连绵区有英国的伦敦——伯明翰——利物浦和曼彻斯特连绵区。日本以东京、名古屋、大阪为核心，包括横滨、京都和神户等特大城市的东海道连绵区（图18-4）等。这条长约 600 公里，宽约 100 公里，联结东京湾、伊势湾和大阪湾沿海地区的大城市连绵区，已成为日本群岛的发展轴心。

第四节　伦敦、巴黎、华盛顿、东京与莫斯科的城市总体规划

60 年代以来世界各发达国家首都城市都进行了城市总体规划的修订工作。下面分别介绍伦敦、巴黎、华盛顿、东京与莫斯科 5 个首都城市的总体规划。

一、大伦敦发展总体规划

60 年代中期，在 40 年代大伦敦规划的基础上修订编制了大伦敦发展规划。其总体布局的基点，放在英国东南部地区的研究上，用以解决大伦敦发展的矛盾（英国东南部地区是指离伦敦市中心半径 50 ～ 100 公里的范围。原 40 年代确定的"大伦敦都市圈"是指离伦敦市中心半径 64 公里的地区）。对英国东南部规划先后制订了 3 个文件，即 1964 年的《东南部研究》，1967 年的《东南部战略》和 1970 年的《东南部战略规划》（图 18-5）。

图 18-5　英国东南部战略规划

1964 年的东南部研究

该研究提出至少要从大城市疏散 100 万人口，安置到离伦敦较远的新城和扩建城镇中去，以南安普敦—朴次茅斯、纽勃雷和勃雷奇雷 3 处作为反磁力吸引中心，并把若干小的城镇，如北安普敦、彼得勃罗等加以扩建。

1967 年的《东南部战略》

该战略吸收了哥本哈根、巴黎、斯德哥尔摩和华盛顿等首都的规划经验，考虑改变在大伦敦规划中确定的同心圆布局方式，而让城市沿 3 条主要交通干线向外扩展，形成 3 条长廊地带，并以《东南部研究》报告中提出的 3 个"反磁力中心"城市为终点。这几条地带之间的土地则保留作为农田或休息地区。

1970 年 6 月的《东南部的战略规划》

该规划否定了 1967 年《东南部战略》提出的"长廊和反磁力吸引中心"方案，把大多数增长的人口集中安排在大伦敦周围地区内，选定了 5 个大的发展点，另外还提出两个大

的点：密尔顿·凯恩斯和北安普敦以及两个"反磁力吸引中心"姊妹城南安普敦和朴次茅斯。还选择了8个中等规模的发展地区，其中5个靠近伦敦，3个在大伦敦以外。

这个规划仍肯定了英国的传统手法——集中城市格局，而不倾向于分散的格局。规划认为城市的集中对大的劳动力市场的产生和发展是有利的，可提供各种就业机会，有利于社会各种活动，并促进设施的建设，为建设有一定效率的公共交通系统提供可能，还可减少城市发展对本区域内广阔农村的冲击。

二、巴黎地区总体规划

1958年巴黎制订了地区规划，并于1961年建立了"地区规划整顿委员会"（PADOG），强调限制巴黎市区的不断扩展，主张打破原来的单中心城市结构，建立一个多中心分散式的城市结构。

1965年制订的"巴黎地区战略规划"打破了旧概念，采用了"保护旧市区，重建副中心，发展新城镇，爱护自然村"的方针，摒弃在一个地区内修建一个单一的大中心的传统概念，代之以规划一个新的多中心布局的区域，把巴黎的发展纳入新的轨道。

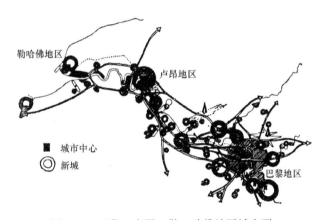

图 18-6　巴黎—卢昂—勒·哈佛地区城市群

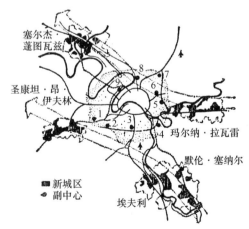

图 18-7　巴黎南北两条平行城市走廊
1—凡尔赛；2—费力斯；3—罗吉；4—克雷泰；
5—罗西；6—保比尼；7—勒保吉脱；
8—圣·丹尼斯；9—拉·德方斯

根据1965年的规划，估计到2000年，巴黎地区人口将增加到1400万人，用地要再扩大988平方公里。它对巴黎的今后发展提出了3项战略性措施：

1. 在更大区域范围内安排工业和城市人口的分布。沿塞纳河下游形成几个城市群，即大巴黎地区、卢昂地区和勒·哈佛地区城市群（图18-6），以减少工业和人口进一步集中到巴黎地区。

2. 改变原来聚焦式向心发展的城市结构，而沿塞纳河发展成带形的城市结构。除保护、改造巴黎旧城市以及中心城市沿轴线向西北方向延伸外，在城市南北两边20公里范围内，平行于城市轴线，规划发展两条城市走廊（图18-7）。

这两条城市走廊是与塞纳河平行的。北边一条长 74.6 公里，南边一条长 89.6 公里。在南北两条走廊内建设 5 个新城，可容纳 165 万人口。这种沿城市南北两条切线方向发展的方案可以在一定程度上把市中心周围的交通与其外围的交通分割开，以减轻市中心的交通拥挤，并且新城距离市区和绿带都比较近。

3. 打破原来单中心城市布局，发展多中心城市群。除前述 5 个新城外，在规划中布置了 9 个副中心。每个副中心都均匀分布在中心区周围，各自服务几十万人。在远郊，建设 16 个中小自然村为主的小村镇。此外，"巴黎地区战略规划"（图 18-8）还规定了保护和发展现有农业和森林用地。在城市化城镇周围建设 5 个自然生态平衡区，以及组织完善地区道路网和公共交通系统，使城镇与郊区之间与各城镇之间有快速而便捷的交通联系。

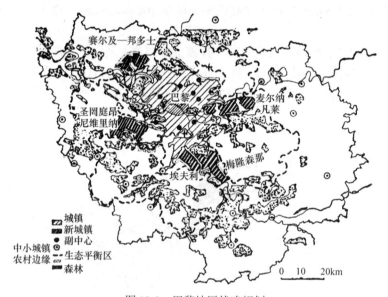

图 18-8 巴黎地区战略规划

关于保护、改造巴黎旧城，1977 年通过的市区整顿和建设方针把巴黎分成三部分。第一部分是历史中心区，范围为 18 世纪形成的巴黎旧城。在这个区内，主要保护原有的历史面貌，维持它的传统职能活动。第二部分是 19 世纪形成的旧区。在这里主要加强居住区的功能，限制公司办公楼的建造，以保护统一和谐的面貌。第三部分是周边地区。这些地区允许建设一些新的住宅和大型设施，并加强区中心的建设，使边缘地区的社会生活多样化，更具生命力。

三、首都华盛顿地区的 2000 年规划

华盛顿首都区战后城市化的速度很快，其人口增长也是美国各大城市中增长极快的。1960 年人口为 200 万人，1970 年增至 286 万人。

为适应首都发展，美国国会于 1952 年通过了"首都规划法"，于 1954 年和 1961 年相继作了规划（图 18-9），到 1962 年正式提出 1960～2000 年为期 40 年和 500 万人口规模的设想方案。经过 7 个方案的比较，采用了"放射形长廊"规划方案。其他 6 个被否定的方案分别为继续发展、限制发展、建立新城市、建设新镇、组成环形新镇和在郊区建设大居住区。

被采纳的放射形长廊方案（图 18-10）是以现有城市为中心，向外建设 6 条主要的放

射交通线，即长廊地带。这些长廊宽 6.4～9.6 公里，长 32～48 公里。在长廊地带，隔一定距离，建一个居住区或卫星镇，规模大小不等。在这些交通长廊内可安排 500 万居民。长廊与长廊之间的楔形地区，留作绿地和农业用地，其保留绿地为 12.12 万公顷。

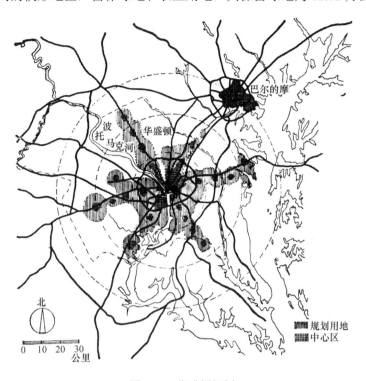

图 18-9　华盛顿规划

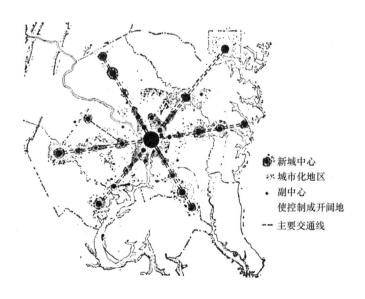

图 18-10　华盛顿放射形长廊方案

这个方案还包括以下几点内容：（1）更多地采用公共交通。（2）限制建设高速公路。

（3）改建大部分地区。（4）限制市区人口增长。（5）市区的就业机构应集中在市中心。方案强调用快速交通解决居住地点与工作地点之间的联系，其思想接近于当时哥本哈根制定的总图。

四、东京都改建规划

战后随着日本经济的起飞，东京都人口与城市面积剧增，尤其是市中心区，城市空间过分拥挤，环境日益恶化，带来了严重的社会问题。为此，重新组织城市结构，合理分散城市业务职能，有效地抑制产业和人口过度地向大城市集中，是日本政府正在探讨和致力解决的一个重大课题。

1956 年东京发展规划

1956 年东京的城市发展规划是在国家首都区域发展法的指导下制订的。发展规划基本上是根据 1944 年大伦敦规划的原则制订的。这个规划首先勾画出一个由东京中央车站向各个方向伸展约 16 公里的建成区，把 23 个市区和横滨、川崎和川口合并在一起。在这里为使城市的无计划向外延伸受到阻止，设置了一个宽约 11 公里的绿带区，将建成区包围起来。但规划的实施证明，用这个绿化带来抵制发展是不合适的。巨大的人口潜在增长必将容纳于离东京中心 27 公里到 72 公里的边缘地带。规划乃建议在这边缘地带建设新城，以吸引分散的人口。

1965 年东京规划

1965 年的东京规划，放弃设置绿带区，建设一个在市中心 48 公里以外的新郊区。在这个地区内，扩大原有新城的规模，并使这些新城之间保留开阔的空间。1965 年的规划与华盛顿的长廊或主轴规划相似，或与更早的哥本哈根的指状规划相似。

1969 年《城市改建法》

1969 年制定的《城市改建法》采取了"一心变多心，一极变二极，建设科学城"的多心开敞式城市布局结构。在城市中心地带发展新宿、池袋、涩谷三个副中心，大力开发建设以东京都为一极，新建多摩连环城为另一极。位于东京都西南 30～40 公里的多摩新城，就是多摩连环城的城镇之一。在东京都东北约 50～60 公里的茨城县建设了筑波科学城。这种城市布局被称为复合式结构（图 18-11）。

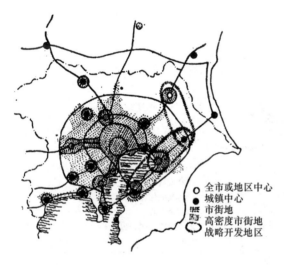

图 18-11 东京都市圈复合城市结构

○ 全市或地区中心
● 城镇中心
市街地
高密度市街地
战略开发地区

为此，日本政府制定了相应的城市政策与法律措施，严格限制工厂与大学在中心区建设。同时，提高中心区土地价格，使之与新开发区地价相差甚巨，以鼓励企业和居民向城市以外地区扩散。

在这个时期，日本政府有效地进行了旧城改建。在改建中，重视园林绿化以及文化古迹和传统格局的保护和继承，并大力推行城市再开发工作。在统一的规划指导下，进行综合开发，配套建设，改变了城市面貌，提高了土地利用率和规划的合理性。

五、莫斯科城市总体规划

莫斯科于 1950 年制订了城市总体规划第二稿。这是 1935 年总体规划的延续和某些原则的具体化。这两次规划对城市规模的控制因缺乏科学的预测，在 50 年代末已大为突破，且已不能适应时代的发展要求，于是着手制订城市总体规划第三稿（图 18-12），于 1961 年公布，1971 年批准。规划期限为 25 ～ 30 年，若干设想远及 2000 年。规划远景人口不超过 800 万，用地范围扩大至环形公路。市区总面积为 878.7 平方公里，并保留环外 100 平方公里备用地。新规划有两个基本特点，一是城市规划结构从单中心演变成多中心，即划分成 8 个规划片。二是综合考虑社会、经济和技术诸方面问题，相应地制订了地区和郊区的规划。

图 18-12　1971 年莫斯科总体规划

市区规划布局

多中心规划结构把城市分为八大规划片（图 18-13）。克里姆林、红场所在地区是核心片，其余七片环绕四周。八大片规划的实质，是要编制人口规模由 65 万至 134 万的 8 个既独立又互相联系的城市分区规划方案。各个规划片内部结构相当于苏联国内同等规模城市所具有的结构，做到劳动力和劳动场所的相对平衡。各片都有各自的市级公共中心，连同中间的"都市中心"，形成"星光放射"状的市级多中心体系（图 18-14）。

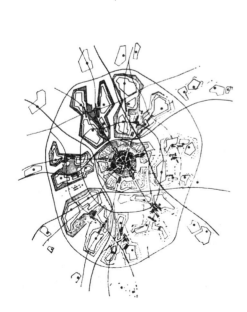

图 18-13　莫斯科八大规划片

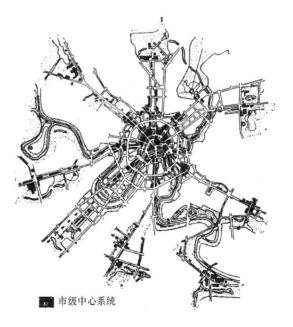

■ 市级中心系统

图 18-14　八大规划片中的市级多中心体系

新的规划结构要求 8 个规划片自成体系，又各具特色。例如中央核心片要求在保留克里姆林宫的全市中心地位的同时，继续加强文教和行政方面的核心作用。在片内划出 9 块保护区，面积总计 350 公顷，以利于保存珍贵的古建筑和历史形成的城市格局。东南片工厂比较集中，工业生产的性质比较突出。西南片地势较高。环境优美，重点布置科研、高校和设计机构。北片偏重文化体育功能，将以展览会和电视中心为核心，布置大型体育设施、大型图书馆、博物馆、文化宫、植物园和大型影剧院、马戏院等。

每个规划片又分成 2～5 个人口从 25 万至 40 万的规划区，规划区内又分成若干居住区、生产区、公共中心、公园、花园、体育综合体等等。居住区规模为 3 万～7 万人。原居住小区的组织方式已不适用，现已按照居住区的规模来组织居民生活。规划并规定到 1990 年人均住宅总面积要达到 20 平方米。

为保证各片居民就近休息，接触大自然和保持生态平衡，在核心片界线的花园环路外侧布置一系列绿地，形成一条绿色项链。其周围 7 个片都有一块面积在 1000 或 1000 公顷以上的大块楔状绿地，一头渗入城市中心，另一头与市郊森林公园相连接。规划公共绿地为每人平均 26 平方米。全市有 2 条绿化环和 6 条楔形绿带。

城市干道由十几条主要放射路和 6 条环路组成。为改善交通，全市设有一套绕行市中心的"井"字形高速道路和穿越市中心的地下通道的道路系统，加上扩大的地铁网，使多数居民乘车上班时间缩短到 30～35 分钟。每一个规划片内都有一条或两条重要的放射干道作为该片的布局轴线。沿这些轴线布置公共中心，使其不仅交通方便，而且同自然环境有良好的结合。

为逐步解决规划片内居民就地工作问题，进行了全市工业调整规划，计划将 900 多个企业迁入新建立的 66 个工业片。

地区和郊区规划

在 1971 年的总体规划中，莫斯科市的规划是将国民经济发展的性质和方向与莫斯科州各城镇及居民点的发展结合起来考虑的（图 18-15）。

为了严格限制莫斯科及其附近地区的工业和居民的过分集中，优先发展远离莫斯科市区的工业。市区及市界以外 50～60 公里的郊区要限制生产力进一步集中。市界以外 100～200 公里的范围是发展工业的主要地区。

在这两个地区之间有一个特殊屏障，即首都森林保护带，用它来分隔以上两个

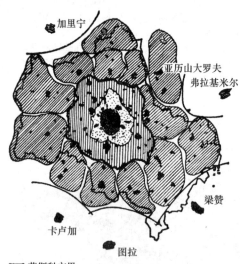

加里宁

亚历山大罗夫
弗拉基米尔

梁赞

卡卢加

图拉

🖼 莫斯科市界
🖼 森林公园保护带
🖼 莫斯科市郊区
🖼 莫斯科州界
🖼 莫斯科州外围区的局部人口分布体系
🖼 局部人口分布体系中的生产—公共中心城市
🖼 州中心城市及其影响圈

图 18-15　莫斯科市、州地区规划结构

地区。保护带使莫斯科市周围保留了一个连续不断的绿化地带，以防止首都与邻近各城市连成一片。

莫斯科市区外围的城市群呈辐射、环状。它们是由莫斯科环形公路、大环形铁路以及

从莫斯科发出的 12 条放射状铁路干线，构成了城市布局骨架。大多数卫星城和许多城市型居民点沿铁路线形成密集的居民点链分布着。以莫斯科市为核心，已形成一个面积约 1.7 万平方公里，共包括 50 多个城市的经济上和规划上都相协调的"星座"城市群。

莫斯科总体规划实施效果较好。市中心区人口减少，城市环境得到改善，800 年古城，面貌焕然一新。在市界以外建立和发展起来的新城镇，能够作为"平衡锤"，起到"截住"流向市区的人口的作用。然而，莫斯科的最大难题，仍是城市规模的控制问题。有人认为，用环形公路和森林保护带约束市区扩大，会导致市区建筑密度与房屋层数的不断提高并影响城市环境质量。另一个问题是通过多中心八大片的规划以求得生活、工作、游憩三方面的平衡以达到全市的平衡也确实遇到许多困难，其中包括社会问题、经济问题和体制改革问题等等，建立新的平衡也困难重重。

第五节　60 年代以来的新城建设

战后 50 年代第一代新城是在战后恢复时期住房缺乏，教育、医疗和其他服务设施不足，私人小汽车尚未泛滥的情况下产生的。到 60 年代，社会和经济迅猛发展，国民收入递增，原有新城的规划模式已不甚适应新的要求。又鉴于新城对疏散大城市人口作用不大，英、法、日本等国着手建设一些规模较大，在生产生活上有吸引力的"反磁力"城市。这时一些发展中国家的新城建设也都有新的内容和新的特点。

一、英国新城建设

英国第二代新城是指 1955 年至 1966 年间建设的新城。第二代新城的特点是城市规模比第一代新城大，功能分区不如第一代严格，密度比第一代新城高。新城中心有似脊椎串联周围各居住区，交通规划比第一代新城先进。这个时期的新城也考虑区域经济平衡，把新城作为经济发展点，通过建设发展点来重新分布区域人口，组织区域经济。

英国第三代新城是指 1967 年后建设的新城。1964 年英国政府公布的英国《东南部研究》报告，认为过去建设的新城，作用不大，没有解决多大问题，主张建设一些规模较大的有吸引力的"反磁力"城市，把伦敦要增长的就业人口吸引过来。决定在伦敦周围扩建 3 个旧镇，每处至少要增加 15 万～25 万人口。这三个旧镇是密尔顿·凯恩斯，北安普敦和彼得博罗。

英国最新的兰开夏（Lancashire）新城是按照城市群的规划原则，分别由 3 个容纳 40 万人口，各自独立而又联系的城镇组成。

下面介绍第二代新城郎科恩（Runcorn）与第三代新城密尔顿·凯恩斯（Milton Keynes）。

郎科恩新城

郎科恩位于英国利物浦东南，离城市中心区 22 公里，1964 年开始规划，1966 年进行建设。新城的规划结构具有英国第二代新城的典型特征，并颇有新意。

新城（图 18-16）位于默尔西河南岸，是默尔西赛德城市群的一个组成部分。城市东西长 7.2 公里，南北宽 4.8 公里，总用地为 2935 公顷，原有人口 3 万人，规划人口 10 万人。

新城的规划结构与基地起伏的山脊浅谷复杂地形结合。主要工业均布置于城市边缘地

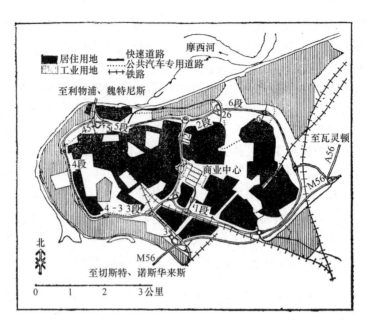

图 18-16 郎科恩规划

形平坦的地段上。居住区布置在中间较高的丘陵上，并围绕中心公园布置。新城中心位于规划区的几何中心一个大城堡的高地上，俯瞰全城。

城市规划结构（图 18-17）遵循线状原则，结合自然地形，形成"8"字形平面。城市中心设在"8"字形的交叉点上。这种简洁、严谨，既结合地形又具有图解式的规划平面是颇具新意的。

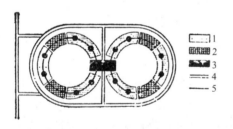

图 18-17　郎科恩城市规划结构
1—居住用地；2—工业；3—市中心；4—汽车路；5—公共交通

郎科恩规划具有以下特点：

1. 以 8000 人组成一个邻里单位。其中心设置公共汽车站及其他公共设施。每个邻里单位划分 4 个邻里，邻里又由一系列 100 ～ 200 人的居住组组成。各邻里单位的各个中心被城市公共交通干道所串联，打破了原传统邻里单位的结构组织模式所带来的被城市道路绝然隔开而形成的单调和被隔离的生活方式。

2. 规划布局与城市交通组织紧密结合，采用限制小汽车，鼓励公共汽车的做法，以"8"字形道路骨架组织公共交通是经济有效的。

3. 工业除围绕居住区外围布置外，邻里单位内亦安排一定的工业用地，缩短居民上下班距离。

4. 注意利用地形和自然条件，组成完善的绿化系统。重视古迹保护，修复城堡、教堂，以突出城市的历史文化传统特色。

密尔顿·凯恩斯新城

英国第三代新城密尔顿·凯恩斯位于伦敦与伯明翰之间。东南距伦敦 80 公里，西北距伯明翰 100 公里。原人口 4 万人，1967 年开始规划，1970 年开始建设。为适应附近地区人口增加和疏散伦敦的工业和人口，规划人口 25 万人。

密尔顿·凯恩斯是独立新城，被誉为英国第三代新城的代表，并声称将适应 21 世纪城市生活的要求。

新城（图 18-18）面积约 8870 公顷，大体上是一个不规则的四方形，大部分地区地形起伏。

规划设计者对社会、经济、就业、住房、交通医疗、教育、文娱、工农业等问题进行研究后，提出了 6 个规划目标：使它成为一个有多种就业而又能自由选择住房和服务设施的城市；使建立起一个平衡的社会，避免成为单一阶层的集居地；使它的社会生活、城市环境、城市景观能够吸引居民；使城市交通便捷；让群众参与制订规划，方案具有灵活性；使规划具有经济性，并有利于高效率的运行和管理。

新城规划的特点是：

1. 土地使用与交通紧密结合

城市无严格功能分区。工业企业和其他企事业在市内采取分散布局方式，即大的工厂较均匀地分布于全市，小的工厂安排在居住区内。非工业性的大的就业中心，如医疗中心、高等院校等分散在城市边缘地带（图 18-19）。这就可以把交通负荷比较均匀地分散开，亦有利于妇女就近参加工作。

2. 活动中心布置在环境区边缘

新城的棋盘式道路将城市分成面积大约为 1 平方公里的环境区。每个区面积约 100～120 公顷，大约住 5000 人。改变了过去把活动中心如商店学校等安排在区的中心的做法，而是安排在环境区主要道路中段，并与公共汽车站、地下人行道结合在一起。每个环境区四周有 4 个活动中心，每个家庭可按不同需求自由选择活动场点。

3. 交通系统的高效率和经济性

市内结合现状铁路、道路和河湖走向，修筑纵横交错、干道宽度为 80 米的方格形干道网，并采用

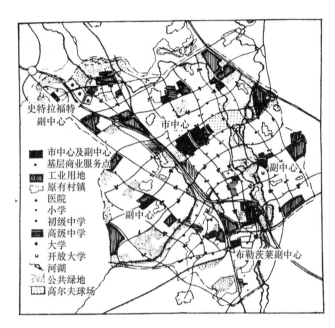

图 18-18　密尔顿·凯恩斯规划

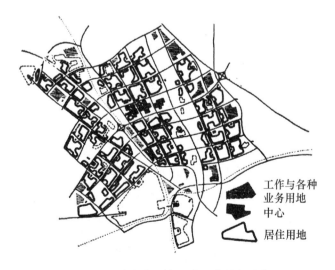

图 18-19　密尔顿·凯恩斯工作地段分布

了最经济有效的 1 公里路网间距。行人和自行车穿越干道时，须经过旱桥或地道。公共交

通采用公共汽车。

干道方格网还与原有河流、运河一起，组成了全城的绿化系统。由于结合原有丘陵地形和河流走向，不少道路都有较大的扭斜弯曲和起伏，道路两旁的植物组成浓密的"绿墙"，以减少废气和噪声对路旁低层住宅的干扰。

城市对外交通也是高效能的。新城中心地带有铁路和高速公路穿过。城西边缘有另一高速公路。郊区有机场。

4. 突出景观效果

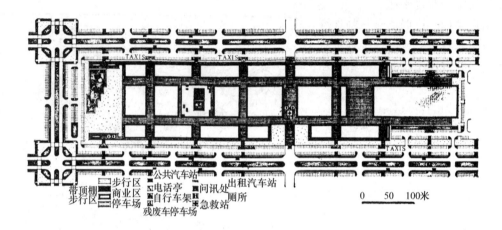

图 18-20 密尔顿·凯恩斯购物中心平面

密尔顿·凯恩斯有美好景观效果。市中心区占地 200 公顷，服务内容齐全，有市政厅、法院、图书馆等市级机关和文娱设施，还有占地 12 公顷，建筑面积为 12 万平方米的购物中心（图 18-20、图 18-21）。这是世界上最现代化的超级市场，为城市居民提供了具有郊区风貌的室外广场和全天候的内院和玻璃暖廊。整个城市具有传统的田园城市特色，强调绿化布置。要求在主要道路上的景观，虚实交替，并使每个路段各有特点，避免雷同。市内保留着一些古建筑、古村舍。有的与新建筑结合，和谐成趣。有的与大自然结成一体，交相辉映。

图 18-21 密尔顿·凯恩斯购物中心鸟瞰

兰开夏新城

英国 70 年代规划建设的新城，具有代表性的是"兰开夏"（Lancashire）。它把该地区 3 个分散的城镇——莱兰德、乔奇、普雷斯顿，用高速交通线连贯起来，成为一体，并把中心城市的功能分散出去。人口规模拟发展到 40 万人。每个城镇分别成为行政、工业和社会中心，被称为"城市群"。

二、法国新城建设

法国新城自 60 年代开始进行建设，以巴黎新城为代表。法国城市规划部门从巴黎本身的实际出发，抛弃了伦敦那种在城市周围建立绿带以阻止城市发展的做法，并改变了英国新城的传统概念，把新城作为整个大城市地区的磁石，使产生一种可与巴黎抗衡的力量，为恢复巴黎大城市地区的平衡起到作用。

巴黎的 5 个新城是沿塞纳河两岸两条平行轴线进行建设的，规划总人口共计 150 万人，将开拓建设用地共约 67000 公顷。

巴黎新城的规划特点是：城市的性质都是综合性的，其规模自 25 万～50 万人不等。1970 年通过的新城法案，在实施优惠政策上吸引巴黎市区内的一些事务所、机关、服务行业等各种第三产业和工业到新城来，使新城 60%～80% 的居民能就地工作。为吸引巴黎居民来新城定居，为使新城居民在就业、文娱和生活各方面能享有与巴黎老城同等的水平，各新城均建立与巴黎老城同等水平的市中心，把情报、建筑、行政管理、文化娱乐、商业服务设施等各种功能结合成一体。有的城市中心（图 18-22）设置相当规模的大学和科研情报中心以解决巴黎中心地区第三产业无限膨胀的矛盾，吸引人们迁往新城居住。

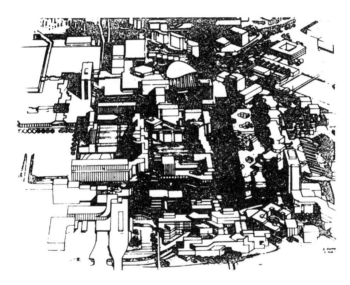

图 18-22　埃夫利新城中心

英国新城虽规模较小，但由于在空地上建设，建设周期长，有的长达 20 年。而巴黎新城由于充分利用原有城镇基础，每个新城都是由现有的 10 多个或 20 多个小镇组织起来的，建设周期较短。

新城内部的规划结构，英国比较紧凑，而巴黎新城由于是由现有小镇组织起来的，因此比较松散。其布局形式有似村镇群组，各村镇之间都有大片的"生态平衡带"。工业企业分布在村镇边缘，以便利职工上下班。

法国新城的显著特点是占地很广，乡村气息浓重。新城内保存着大片森林、水面和自然景色，大面积种植花木草坪。

新城建筑风格多种多样。每个新城中心区的建筑群各有特色。一般是高密度的住宅集中布置在城市中心和区中心附近。低密度的住宅则布置在居住区边缘。平面组合、立面造型异常别致。

法国还将新城作为技术革新的试验场所，如在公共交通、环境保护、电缆电视、大规模全电气供热等方面均作了试验应用。

下面介绍法国新城玛尔拉瓦雷（Marne La Vallee）与塞尔基·篷图瓦兹（Cergy Pontoise）。

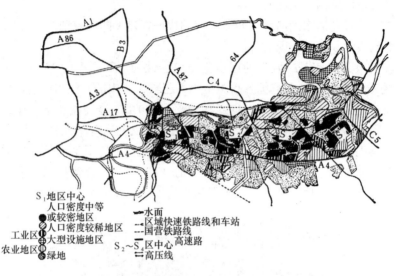

图 18-23　玛尔拉瓦雷规划

玛尔拉瓦雷新城

玛尔拉瓦雷位于巴黎东部，是离首都中心市区最近的一个新城。新城（图 18-23）西部距环城大道 10 公里，由 3 个镇构成新城的第一区，面积 2000 公顷。第二区包括 6 个镇，面积 3800 公顷。第三区为北部的 17 个镇，面积 8700 公顷。这三个区总体的发展，将有助于巴黎东部的重新平衡，可与西部的拉·德方斯抗衡。新城为一带形城市，总长 20 公里，宽 3～5 公里。规划建设用地 150 平方公里，比巴黎全市 20 个区的 105 平方公里还大一半，规划人口 40 万。新城的 3 个区在建筑密度、功能内容和城市景观方面都有各自的特色。

新城以原有村镇为依托，由森林、河谷、湖泊等自然地形或新城内部交通干道分割为一长串的生活居住单元。这种具有松散结构并且极易接近优美自然环境的"糖葫芦型"城市，创造了良好的居住环境质量。

玛尔拉瓦雷新城给人的深刻印象是它的规模巨大。它的规划结构合理和交通组织完善。它的建筑面貌不拘一格和绿化环境优异。

塞尔基·篷图瓦兹新城

塞尔基·篷图瓦兹新城（图 18-24）位于巴黎西北 25 公里，由 15 个村镇构成，占地 10700 公顷，规划人口 30 万人。

新城地理条件十分优越，它以一大片水面为中心，周围是绿树葱茏的高地、河床与高地的高差为 160 米。整个地形宛如一个大型台阶式圆形剧场。新城沿河流右岸呈马蹄形发展。5 个居住区分布在河湾旁天然绿化地带的高坡上。河湾内部整治成一个大型水上娱乐基地，作为新城最吸引人的活动场所之一。

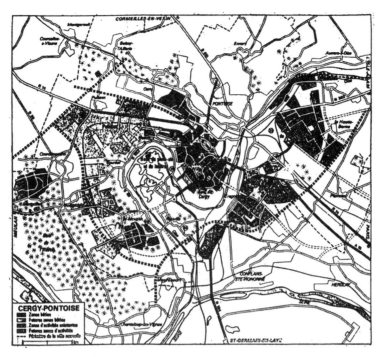

图 18-24　塞尔基·蓬图瓦兹规划

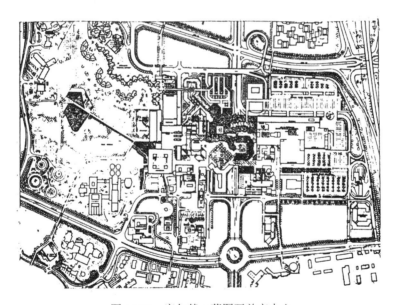

图 18-25　塞尔基·蓬图瓦兹市中心

蓬图瓦兹新城在规划上有所创新。气氛热闹的市中心（图 18-25）、广场和公共设施，富有魅力的娱乐基地和公园绿化，形式多样的住宅和步行道路，为居民创造了优越的生活环境。

三、美国新城建设

英国的新城建设早在 20 世纪前半期就开始了。但由于战后美国政府没有从财政、行政和法律等方面支持新城建设，所以大规模的新城建设到60年代后期才开始。1968年通过了联邦政府援助新城的"新城开发法"，1970年制订了"住房和城市发展法"。法案对建设新城提出了如下具体要求：新城要充分利用现有的小城镇和农村居民点的潜力；新城必须对不同收入、不同种族的居民提供居住和就业的机会，以避免两极分化；新城必须提高自然环境质量和城市建筑及景观质量；新城还应是个从事经济、社会和城市建设方面进行革新的实验室。

法案确定新城的类型有4种：即大城市周围新建的新城；在原有城镇基础上扩建的新城；市区内改建或新建的"城中之城"（New Town in Town），以及远离大城市，完全独立的新城。

美国新城中以哥伦比亚（Columbia）新城，雷斯顿（Reston）新城、纽约曼哈顿岛上的"城中之城"以及规划中的托洛伊德最为著名。

哥伦比亚新城

哥伦比亚新城于1961年开始兴建。它距首都华盛顿市中心48公里，距巴尔的摩市中心24公里，面积约5300多公顷，规划人口11万人。

哥伦比亚新城的结构模式（图18-26）是以8～9个村子组成。每个村子人口约一万至一万五千人。由3～4个邻里单位组成，每个邻里单位居住800～1200户，新城中心是以地区中心作为服务范围的，可为25万人服务。

新城绿化面积占总用地的23%。有许多景观地区，招徕外地游客。新城重视公共交通，发展了微型公共汽车。

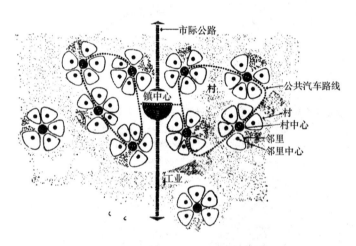

图18-26　哥伦比亚新城结构模式

新城居民多数受过高等教育。新城工业有电器设备、医药设备加工、航天工业和轻工业等。这些工业大多安排在城市边缘的4个工业园区内。

雷斯顿新城

雷斯顿新城于1961年开始建设，是一个位于首都华盛顿以南29公里的卫星城。它位于弗吉尼亚州的丘陵地带内，是一所风景优美的田园城市，面积约2900公顷，规划人口为75000～80000人。一条快速公路将全城分为南、北两部分。北部3个居民村，南部两个居民村。快速路与城内道路连接，采用立体交叉。全城专辟了40公里长的人行步道，连同自行车道在内共60公里，把住宅、商店、小学、游戏场等联结起来，并且巧妙地结合好沿途风景。有15个立交桥把人行道和车行道分开，形成安全的步行网。

新城中心（图18-27、图18-28）有2～4层的政府与事务所办公楼，有高层旅馆、商场、医院和图书馆等，均围绕停车场和绿地安排。办公用房与高层旅馆以圆弧状建筑体形环绕绿地。绿地中有人工开挖的大型水池和休息场所。新城风景优美，可供接待旅游。

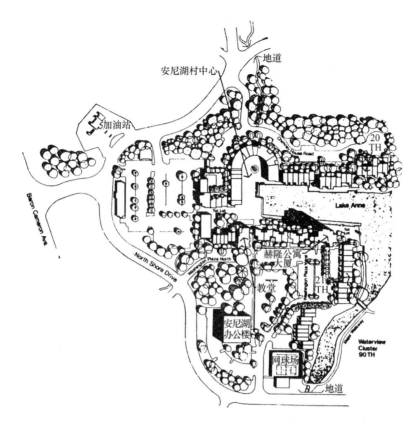

图 18-27　雷斯顿新城中心平面

图 18-28　雷斯顿新城中心鸟瞰

图 18-29　托罗伊德新城设想

托罗伊德新城

美国自 1970 年至 20 世纪末的 30 年中，估计人口将增加 1 亿。但战后几十年所建的七八十座新城，才容纳不到 400 万人口。因此，有人提出建能容 100 万人口具有大城市规模的新城。托罗伊德（Toroid）新城方案（图 18-29）规划人口 100 万，其中劳动人口 30

万，是一座独立的自给自足的新城。

新城的规划结构是把建筑群的规划布局，应用到城市内部结构中，使形成一个多中心的环形城市。它的市中心丘陵起伏，保持着自然的风貌。周围环绕着 6 个规划片次结构，每个次结构都有一个次中心，它们相隔 16 ～ 32 公里，有的还围绕着小的卫星城共同体。

这些次结构主要供居住之用。每片有人口 15 万～ 20 万人。除一个布置重工业及核反应堆外，其余都配置相应的轻工业与商业，以便生产与生活都在区内解决。此外次结构还分担了一至几项为全市服务的市级大型公共设施，以进一步分散市中心的功能和人流。

每个次结构的中心都布置多功能的高层建筑及一个大专院校。高层建筑四周为低层住宅区。

新城交通网的布置采用高速地面交通、活动道边输送带及个体快速交通相结合的原则。

四、日本新城建设

日本自 1957 年开始建设千里新城，其建设重点由建设住宅群转变到开发新城。

这些新城多数是依附于母城的卧城，仅少数是有工业区的新城。大部分新城选在地价较便宜的郊区和邻近地区。位于首都东京都周围的一些新城距东京一般在 30 ～ 50 公里。所有新城均重视解决同母城的快速交通联系问题。例如在东京首都圈地区，从多摩新城到东京修建了"京王线"和"小田急"，两条铁路快车线。

日本的新城依据西方模式，以邻里单位（即"近邻住区"）为构成新城的基本单位，由 3 ～ 5 个近邻住区组成居住区。新城商业和服务业一般分为三级：近邻住宅区中心、居住区中心和新城中心。新城住宅一般有高层住宅、多层住宅和低层独院式住宅三种。多数新城在靠近近邻住区中心和周围地带，建设高密度的高层住宅楼，以便充分利用各种公共福利设施。在高层住宅楼外围，建设低密度的多层和低层独院式住宅。为有效地利用变化和起伏的地形，围绕宽广的空地建设住宅群，中间留有宽敞的游憩场地或绿地，并十分重视开辟儿童活动场地。日本的新城建设以多摩新城较为典型。

多摩新城

多摩新城位于东京都中心西南部约 25 ～ 40 公里，离横滨市中心西北部约 25 公里。新城建设范围为东西长 14 公里，南北宽 2 ～ 4 公里的丘陵地带。规划面积为 3020 公顷，规划人口 41 万人，于 1965 年制定规划，1966 年开始建设。

多摩新城（图 18-30）的建设是为了实现东京都从历来的单一集中型城市结构改为多中心型结构的规划意图，把多摩新城作为东京实现二级结构城市的新的一极。新城建设要求保护自然环境，积极保存现有的自然风貌。

按照规划，在多摩新城配置 23 个近邻住区，平均每个近邻住区面积约 100 公顷，人口约 12000 人。几个近邻住区组成居住区。每个居住区配置居住区公园、综合医院等。在几座铁路车站附近，设置居住区中心，在这里安排各种专门商店、各种娱乐设施等。在新城中心，配置大型商业设施、机关、企业、事务所、学校、研究所、中央医院、公共福利和各种文化娱乐设施等。京王、小田急两条快速铁路线均从新城中心通过。多摩中心地区共 61.22 公顷。为了保证行人安全，采取人行和汽车完全分离的道路体系。

新城近邻住区根据地形，采取行列式布置方式，重视日照和朝向。建筑和周围环境相协调，并保护了自然景观。高层和低层住宅占30%，多层住宅占70%。

图18-30 多摩新城规划

五、苏联新城建设

苏联全国现有新城1000多个。有的新城规模较大，人口在50万人以上。有的规模很小，人口不过上万人。但多数新城人口规模为3万～15万人。苏联的新城主要建在中亚细亚、哈萨克斯坦、西伯利亚和远东。

苏联在"控制大城市，发展中、小城市"的方针指导下，对新城规划提出三项主要任务：新城建设要为人的全面发展创造条件，有良好的居住条件，适宜的休憩场所，消灭城乡居民生活条件的巨大差别；新城建设要为生产力的合理分布创造条件，使宝贵的土地资源得到经济合理的利用；新城建设要为保持生态平衡，保护和合理利用自然资源创造条件。苏联陶里亚蒂新城由于遵循了这些建设原则，又加强了统一规划与建设，所以建设效果较好。

陶里亚蒂新城

60年代末，苏联为在莫斯科以东800多公里的古比雪夫市附近修建伏尔加汽车工厂，而建设了陶里亚蒂新城。

陶里亚蒂新城（图18-31）建于1968年，位于古比雪夫、塞兹兰与米列克斯三城市构成的三角地带中心，与它们相距70～90公里。新城坐落在水库北岸的广阔平原上，有大片的森林，距西边的旧城5～7公里，占地约8000公顷，规划人口为50万。

在制订陶里亚蒂的总体规划时，曾考虑以下一些原则和要求：

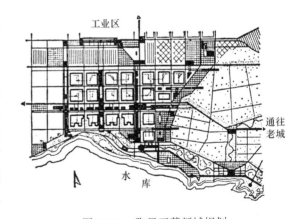

图18-31 陶里亚蒂新城规划

（横向箭头所在位置为东西向林荫大道，竖向箭头所在位置为南北向林荫大道。小方块为规划城区中的居住区）

1. 考虑新城将来有可能进入更大的城市建设体系，成为城镇集团规划结构中相对完整、相互联系的综合性枢纽。

2. 需要建立一种灵活的规划结构，使各功能区在规划发展过程中既能保留相互间原有的稳定联系，又能发展变化。

3. 尽可能保留原有的大片森林绿地，在新城和老市区之间有几千公顷的森林保护区要严格保护。

4. 尽可能利用建设地区有利的自然条件，以形成完整的现代城市面貌。

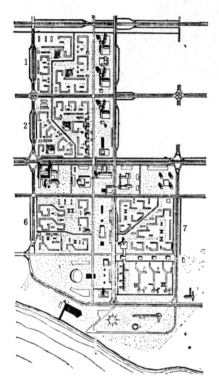

图 18-32 陶里亚蒂居住区

陶里亚蒂新城的规划结构，是城市用地朝一个方向向西发展，形成一种带状的"敞开式"布局。

新城的工业区布置在市区的北面，整个工业区由两大建筑综合体组成。其一为伏尔加汽车制造厂，热电站和建筑工业基地。另一组是地方食品工业和仓库等。在工业区和城市生活居住区之间建立宽 1.5 公里的绿化带。

新城的生活居住区在南面，靠近水库和森林，并分成 4 个规划区。每个规划区有 10 万人，以 4～6 个居住区（图 18-32）组成。居住建筑采用混合层数，其中 5 层占 75%，9～12 层占 20%，16 层占 5%，平均层数为 6.3 层。

市中心林荫大道上布置市、区两级的服务机构、公园、街心花园、体育设施及年轻人的公寓。

城市沿伏尔加河发展，有 4 条快速公路连接新旧市区。绿化指标定为每人 26 平方米，绿地系统与步行道结合良好。

陶里亚蒂新城的规划和建设的经验，进一步推动了苏联城市建设的理论和实践向前发展，于 1973 年获得了苏联国家奖。

第六节　60 年代以来西方大城市内部的更新与改造问题

西方大城市内部的主要问题是城市经济行政中心区的容纳能力超过极限以及由于郊区化而引起的内城衰退。一些发达国家的市中心区，在较小面积内集中了庞大的经济和行政的各种业务职能，使市中心区过分拥挤，特别是白天人口的密度太高，造成交通上的严重拥挤，城市防灾的困难和城市环境的恶化。如伦敦内城的老城，居住人口只有 5000 人，白天却有 50 万人上班，这样必然加剧了内城的环境恶化。城市中心区的衰退，尤以美国为甚，在美国的各大城市，市中心周围地区普遍地存在着一条城市蜕化地带。如芝加哥环路内闹市区（Chicago Loop），外面有非常大面积的一圈城市贫民窟，被遗弃的住宅和空地面积达 40 平方公里。美国纽约闹市区的情况也同样严重，黑人居住区大多在内城，种族矛盾也很严重，市中心无解决交通和停车的可能，更加速内城居民的外流和市中心衰退过程。特别是美国东北部和中西部地区的城市，发生了人口源源不断地外迁和城郊的居住区、商业区和工业园日益蔓延的现象，即产生了"内城渗漏过程"。为缓解城市经济行政中心区承担过多职能所产生的超额负荷，各发达国家采取建设副中心，一心变多心的规划方式。例如日本东京建设了新宿、池袋、涩谷三个副中心，法国巴黎在市区边缘建设了拉·德方斯等9个综合性区中心。为使内城复苏，各国在政策上和建设措施上也采取了各种办法，鼓励居民重返内城。美国在纽约曼哈顿罗斯福岛建设了"城中之城"（New Town in Town），其居住条件比较优越，以吸引居民返回内城。英国在伦敦建造的巴比坎文化中心是一种综合居住区，是为了更好地利用市区各项设施，并进一步更新与改造市区，以吸引居民返回内城旧区。

一、日本新宿副中心

日本东京在面积为41平方公里的市中心3个区内集中了全国的行政、经济等各种职能，使市中心的容量远远超过负荷。1958年东京"首都整备委员会"做出开发新宿、涩谷和池袋三个副中心的决定。这三个副中心都位于山手铁路环线上，与市中心联系方便。新宿副中心（图18-33）在市中心以西8公里，面积为96公顷。1969年制订的"新宿新都心开发计划"确定了三项原则：一是步行与机动交通分开，二是增加停车能力，三是区域集中供冷和供热，减少大气污染，并规定一个街坊最多只容许建造一个超高层建筑。建筑物用地系数要大于5：1，并保持每个街坊有50%的空地。

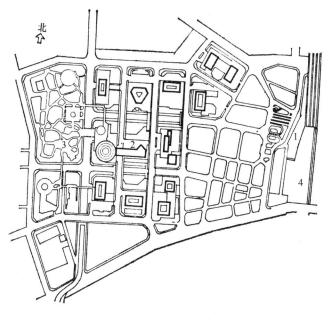

图 18-33 新宿副中心平面
1—西口广场区；2—超高层建筑区；3—中央公园区；4—火车站

新宿副中心的部分用地是在原淀桥水厂的旧址上。淀桥水厂被拆除后，改造成11个街坊，每个约1.5公顷，分别作为事务所、商店、旅馆等建筑用地，形成业务区。

道路宽度以30～40米为主。为使人车分离，步行使用平面街道，汽车使用高架道路。西口站前广场（图18-34）采取立体设计，即地上广场（约2.46公顷）作为公共汽车站和处理汽车交通的空间，地下一层设中央广场（1.68公顷），作为换乘各种交通工具和通往业务区的步行人流的空间，同时还设有商店和停车场。在地下二层修建具有420辆停车能力的公共停车场。广场中央设排吸空气的椭圆形开口，供汽车出入。在坡道之间设喷水池，可美化环境并起消防作用。

在地区西部设有新宿中央公园,面积9.5公顷。

新宿副中心建设是改造东京为多中心结构的开端。随着这个副中心的建设,东京的人口已由原中心逐渐向西移动。由于东京禁止在中心三个区进行新建筑选址,将一些事务所大楼安排在副中心,因此副中心已减轻了都中心的一部分压力。

图18-34 新宿西口站前广场

二、法国巴黎德方斯

为分散巴黎市中心的经济与行政职能,打破巴黎城的聚焦式结构,巴黎地区长远规划决定在巴黎市区边缘建设9个综合性地区中心,每个可为其周围100万居民服务,德方斯是其中最早得到整建的一个。

德方斯(Défense)位于巴黎西北,塞纳河畔。东距凯旋门5公里,与卢佛尔宫、星形广场在同一条东西轴线上,全部规划用地为75公顷,分A、B两区。A区(图18-35)东西长1300米,用地160公顷,规划以贸易中心为主的贸易、办公和居住的综合区。1965年开始建设,可容居民2万人,工作人员10万人,约有30多幢30～50层左右的高层办公建筑。布局的方式是高层办公楼、旅馆与5～10层住宅以及1～2层商业建筑沿着该区中央广场及大道交错与毗邻布置(图18-36),以求工作与居住地区比较邻近,上下班方便。B区范围很大,有大片公园,规划比较松散,是一个行政、文教和居住三者结合的综合区。

具有高效率的现代化综合贸易中心是在A区。A区中央是一个巨大的步行广场(图18-37、图18-38、图18-39),用一块长900米,面积48公顷的钢筋混凝土板块将下面的交通

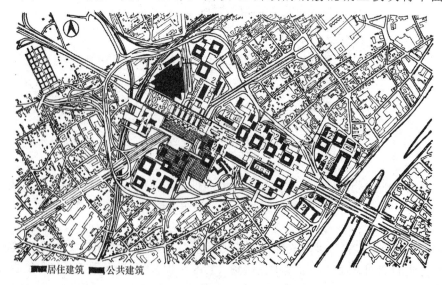

■居住建筑 ■公共建筑

图18-35 德方斯A区规划
1—学校;2—办公楼;3—展览馆;4—会场

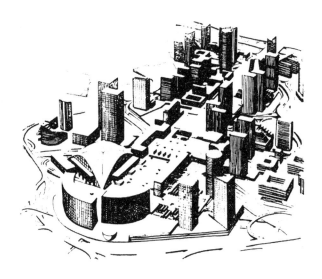

图 18-36　德方斯 A 区建筑群鸟瞰

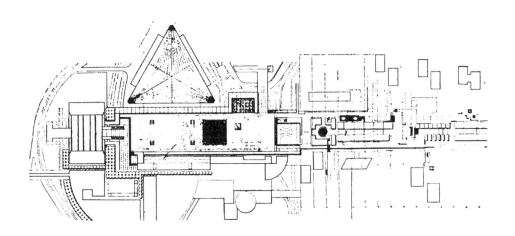

图 18-37　德方斯 A 区步行广场平面

图 18-38　德方斯 A 区步行广场透视

（图 18-38）全部覆盖起来。在板块的下面，公路在上，地铁在下，铁路的标高在地铁和公路之间。地下停车场可停放车辆 32000 辆。地面上有高架快速铁路线以及高出人行广场 3～5 米的短距自动行人带。

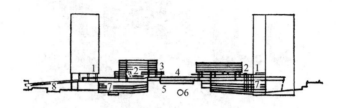

图 18-39　德方斯 A 区断面
1—办公楼；2—住宅；3—商店；4—中央庭园；5—地下干线；6—地铁；7—停车场；8—环路

三、罗 斯 福 岛

资本主义各发达国家的内城衰退，以美国为甚。由于内城环境恶化，人口外流。60～70 年代以来，政府实施了各种复苏内城的计划。有的国家停建或缓建新城，把省下的资金用于建设内城以图解决内城衰退问题。

美国在纽约曼哈顿岛旁修建罗斯福岛，即是为内城复苏而进行的城市更新与改建。

罗斯福岛位于纽约市曼哈顿区与昆斯区之间的东河上，长 3.2 公里，最宽处 244 米，面积 59.5 公顷。1950 年以前，这里是一个人烟稀少的小岛，仅有监狱、感化院和慢性传染病医院等少数建筑。1969 年为复兴内城，在美国联邦政府资助下，开始规划和建设这个"城中之城"。

罗斯福岛的建设体现了如下一些基本特点：

1. 为不同收入和不同种族的居民建造各种类型的新型住宅。

岛北和岛南两个居住区，共规划 5000 个住宅单元。由于这两端规划设计的房屋比较密集，因此岛上其余 1/3 的土地留作空地。整个岛上还布置了学校、幼儿园和社区中心、运动场所以及其他社会福利设施。

2. 创造了不受车辆交通影响和不受污染的环境。

来往于曼哈顿岛和罗斯福岛的交通采用了空中缆车，是全美第一个把空中缆车用作城市公共交通的城市。岛上的短程交通系统，以无污染的电动公共汽车为主要交通工具，免费接送乘客。全城仅有一条车行道，装卸货物或护送病人。岛上居民的活动为步行和骑自行车。

3. 有良好的公园绿地、娱乐设施、社区设施和商业服务设施。

由于岛的长度大于宽度 10 多倍，全岛以一些带状公园来分隔建筑群。岛上以大块绿地来组织众多的公园和娱乐设施。岛上设置学龄儿童及入托儿童的各种学校和日托中心，并有各种丰富多样的商业服务设施。

为了扩大居住用地，1975 年 OMA 建筑事务所曾提出新的居住区规划设计方案（图 18-40）。

4. 有良好的城市景观。

为了便于远眺，每个建筑群都呈 U 字形，以阶梯状向沿河一侧降低，最低处为 4 层。

从而尽可能使更多的公寓能眺望河景。岛上河岸有用矮墙围起来的座位和台阶,可供居民闲坐或野餐之用。

四、巴比坎中心

巴比坎中心位于伦敦中心地区,即伦敦城(City of London)的辖区内,这里是英国最大的金融、贸易中心。自 1666 年伦敦大火后,这个地区一直是把经贸区与生活居住用地严格隔开,以致白天人满为患,而晚上空无居民,成为社会治安最为严重的地区之一。二次大战期间,这个地区几乎夷为平地,仅剩下一座教堂和古代残留的城墙。战后为振兴内城,于 1955 年开始规划设计,于 1981 年完成了全部建设任务,为内城创造了良好的居住环境。它表明了对内城改建的重要现实意义和实现的可能性,增强了城市当局对减少中心人口往郊区疏散和避免内城中心地区日益衰颓的信心。这个地区的城市更新与改建的成功,曾博得各国规划界的好评。

巴比坎中心(图 18-41、图 18-42)占地 15.2 公顷,是一个兼作大型文艺活动和生活居住的综合中心。其生活居住部分设有 2113 套住宅,住1600 人,并有一栋 16 层高的学生、青年宿舍及女校。其文化艺术部分,占地 2 公顷,在一栋 10 层建筑的体量内(其中 4 层在地下)容纳了艺术中心的所有内容如音乐厅、剧场、音乐戏剧学校、电影院、图书馆、艺术画廊、展览厅、雕塑展览院和餐厅等等。

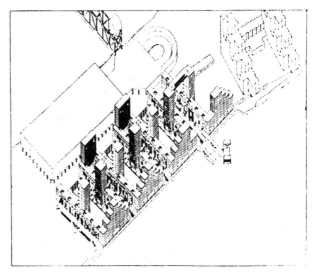

图 18-40　罗斯福岛新居住区规划

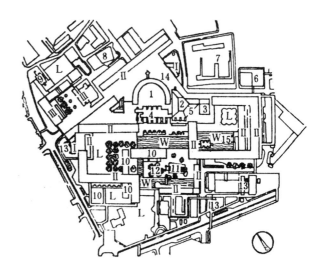

图 18-41　巴比坎中心平面

1—音乐厅;2—音乐、戏剧学校;3—剧院;4—图书馆和美术馆;5—温室、花房;6—公共服务处;7—酿酒厂;8—残疾者学院;9—学生宿舍;10—伦敦女子学校;11—教堂;12—广场;13—商场;14—底层商店;15—水上运动场;W—水池;L—草坪;Ⅰ—塔式住宅;Ⅱ—多层住宅;Ⅲ—庭院式公寓

由于艺术中心位于居住小区内,为创造一个安静的步行区,采用了在空间上分层布置各种设施(图 18-43)的办法。区内设置了面积为 5.2 公顷的底座层。区内道路、底层商店、部分文化中心、汽车库和穿过综合区的城市车行道均设于底座层内。底座层上面形成一个大平台,将各个建筑联结起来。平台上有低层住宅,有 U 形、Z 形带挑台的多层住宅,有

2 幢 38 层和 1 幢 40 层的塔式住宅。区内北部基座下设置地铁车站,对外交通方便。

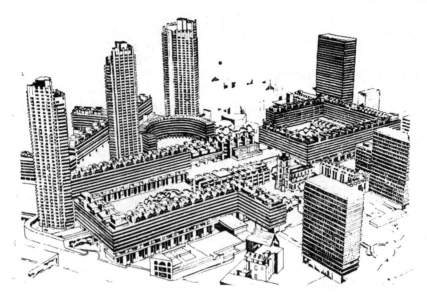

图 18-42　巴比坎中心全貌

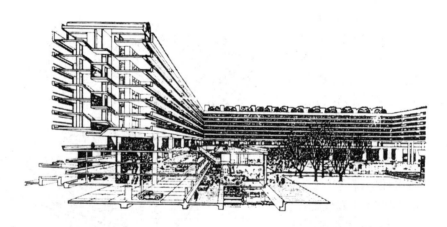

图 18-43　巴比坎中心文化艺术区空间分层剖面

巴比坎中心在景观上作了精心设计。有面积约 1 公顷的装饰性水池,把中心南部几个庭院联系起来,形成和谐的整体,还保留了古罗马时期城墙的几处遗迹,并已精心组织到周围景观中去。

巴比坎中心解决了居民就近工作并提高了土地利用率,尽管其建筑密度高达 570 人 / 公顷但仍保持 9.3 公顷空场和 3.25 公顷可供观赏的庭园和水池等,为居民创造了良好的生活环境。

为改造内城,1971 年还对附近的商业街进行了规划。在南边还要建 6 个 18 层的塔式住宅,若干个 8 层的住宅。北边还要建 35 层的办公大楼和两个较低的大楼及一个广场等等。

巴比坎中心从着手规划到建成,花了 1/4 世纪的时间,说明内城核心地带的更新与改建确是难度较大。

第七节 60 年代以来的科学城和科学园地

60 年代以来，各国都相继建设以教育、科研、高技术生产为中心的智力密集区，即科学城或科学园区。其中比较著名的有日本筑波科学城、关西文化学术研究都市的构思、九州硅岛、美国加利福尼亚州硅谷、波士顿 128 号科学综合体、英国剑桥科学园、苏格兰硅谷、法国的法兰西岛和正在兴建的西欧最大的科技城索菲亚、安蒂波利斯科技城、加拿大的北硅谷、联邦德国的新技术创业者中心等等。

一、筑 波 科 学 城

目前世界上已有 150 多座各种类型的科学城，但只有 50 年代开始建设的苏联西伯利亚科学城和 80 年代建成的日本筑波科学城，才称得起名副其实的科学城。

筑波科学城于 1968 年开始建设，其建设目的有二，一是为了适应时代要求，促进尖端科学技术水平的提高和改善高等教育，二是为缓解东京市人口过于拥挤的困境。它坐落在东京的东北部，距东京市中心约 60 公里，距茨城县土浦市约 8 公里。其东南方向有东京国际新机场，北面有关东名胜筑波山，东面是日本第二大湖霞浦。区内有 4 条河流，是一座包围在松树林中的田园城市。

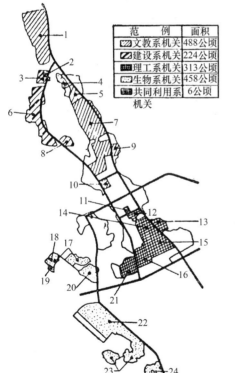

范　例	面积
文教系机关	488公顷
建设系机关	224公顷
理工系机关	313公顷
生物系机关	458公顷
共同利用系机关	6公顷

1—高能物理所；
2—国立教育会馆分馆；
3—建筑所；
4—电气通信技术开发中心；
5—防灾科技中心；
6—土木所；
7—筑波大学；
8—国土地理院；
9—实验植物园；
10—图书馆短期大学；
11—共同利用设施；
12—金属材料技术所分室；
13—无机材料研究所；
14—筑波宇宙中心；
15—工业技术院本院一部、计量所、机械所、工业试验场、微生物技术所、纤维高分子材料所、地质所、电子技术所、制品科学所、公害资源所；
16—气象所、气象台、气象仪器厂；

17—蚕丝试验场；
18—卫生研究所医用灵长类中心及药用植物研究设施；
19—公害研究所圃场；
20—果树试验场；
21—公害所；
22—农业技术所、农事试验场一部、农业土木试验场、家畜卫生试验场、食品所、植物病毒所、热带农业中心、林业试验场、农村水产技术事务局一部；
23—畜产试验场；
24—林业试验场

图 18-44　筑波科学城规划

整个科学城（图 18-44）占地约 28560 公顷，相当于东京市区的一半。绝大部分是海拔 20～30 米的台地，规划人口为 20 万人，其中学园区 10 万人，市郊发展区 10 万人。这两个地区起着相互平衡和相互调节的作用。

这个城市被称为"原子城"、"电算城"或"国际头脑城市"，城市各项设施异常先进。城市无噪声，无环境污染，并采用区域性空调与供冷供热，以无线电、电视、地下电缆以及其他先进设施向全国传递和输送科学情报，城市设施核能化、电算化。

学园区位于新城的中心位置，东西宽6公里，南北长18公里，面积为2700公顷，保留了城市历史遗产与自然风景，绿化面积广阔。学园区中部布置了一个市中心（图18-45、图18-46），南北长2.4公里，东西宽300～500米，是行政管理、科技交流、社会和文化中心以及商业中心。

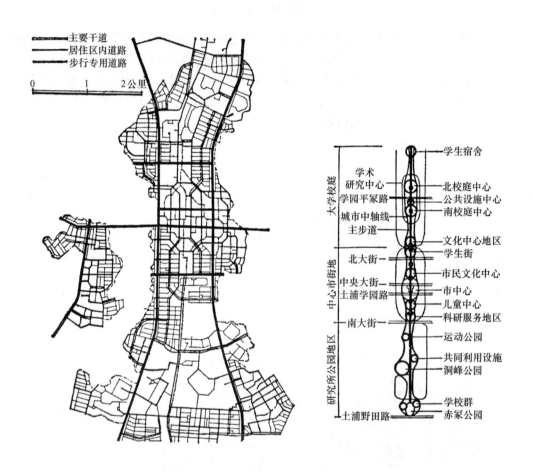

图18-45　筑波市中心路网与中轴线布局

在科研教学区中，所有机构按不同性质分成5个小区，即文教、建设、理工、生物以及共同利用设施。每个系统有一组别具一格的建筑群。

在市郊发展区中，尽量保护自然环境以建设成为近似于市郊农业区，以保持一个对科学城最为适宜的环境。

为形成良好的城市环境，并充分体现以人为主体的城市空间，以步行者专用道路网的主步行道作为城市中轴线，把城市的市中心区、大学和科研区联系起来，以获得空间的连续性，使城市成为一个有机整体。市中心区的主步行道长约2.5公里，其中设有6个广场，形成一个整体。在中心广场南北各 400 米的区间是城市活动较集中的市中心。中央建筑群是中轴线的中心，也是城市的核心。

筑波城的建设对推动日本向科技高峰冲击起着极为重要的作用。但筑波模式也显露出一些缺陷，主要是科研和产业联系不多，城市功能过于单一。

二、日本关西文化学术研究都市构思

日本继筑波之后，又建设了九州半导体工业基地以及以广岛、吴港两市为中心的技术密集城市圈以及其他一些规模较小的科学园区。从这些实践中归纳出的结论是需要注意两个首要目标，即寻求 21 世纪的科学新体制和创造一个工业化后社会的城市典型，要兼顾 4 个方面，即振兴学术、发展企业、调整地域结构和以新的方式形成新的城市。这些观点，在 1978 年提出的建立"关西文化学术研究都市"构想中得到具体体现。

图 18-46　筑波市中心鸟瞰

1981 年日本公布了《关西科研综合体》计划，提出在全面加强关西地区学术研究的同时，在京都、大阪、奈良三个府县交界的丘陵地区建设一座科学城，作为关西科研综合体的核心。这个科学城的建设已于 1985 年 10 月破土动工。

关西科学城选在日本文化摇篮近畿地区，开发土地 2500 公顷，按组团式发展，呈分子型多中心结构。

关西科学城规划方案的特点：

1. 选址布点

关西科学城的规划位置距京都、大阪各 20～30 公里，距关西国际航空港为 60 公里。它位于西日本的中心，与东京、横滨都市圈呈东西对应之势。这个地区靠近大阪湾，气候温润宜人。附近的山系丘陵遍布森林。平原上有大片土地可供开发，且河网密布，农田绵亘，具有美丽动人的自然风光。

该地区位于难波、飞鸟、奈良、京都这一日本文化发祥地的轴线上，有历史和文化方面的优势及进行文化学术研究的巨大潜力。

这个地区也有雄厚的经济实力，发达的交通，优良的贸易环境和完整的城镇体系。

2. 网络观点

为建立向横广方向、多层次多元发展的交叉科学体系，协调社会科学、自然科学与工程技术之间的有机联系，关西科研网络与日本其他科研网络以及国际大网络相互协作，使每一个科研集合点都具有网络的功能。

在研究网络中，现有大城市的大学和研究单位作为一般结点被提高和加强。关西科学城位于网络中心，承担最主要最广泛的学科与产业之间联系的任务。

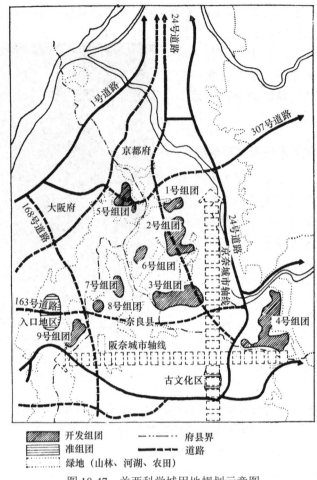

图 18-47　关西科学城用地规划示意图

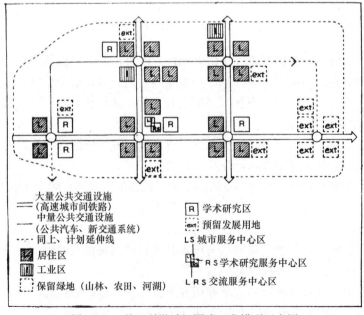

图 18-48　关西科学城组团式开发模型示意图

3.创造富有吸引力的城市生活环境

关西科学城方案着力把科学城建成一个具有浓厚文化气息，有优美自然环境和生态平衡的城市，并以其秀色宜人的田园风光，东方情调吸引学者前来研究和定居。

4.组团式的城市结构与发展方式

关西科学城采用分子型的多中心结构。整个城市由9个组团（小城镇群）和2个准组团组成（图18-47）。开发土地面积共约2500公顷，规划人口12万人。规划保留了850公顷为有关文化、学术研究和产业等机构发展用地。各组团之间的空间将作为绿地保留。每一组团（图18-48）均留有为将来发展的备用地。9个组团在功能上有分工。第五、九组团为情报、研究。第二组因为研究、游乐。第四、八组团为产业、研究。第一、七组团为教育、研究。第三组团为学术、研究、情报。9个组团中以第三组团最为重要，其规模最大，功能最多，位置居中，作为城市的中心，担负主要的对外交流的功能。两个准组团，一个在城市进口处，作为体育、游乐中心。另一个位于奈良市平城宫旧址一带，作为游览、研究、文化中心。

采用组团式规划布局的优点是，有利于保护生态环境；有利于形成良好的社区；有利于分期发展。可以在不修改总体规划的情况下，适应条件变化的新情况。

三、科 学 园 区

科学园区于50年代首创于美国，是美国为发展尖端技术，在世界科技领域内保持领先地位所采取的一种战略措施。最早的科学园区是1951年美国斯坦福大学划出闲置的大片土地以建立的斯坦福科学园区。其后美国建立了60多处科学园区，其中有以大学为轴心发展起来的科学工业综合体；有以联邦研究机构为中心形成的科学工业综合体；有以大公司自成系统的科研生产网络。其中最负盛名的是旧金山南面的硅谷，还有波士顿郊外的128号公路科学综合体。

硅谷

硅谷（Silicon Valley）（图18-49）位于加利福尼亚州北部，介于旧金山和圣·胡安两城之间，是一个长48公里、宽16公里的狭长地带。它是美国的半导体——电脑业的心脏，因生产电子工业的基本材料硅片，故名硅谷。硅谷是个城市化地区，有二、三百万人口。该地区有好几个城镇，其发源地是帕罗阿图镇。其南进入硅谷中心地带，有桑尼、库帕提诺和圣·克拉拉三镇。硅谷的南端是圣·胡安市，这里主要布置住宅区。这个城市是近年来全美扩展最快的城市。

硅谷具备成为新兴工业中心的

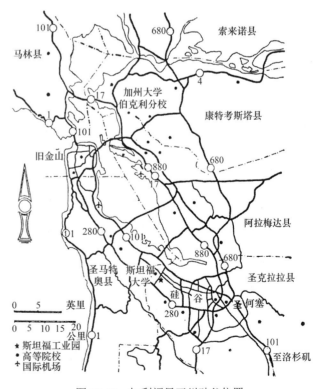

图18-49 加利福尼亚州硅谷位置

历史、社会和经济条件。这里有第一流的大学，有承担风险的投资公司，有掌握最新技术的科技人员和企业家的高度密集，还有宜人的气候和舒适生活的吸引。

美国波士顿西南 128 号公路科学综合体

在波士顿郊区沿着一条近 90 公里长的环城公路即 128 号公路，设置了一个科学综合体（图 18-50）。这条公路干线成为风行一时发展科学技术企业的地方，这里不仅集中了几百家从事研究和生产的公司，同时还有著名的哈佛大学和麻省理工学院等教育研究机构，有国家重要的实验中心如联邦政府的研究中心——林肯实验室等。高技术企业和科研人员的集结，使这一地区的信息来得快，生产周期短，经济效益高，新产品不断涌现。

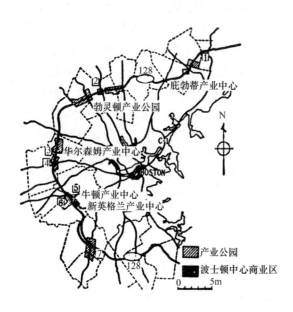

图 18-50　波士顿 128 号公路科学综合体

剑桥科学园

大学建立科学园是为扩大大学的先进实验装备与工业进行合作以建立科学综合体。

欧洲最著名的科学园是英国剑桥科学园（Cambridge Science Park）。它占地仅 6.7 公顷，但土地利用率已达 100%。

第八节　60 年代以来的古城和古建筑保护

60 年代末和 70 年代初以来，对古建筑和城市遗产的保护已逐步变为世界性的潮流。这个问题得到世界范围的关注，是从针对那些威胁到古城的事件开始的。1966 年在佛罗伦萨和威尼斯的水灾，暴露出一些欧洲最著名的古城处于危亡的边缘，引起了对遗产保护的世界性关注。1972 年 11 月联合国通过了一项"保护世界文化与天然遗产公约"，成立了世界遗产委员会。同年，欧洲各国外长会议决定把 1975 年作为欧洲建筑遗产年。1977 年国际建协制订的历史性规划大纲马丘比丘宪章，把保护传统建筑文化遗产提高到重要高度。1978 年 10 月召开了全美洲"保存艺术遗产讨论会"。1979 年联合国确定了 57 项文化古迹作为第一批世界文化和天然遗产，仅亚洲就有 18 个城市被列为世界性重点保护的城市。1980 年法国总统提出把该年作为"爱护宝贵遗产年"。这些世界范围的保护活动，使国际上对建筑遗产和古城的保护超出了文化界、建筑界的领域而近乎全民运动。

国外对古城和古建的保护已扩大到文物环境的保护，即对拥有古建筑较多的有价值的街区实行成片保护，直至整个古城的保护。保护内容还包括乡土建筑、村落以及自然景观、山川树木，对具有浓郁地方民俗特色的乡土环境和民间文化进行了保护。下面就欧洲、美国、中东、非洲、日本等国的某些古城和古建筑保护作一概述。

法国巴黎

法国共有 12600 处古迹和 21300 座历史性建筑物均受到法律保护，其中大多数是城堡庄园、宅第和教堂。

　　法国1962年公布了马尔罗法。该法规定对若干城市地区进行全面性的保护规划。在巴黎，有11个区被指定加以保护。1977年通过的法令把巴黎分成三个部分。1. 历史中心区，即18世纪形成的巴黎旧区，主要保护原有历史面貌，维持传统的职能活动。2. 19世纪形成的旧区，主要加强居住区的功能，限制办公楼的建造，保护19世纪统一和谐面貌。3. 对周边的部分地区则适当放宽控制，允许建一些新住宅和大型设施。

　　巴黎被称为世界上最美丽的城市之一，除保存了像卢佛尔宫、巴黎圣母院、凯旋门那样的文物古迹外，它完整地保持了长期历史上形成的而在19世纪中叶为奥斯曼改造了的城市格局（图18-51）。历史上特有的巴黎式纵横轴线，广阔的古典园林，气势壮丽的宫殿、教堂、府邸，全城统一的石砌建筑，连绵不断的横廊，带着窗户和烟囱的坡屋顶和划一的檐口线与塞纳河一起，组成了巴黎特有的城市交响乐。

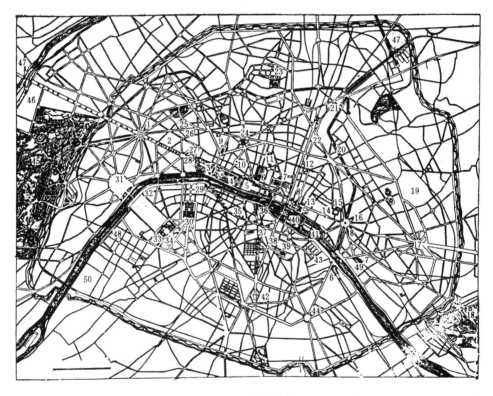

图18-51　巴黎城市格局

1—凯旋门；2—香榭丽舍；3—协和广场；4—土勒里花园；5—卢佛尔宫；6—旧皇宫；7—中央商场；8—蓬皮杜中心；9—马德雷教堂；10—旺多姆广场；11—交易所；12—塞巴斯托波尔林荫路；13—市政厅；14—李沃斯大街；15—沃土日广场；16—巴士底广场；17—民族广场；18—梵桑斯森林公园；19—拉雪兹神父公墓；20—共和广场；21—圣马丹运河；22—斯特拉斯堡林荫路；23—圣心教堂；24—巴黎歌剧院；25—欧斯曼林荫路；26—圣欧诺瑞林厢路；27—爱丽舍宫；28—艺术宫；29—议院；30—残废军人收容所（军事博物馆）；31—夏依奥宫；32—埃菲尔塔；33—演兵场；34—联合国教科文组织总部；35—圣热曼大街；36—法兰西学院；37—卢森堡宫；38—圣米契尔林荫路；39—国家名流公墓；40—圣母院；41—圣路易岛；42—天文台；43—动物园；44—意大利广场；45—波罗涅森林公园；46—乃依桥；47—德方斯；47—拉维莱特区；48—弗隆德塞纳区；49—贝西区；50—雪铁龙区

瑞士伯尔尼

　　瑞士伯尔尼老城是13世纪开始发展的，城市主要为木构建筑。1405年遭受一场火灾，城市几乎全部被毁，后来用石灰石加以重建，至今500多年还是完整地保持原样。城市三面环水，有多座桥梁把两岸老城区和东岸新区连接在一起。老城被划为绝对保护区（图18-52）。在该保护区内旧建筑一律不许拆改。这里有几百年前修建的集市、商业区、街道两旁的拱廊。街口保存着中世纪城门以及中世纪的井泉，井泉上耸立着身穿甲胄的武士和建都时以熊命名的雕塑。各种博物馆、大剧院、医院等也都有三四百年的历史。

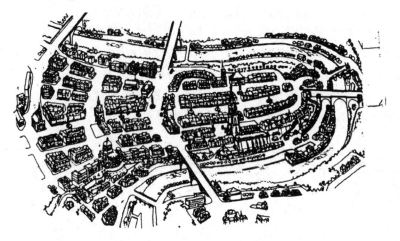

图18-52　伯尔尼老城绝对保护区

　　这座古城，几百年来一直保持着中世纪古色古香的风格。这里有各式各样的红瓦屋顶的建筑群。那尖形的塔楼、圆形的钟楼、绿色圆顶的宫殿式大厦、哥特式的尖顶教堂、古朴雅致的商店、石砖砌铺的广场，丰姿多彩，引人入胜。

南斯拉夫三种类型的古城

　　斯拉夫部落于7世纪初来到巴尔干半岛，建立了自己的国家。它先后受过土耳其、威尼斯帝国及奥匈帝国的统治和相应的文化影响，形成了沿海是地中海型城市，南部是土耳其东方型城市，北部是中欧型城市。

　　南斯拉夫十分重视对古城风貌的保护，保护其历史价值，展示其文化、历史进程，并赋予它新的生命，如地中海型城市杜勃洛夫尼克，以它保存完好无缺的石城风貌而闻名世界。萨拉热窝是一个土耳其型的城市，在那里保留着许多伊斯兰教的穹顶式教堂和经塔。卢布尔亚那市是一个中欧型城市，以城堡为中心的老城区和巴洛克风格，以市政厅为中心的广场，仍是完整地被保存下来。

土耳其伊斯坦布尔

　　伊斯坦布尔位于博斯普鲁斯海峡两岸。海峡东部是郊区，位于亚洲大陆。海峡西部在欧洲，被河流分成南北两块。北岸是城市现代部分，南岸是古城所在地，是一个三面环水的半岛。古城始建于公元前7世纪，是古希腊的殖民地，目前在半岛的东部尖端还残留着卫城遗址。公元330年君士坦丁大帝在此建立新都。为炫耀帝国权力，把新都建在七山上面。公元395年成为拜占庭帝国首都，又建造了一条新的防御城墙。这个城墙仍保存至今。公元1453年伊斯兰教国家奥斯曼帝国建都于此。

　　伊斯坦布尔是世界上有名的三大美丽港埠之一，气候宜人，古迹众多，成为世界著名的旅游胜地。长期以来，控制历史半岛上的建筑高度已成功地保护了历史上形成的城市轮廓线。

1979 年联合国教科文组织与当地政府共同制订了古城保存规划（图 18-53），明确整个历史半岛在城墙以东地区划分为两个保护区，即东部的历史半岛区被划为严格保护区。保存的重点是拜占庭和奥斯曼帝国时期的主要城区，作到基本上保持古城原貌。其西部直到城墙地段被划为历史古城的环境影响区。在半岛东部沿海岸线修建供人们观赏大海的步行游览路。在主要的建筑古迹之间尽可能进行绿化和组成空间布局上的联系，构成城市建筑景观序列，使古迹构成有视觉联系的有机整体（图 18-54）。

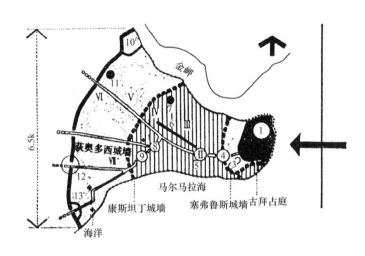

图 18-53　伊斯坦布尔古城保存规划

1—卫城；2—索菲亚教堂；3—海波特罗姆；4—康斯坦丁广场；5—获奥多西广场；6—瓦伦斯导水渠；7—潘把克雷教堂；8—鲍维斯广场；9—阿卡迪斯广场；10—布拉切涅皇宫；11—卡利教堂；12—雷金门；13—金门和耶迪丘尔教堂；Ⅰ-Ⅶ—表示七个山头

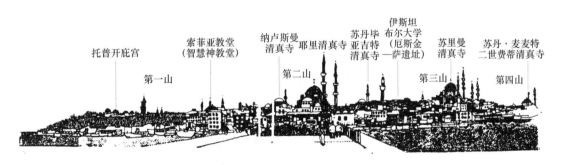

图 18-54　伊斯坦布尔古半岛的天际线

古城保存规划（图 18-55）对 3 个重点区进行了详细规划。3 个重点区各有历史特征，有以拜占庭文化为主的泽瑞克（图 18-56、图 18-57），有以奥斯曼时期为主的苏莱曼尼叶，有以工程规模巨大，对研究军事史很有意义的城墙地带。在这三个地区内保留有各个时期的传统民居及其他类型建筑的典型，使之起到具有各个历史时期城市面貌缩影的作用，并保存了整个历史环境的气氛。

233

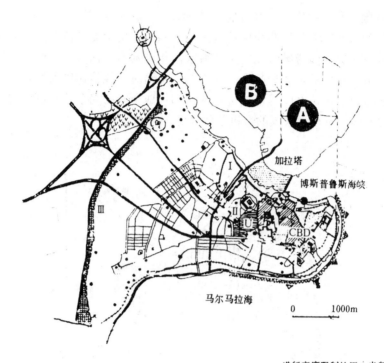

对历史半岛东部地区制定详细的
古迹保护措施（包括泽瑞克区）

CBD历史半岛的
中心地区

进行高度限制的历史半岛
西部（为广泛的影响区）
U伊斯坦布尔大学

三处重点文物保护规划区

Ⅰ 泽瑞克　　Ⅱ 苏莱曼尼叶　　Ⅲ 古城墙地带

图 18-55　伊斯坦布尔三个重点保护区规划

保存的木房
恢复传统的街道立面
近代建筑的公寓
重建近代建的木房
主干道沿历史的奥斯曼街道

图 18-56　泽瑞克区古迹保护规划

A—潘托克莱托（Pantocrator）拜占庭博物馆和研究中心；B—主要拜占庭考古遗存区；C—毛拉·泽瑞克
（Molla Zeyrek）清真寺；D—旅游者接待亭；E—步行广场和乡土市场；F—规划的公共健身中心；
G—现有的街道商店；P—旅游者停车场

视点 1 的建筑景观
（靠近潘托克莱托）

视点 3 的建筑景观，从潘托克莱托
看新的步行空间和乡土市场

视点 2 的建筑景观

图 18-57　泽瑞克区传统建筑景观

美国威廉斯堡

1776 年美国独立以前，威廉斯堡原是英国殖民统治者的中心。现整个旧城被划为绝对文物保护区，作为生动的美国历史博物馆。

旧城（图 18-58）长约 1500 米，南北约六七百米。在旧城内一切保持 18 世纪时的原样，那里有殖民时期的议会大厦、英国总督的府邸、法院、贵族住宅以及街上旧时的商店、作坊等等。城郊仍保留 18 世纪的风车、磨坊、农舍、麦仓和菜地、畜棚等。

旧城服务人员与导游都穿着 18 世纪的服装，街上可看到作坊里的工人在打铁，用老式办法印刷等等。

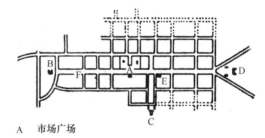

A　市场广场
B　国会
C　地方长官署
D　威廉与玛丽学院
E　布鲁顿教区教堂
F　格罗赛斯特公爵大街

图 18-58　美国威廉斯堡绝对保护区

埃及开罗

19 世纪以前，开罗一直保留着中世纪的风貌，后发展的新区在旧城西边与尼罗河东岸之间的沼泽地以及尼罗河西岸，使新区与旧区分开建设（图 18-59）。

在旧城区成片地保护有价值的传统建筑。对于有代表性的建筑古迹均按原样保护，并重视周围环境的协调。如阿尔·休桑区有一组重要的广场建筑群，在总体上保持了原有风貌，保存了原有的重要历史性建筑，即建于公元 970 ～ 972 年的阿尔 - 阿扎（Al-Azhar）清真寺等。新建的 3 幢新建筑的平面、空间设计，采用传统的格局，使传统风格与现代的需要结合起来。又如旧城的城堡，是一组有历史价值的建筑群。从公元 1170 年建造城堡开始，到 1830 年建造阿里清真寺，中间 7 个世纪修建的各类建筑，现都按原样修复。再如建于公元 876 ～ 879 年的图伦（Tulum）清真寺，从建筑本身到周围环境全面保持原有面貌。

至于金字塔，除全面维修保护外，还与开罗城市取得有机的联系。

图 18-59　开罗旧城保护

日本京都、奈良

日本的京都和奈良，古称平安京、平城京，都是仿照我国唐长安建成的。它的棋盘式方格网道路系统仍保留至今。大量的寺院、宫殿经历了上千年的岁月，仍然存在。

日本对历史古建筑的保护着眼于对其环境的保存，对有些古城，如京都奈良，已扩大到对整个历史古城的保存。

1966 年日本颁布了《关于古都历史风土保存的特别措置法》，主要适用于京都、奈良、镰仓三个古都城市。其重点是保存历史风土，即"在历史上有意义的建筑物、遗迹等，同周围自然的环境形成一体，要重视古都的传统文化，以及已形成的土地状况"。历史建筑物和遗迹在日本被称为国宝、文化财富。古都保存的任务是保护国宝、文化财富周围的历史风土环境。

对没有条件复原重建的古建筑，根据不同情况做不同处理，如奈良平城宫遗迹已发掘 1 平方公里，将柱基础遗迹展示地面，可以看出当时的规模。

日本对 500 年以上的建筑全部定为文化财富加以保护，如京都二条城、御所等，虽几经修复、改建、扩建，虽不全是平安京时代的原状，但仍丝毫未动地保护着。

第九节　60年代以来的城市中心、广场、步行商业街区、城市园林绿化、城市雕塑、街头壁画

　　60年代以来，一些发达国家为解决内城衰退，重新恢复大城市的吸引力，产生了城市复兴运动，把改善内城的生活环境放在非常突出的地位。又由于西方社会价值观念发生重大变化，评价当代城市先进水平的标准已转为"历史、文化和环境"。从着重注重空间转为注重场所（Place），其含义包括空间、时间、交往、活动、意义等的综合内容。

　　60年代以来，各发达国家在城市中心、广场、步行商业街区、城市园林绿化、城市雕塑等方面均有新的建设成就。

一、城　市　中　心

　　60年代以来，各国城市中心的新建与改建，均有新的进展。它们都从完善整体环境、组织空间序列、美化建筑造型，给人以美好的环境印象。它们是城市中最繁华和最生气勃勃的地方，执行城市众多的不同功能，满足各自的要求，创造出最美丽的画面和富有变化的环境。它们是城市生活的焦点，对一个城市在环境美方面的评价在很大程度上取决于从市中心获得的印象。

费城市中心

　　费城是美国较古老的城市。整齐的方格形路网组成了城市的基本骨架。两条主要道路交叉平分这个城市，形成南北向和东西向的轴线，交叉点有市政厅和市中心广场。由市中心广场还引出一条宽阔的放射状林荫道。在这些轴线划分的区域内，设置了若干次要的广场和中心（图18-60、图18-61）。

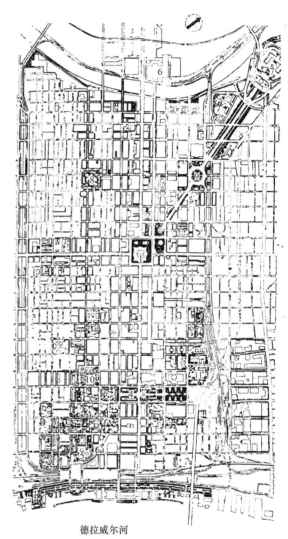

德拉威尔河

图 18-60　费城中心平面

1—市政厅；2—宾州中心；3—市场广场；4—独立步行街；
5—协会大厦；6—停车场；7—博物馆；8—列顿大楼广场；
9—洛根广场；10—华盛顿广场；11—法兰克林广场

　　费城中心区的改建规划基本上保留了原有的格局，花了很大的力量对几条18世纪的很好的街道进行了整建，无疑是城市改建的壮举。但由于在这几条街上插进了几座摩天大楼，使这个地区的外貌与18世纪的尺度有些离异。费城商业中心采用集中紧凑布局，与它邻接

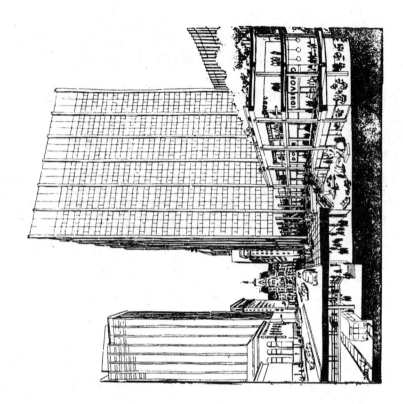

图 18-62　费城市中心区地上地下交通服务系统

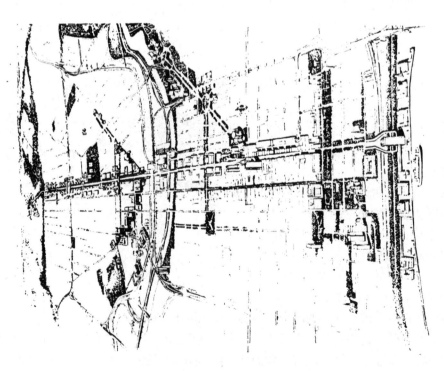

图 18-61　费城市中心鸟瞰

238

的地区将重建和开发为居住区。

费城市中心区有完善的交通服务系统，即环状高速道路、地下铁道和高速步行街。环状高速道路围绕长方形街区，沿线设有容纳14000辆汽车的停车库。停车库还深入到市中心核心部分内。市中心地下有地下中心广场，地上有散步林荫道，它的端部与地下电车停车场相连（图18-62）。

分散在中心地区的许多零星工业点进行了必要的调整。在北部沿铁路和快速干道组织了中心区边缘新的集中工业区。沿东西两侧水面组织大片绿地和商业文娱设施，以丰富居民的物质文化生活和城市的自然景观。

美国波士顿政府中心

美国从60年代起，对费城、波士顿、巴尔的摩等大城市的市中心地区进行了大规模的改建工作。波士顿政府中心（图18-63、图18-64、图18-65）是其中已改建完成的一个例子，改建面积24公顷，于1962年完成总平面设计。这个地区的91%的房屋质量低下。1969年对85%的房屋进行了拆建，原来的22条窄街与众多的交叉口，已改造成为3条宽阔的主干道和3条次干道。新的道路网便捷通畅，与步行区严格分开。区内打一个完美的步行交通系统，与周围地区以步道联通，原有的4个快速公共交通车站也进行了现代化装备。

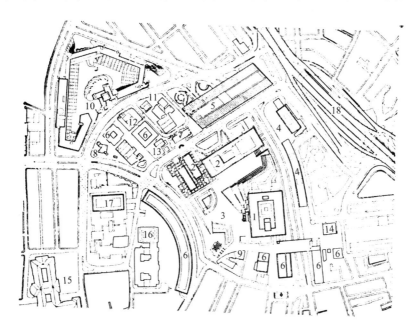

图 18-63　波士顿政府中心规划

1—市政厅；2—肯尼迪联邦事务局；3—政府中心广场；4—汽车旅馆；5—多层车库；6—私人企业事务所；
7—警察署；8—教会；9—新月大厦；10—州服务中心；11—犹太人服务中心；12—邮局；13—霍金斯三十大街；
14—会堂；15—州议会厅；16—裁判所；17—州事务局；18—中央干线道路

政府中心主要建筑物有波士顿市政府、联邦大厦、州办公大厦、州服务中心、邮局、公共福利大楼、警察厅、退伍军人转业办公楼以及车库与公共汽车枢纽站等，共可容纳25000办公人员。

建筑群的总体布局有统一的规划，广场、绿化、建筑小品等处理都较好。公共建筑群的单体设计因各自争艳，建成后，不甚协调。

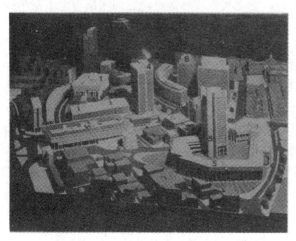

图18-64　波士顿政府中心建筑群　　　　　　图18-65　波士顿政府中心广场

加拿大多伦多市中心

多伦多是加拿大的金融中心，是个规划比较完整、紧凑和有效率的城市。1954年开始建设的地铁所经之处，把许多高楼大厦吸引至它的周围。地铁路线呈U字形。这个由摩天大楼组成的U字形山脊就是多伦多的市中心。

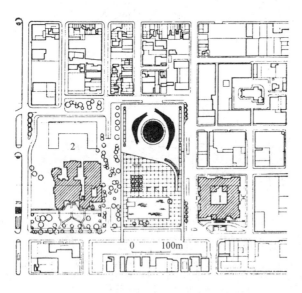

图18-66　多伦多市中心平面
1—旧市政厅；2—会堂

1965年按竞赛中选设计方案建成的新市政厅（图18-66、图18-67）考虑到既要与邻近的古老的罗马式古市政厅相协调，又要与金融区的摩天大楼相呼应，因此将市政厅设计成两个对峙的圆弧形建筑，一幢为20层，79.25米高，一幢为27层，99.55米高。两幢弧形建筑拥抱着中间蘑菇状的议会大厅。大厅前为菲利普广场。广场上有一个巨大的水池和喷泉，三道雕塑性大拱圈横跨于水池上空，与主体建筑的曲线相呼应。这个广场冬天可作为滑冰场。这里是市民聚会游憩的场所，经常有音乐会及各种演出。

与市政厅相隔一条街的伊顿中心（图18-68）是加拿大最大的现代化的百货公司。3000多平方米的零售面积分布在地上地下共7层楼上，围绕着中间直通到顶的内庭，宛如一个大花房。阳光从玻璃屋顶上照射下来，满园绿树，鲜花盛开。

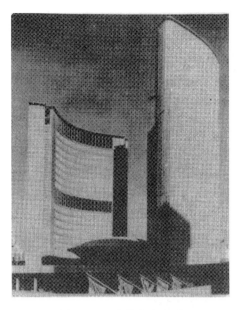

图 18-67　多伦多市政厅

图 18-68　多伦多伊顿中心

瑞典的斯德哥尔摩市中心

斯德哥尔摩市中心改造早在 1928 年和 1946 年就有过规划，至 1962 年和 1967 年又重新审查修改（图 18-69）。这座 130 万人口，由 14 个岛屿组成的城市清洁、美丽、古老而又现代化，有人誉之为北方的威尼斯。

塞依尔广场位于城市繁华的商业区。它西通火车站，南面通向旧城和皇宫，东面是国王公园。这座北欧规模最大的广场是政府用十几年时间，结合旧城改造，经精心规划而建成的。5 幢高耸挺拔的板式办公楼依次错列于广场之北。其前有一个超椭圆形大喷泉池，中间有一 30 多米高，六瓣柱形的玻璃雕塑。池中还有 64 个圆形采光孔，给位于地下的商店、步行道带来光线。

广场的西部，在高度上低下的一层近似方形，完全是步行区，步行广场直通地铁和地下商店。

塞依尔市中心广场附近还有几个大小不一，各具特色的广场，像出售鲜花、蔬菜、水果的惠托格广场，小而安静的布仑克伯广场，但最美丽的是国王公园，它位于市中心东边，南面是海和王宫。

沙特阿拉伯利亚德（Riyad）郊区新城中心

利亚德郊区新城（图 18-70）总体布局结构紧凑，位于城市中轴线，成带状布置的市中心掩映在周围的大片绿地中。中心清真寺占据构图中心，渲染了整个城市的宗教色彩，富有表现力。市中心区内有城市广场、行政建筑、市长官邸、市场、旅馆、电影院、餐厅、游泳池、游乐公园等。市中心外围是住宅组团。高层建筑布置在里圈，星星点点地坐落在大片绿地中，衬托着城市中心的环境景观。多层住宅单元以及独院住宅布置在外围。城市

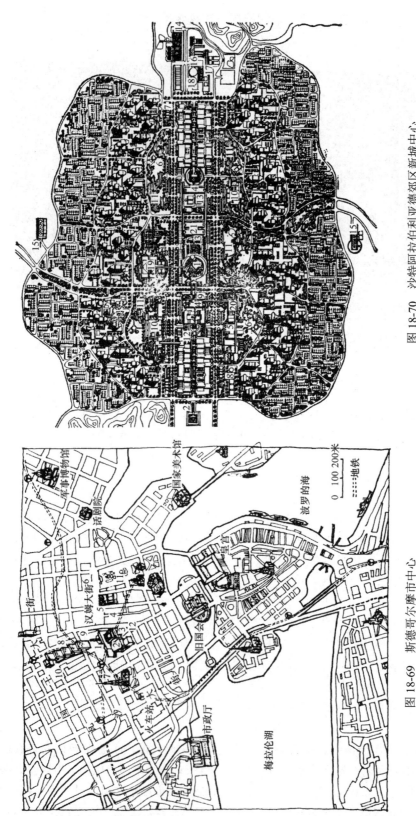

图18-70 沙特阿拉伯利亚德郊区新城中心
1—中心清真寺；2—行政建筑；3—城市广场；4—市场；5—旅馆；6—清真寺；
7—消防站；8—警察局；9—餐厅；10—游乐公园；11—游乐公园；12—喷水池；
13—电影院；14—水处理厂；15—冷藏库；16—发电厂；17—市政工厂；
18—污水处理厂；19—市长官邸；20—水塔；21—商场

图18-69 斯德哥尔摩市中心
1—文化大厦，1968-1973；2—国会大厦（临时），1968-1971；3—瑞典国家银行，
1975-1976；4—加勒里安步行商业街，1971-1977；5—储蓄银行，1972-1975；
6—邮政信贷银行，1972-1974；7—奥兰大百货商店，1964；8—五幢饭店式办公楼，
1962；9—斯堪、哥德银行广场，1960；10—惠托格广场；11—国王公园；
12—布仑克伯广场；

环状道路把居住区和市中心方便地联系在一起，整个中心布局构思巧妙，富有节奏感。

二、城 市 广 场

西方国家城市广场在二次大战以前，多采用平面型的。50～60年代是平面型向空间型过渡的时期。70年代以后，大部分倾向空间型。

空间型广场的发展是和进一步避免交通干扰的要求分不开的，可创造安静舒适的环境，又可充分利用有效空间，获得丰富活泼的城市景观。空间型广场一般有下沉式广场与上升式广场。下沉式广场常作为商业建筑或大型公共建筑的前院。上升式广场常架设于高台之上。广场下面或为商场等营业建筑，或公路由下面穿过。

加拿大温哥华罗勃逊广场

温哥华市中心的3个街区（图18-71）于1979年开发成为一个由法院、政府办公和群众活动相结合的一个街区，即下沉式的罗勃逊广场和省政府办公楼的公众服务部门。这部分建筑设计成低层平台式，全部屋顶面积都用作绿化景观场地。罗勃逊广场冬季能滑冰，夏季是露天餐厅。这个高低穿插，有水池、瀑布、花圃和树丛交织的城市广场，绿树茂密，流水潺潺，木制座椅穿插布置，欢快人群漫游其间。从办公楼屋顶的花园到下沉式广场，高差10多米，由大片台阶衔接，台阶由之字形的坡道分割。

这三个街区的广场、绿化与建筑群有机结合，可以看作是一个立体公园，它是温哥华市民十分喜爱的地方。

美国纽约世界贸易中心广场

美国纽约世界贸易中心是由两座并立的110层塔式摩天大楼，4幢7层办公楼及一幢22层的旅馆所组成。在建筑群之间有一个2.03公顷的上升式广场（图18-72），位于两座塔式摩天大楼的东北面。由街道通向广场，有宽阔的大阶梯。从广场上可直接进入摩天大楼上层。在广场下面设有大百货商场。广场上面布置了精致的水池、雕塑、花台、灯柱和石凳等等。全部地坪与装饰小品均为花岗石饰面。广场显得整洁、安静和秀丽。

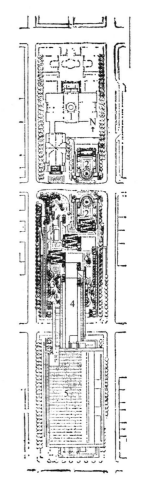

图18-71 温哥华罗勃逊广场
1—旧法院；2—下沉花园；3—绿地；4—屋顶水池；5—法院

美国新奥尔良意大利喷泉广场

美国新奥尔良意大利广场是查里斯、摩尔设计的，是当地意大利居民为了怀念祖国，表示自己的团结而建设的广场，是他们举行庆典和活动的地方。

广场（图18-73、图18-74、图18-75）为圆形，从四周道路开始用浅色的花岗石块铺砌，在石块间用深色的石板铺出同心圆的条纹。广场水池中的一角约24.4米长的一段，分成若干台阶，以卵石、石板和大理石砌成带有等高线的意大利地图。在半岛的最高层有瀑布流出，象征意大利的三大河流。在海的当中，接近广场的中心砌成西西里岛。

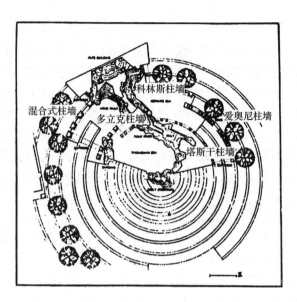

图 18-72　纽约世界贸易中心广场　　　　　　图 18-73　新奥尔良意大利广场平面

图 18-74　意大利广场全貌

　　在砌成的意大利半岛的周围，由 6 段墙壁形成一个弧形的廊子，由 6 种不同的古典柱式组成。在各柱式上面的喷泉采取各种方式和手法，沿着不锈钢柱流下，或从小孔中喷出，形成十分巧妙的流水组合。

　　这个广场的总体效果处理是十分生动而有特色的。在广场的外部空间中创造了一些"内部"空间，使内外空间相通融合。后面的空间，可理解为"内"，而后面柱廊的"前面的空间"又当然是"外"，再加上夜景中各种高低明暗和色彩光影效果，更使人无从区分空间的内外。

这个广场可能是多年来美国所有城市中最有意义的城市广场。它有一种新的性格，充满亲切、热情和快慰。

三、步行商业街区和地下街市

自 50 年代至 80 年代，在欧美一些发达国家里，城市商业街区的发展形势，经历了一个从市区到郊外，又回到市区的发展过程。

50～60 年代，大批中产阶级迁居郊外，市内商业街区日趋萧条，如美国费城东市场商业大街，不少店铺停业，形成一幅衰落景象，繁华的中心区渐趋凋落。

美国以购物中心为名的新商业中心，随着居民的外迁，多选在交通便利的郊区。欧洲各国，为适应战后城市边缘扩展新区的需要，多把购物中心安排在城市边缘附近的区域。

图 18-75　意大利广场透视

这时的购物中心，除了其固有的商业性以外，对其可能赋予的文化性，以及购物环境的舒适性、方便性及安全感都提出了要求。由原来单纯的商店群发展成为设有电影院、儿童游戏场、溜冰场、游泳池等设施和场地的多功能商业、文化、娱乐综合活动中心。为赋予或提高购物环境的文化性，在购物中心设置了个人或小乐队的音乐演奏、时装表演、音乐喷泉、传统民间工艺品展览、风味特色饮食供应，还有机器人漫步于商场之内供顾客询问信息或随意交谈，以及富有民族传统文化特色的节日喜庆布置及喜庆活动等。美国的大型区域性购物中心有的面积大至 12 万～14 万平方米。

70 年代初，西方爆发了能源危机，给郊外购物中心带来营业的不景气，使人们看到市区商业中心的有利因素。70 年代中期开始，出现了"商业区重返城市"的思潮，如上述的费城东市场大街即恢复了旧有的繁荣面貌。

在市内重建商业中心、既不能再走传统商业街的老路，又不能照搬郊外购物中心的模式，故多采用适应城市条件的步行商业街区方式，其中有新建的城市型步行商业街；有利用旧建筑进行改建的步行商业街；有把办公、商店、住宅混合修建并带有步行空间的商业楼；有居住、公务、文化娱乐和商业活动等综合的多功能公共活动中心。这个时期室内商业街继续得到发展。

60 年代以后的步行商业区并不是简单的平面布局而是具有多层空间的。新的多层步行街区有的更发展到地下数层，如东京新宿地下街，纽约第五街的地下街等。

总结现代商业中心发展过程，可以分为三个阶段：初期阶段是各种功能各自独立，中期阶段是把各种功能简单地组合起来，近期阶段则把各种功能统一在一个多功能联合体中。

（一）步行商业街区

"人行化"从 60 年代起已成为复兴城市中心和改善城市环境的一项重要内容，对活跃人民生活，提高城市的社会价值起着重要的作用。

在严寒地区，建设步行天桥系统（Sky Way）也是增加市中心区的活力和吸引力的一种行之有效的方法，如美国明尼阿波利斯市，在市中心区建设了天桥（图18-76、图18-77）。即在建筑物的第二层楼上采用密封式玻璃结构的步行桥。在街坊中段，把建筑物连接起来。自1962年以来，已建成的天桥连接了数十幢建筑，为市民创造了良好的购物、交通条件，对复兴市中心也起了重要作用。

图18-76　明尼阿波利斯市天桥系统

步行街的种类中，有一种是从路线上进行人车分离，即完全禁止车辆通行的专用步行商业街（Full Mall），只允许公共交通通行的步行街（Transit Mall）以及准许车辆单向通行的半步行街（Semi Mall）。另有一种是从时间上限制车辆通行。

联邦德国城市的步行商业街区

联邦德国有200多个城市的中心区有大范围的无车辆交通步行区。它们中的大多数城市基本上是18～19世纪工业发展前的老城区，是城市的历史发展的核心。它是文化古迹、古建筑（教堂、王宫等）最集中的地区，也是商场、金融机构、大剧院、博物馆等最集中的地方。步行街的设置，既保持了古建筑，又恢复了古老城市中心地区的活力。

图18-77　步行天桥

慕尼黑

慕尼黑是一座具有800多年历史的文化名城。1963年通过城市发展规划，把复兴旧城，促进中心地区的城市繁荣，作为主要目标。1965年提出的实施方案（图18-78）将东西向的纽豪森大街、考芬格大街和南北向的凡恩大街改建为十字形的步行街区，并把玛利亚广场、双姊妹教堂、古市政厅、古城门等著名古建筑联结在一起。

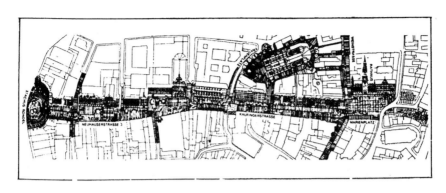

图 18-78 慕尼黑旧城十字步行街

这个十字步行街位于全市地理中心，与铁路旅客站直接毗连。为使十字步行街的周围交通通畅，沿老城的边缘建设了快速铁路，于附近建造了地下铁道，重新组织了公共汽车无轨电车的线路，并解决了停车问题和物资供应问题（图 18-79）。

步行商业街与地下商场的地下交通结合（图 18-80），例如卡尔斯广场，地下一层作为

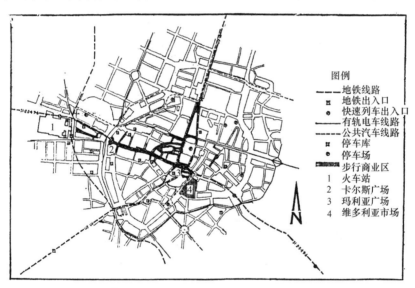

图 18-79 慕尼黑旧城步行街与地铁、公交线路的关系

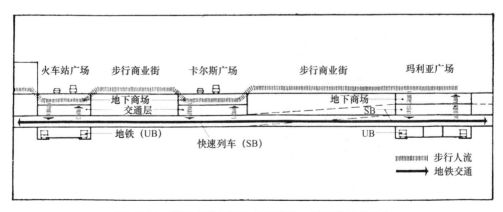

图 18-80 慕尼黑步行街与地下商场、地下交通的结合

地下人行通道，布置了大小商场，并与一些大型商场的地下部分直接相通。地下二层为交通层和大型商场的仓库。地下三层为地铁层和地下停车库。

慕尼黑商业步行街，在布局上利用原有传统街道的空间紧凑、尺度亲切、线形曲折变化、建筑错落有致等历史特色。在空间序列上采用多种模式，使空间收放相济、大街小巷结合、室内室外交替。在步行街上还精心地设计了铺地、灯柱、花池、喷泉、雕塑、座椅、街头商品橱窗、小售报亭、果壳箱等。

美国城市的步行商业街区

旧金山的吉拉台利广场（Ghirar-delli Square）购物中心

旧金山的吉拉台利广场（图18-81、图18-82）是举世公认的把保存的古旧建筑改为现代用途的成功之作。在1公顷坡地把原有一组砖木结构的巧克力可可工厂和羊毛作坊等生产性建筑，用金属和玻璃组成的回廊、楼梯、竖井等把各幢建筑连起来，用台阶、踏步、栏杆、喷泉、路灯、花木创造出一个迂回曲折、引人入胜的空间庭园。二、三层建筑的外部保持了红砖原样，内部保留了木结构本色，但全部更新以适应商店、饭馆等购物中心的用途。

费城东市场

采用保留原有大商店为主体商店，重

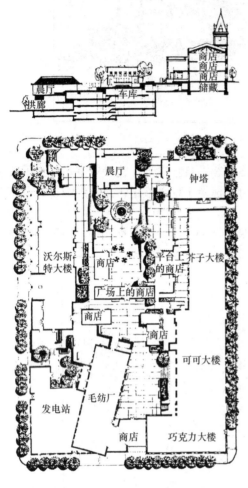

图18-81 旧金山吉拉台利广场平剖面

图18-82 旧金山吉拉台利广场鸟瞰

建中间街道的办法，是使传统商业街恢复活力的经济而有效的措施，如费城东市场（图18-83）就是把原有的两个各5万平方米的大百货商店连接而成的，在重建时征用了10公顷土地，采取增加层数，即4层商店加一个地下层的办法解决。设计者把两排商店中间（原有125家商店，建筑面积为4万平方米）的步行街贯通成四层的空间，上面架设玻璃顶盖，内部种植树木花草，配置街灯和座椅，用块石铺地，创造了一种颇有"欧洲城市街道"的传统气氛。

图18-83　费城东市场

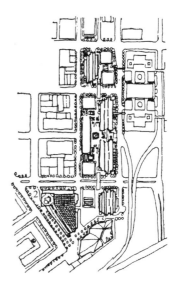
图18-84　旧金山码头中心多功能联合体
1—办公楼；2—海耶特丽晶旅馆

旧金山码头中心的综合商业活动中心

美国近年来商业中心向多功能联合体方向发展，最常见的是将购物中心和旅馆、办公楼等进行统一建设，成为多功能联合体，如旧金山码头中心（Embarcadero Centre）（图18-84）。它占地3.5公顷，是商业中心和海特雷琴斯（Hyatt Regency）旅馆，以及占有25万平方米的多幢办公楼相结合的多功能联合体。在码头中心的组群建筑里有大量公共活动空间和绿化场地，有的在室内，有的在室外。组成这个中心的4幢高层大楼，都建在3层高的基座上。里面有商店、餐馆和休息场地，而且相互用横跨街道的天桥连接。

在码头中心的3层基座里，共有150多家商店、餐馆和店铺。这个中心基座的商业设施，由于邻接海耶特丽晶旅馆，又像是旅馆公共部分的补充和延续。

澳大利亚的步行商业街区

国外"人行化"规划设计大体有两类。一为整个城市中心区的步行系统，另一为单一的步行街或广场。

澳大利亚爱德雷得城市中心区步行系统设计（图18-85）是较典型的一例。该市规划设计了3条南北向的步行走廊与东西向的步行街相连接，通向3个步行广场及城市文化艺术中心。步行区范围为600米×800米，其中有全步行街、半步行街和步行广场。

澳大利亚珀思城中心区步行系统（图18-86）有4个步行区（商业中心、文化艺术中心、行政中心以及市中心铁路线上层平台步行区），其中有全步行街、室内商业街、人车分行交叉口等。这一步行系统分布于1400米×1600米的区域内，面临城中心的水面与绿地。

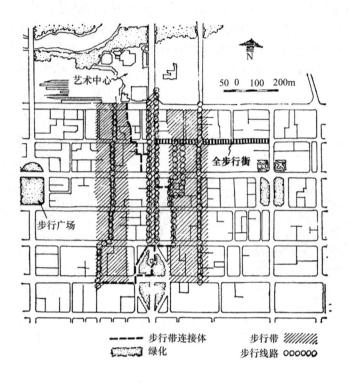

图 18-85　澳大利亚爱德雷得市中心步行系统规划

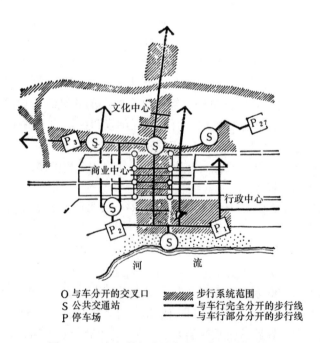

图 18-86　澳大利亚珀思市中心步行系统规划

日本的复合商业楼

世界大城市如日本东京等地，为节约城市用地，改进城市面貌，以及方便居民生活，建筑类型从单一功能发展为多种功能的综合建筑，也就是所谓的"复合体建筑"（Mega-structure）。复合商业楼是复合体建筑中的一种类型，它把商业设施和其他功能的空间如旅馆、办公楼、住宅以及公共性质的会馆、剧场、电影院和交通设施、车站、停车场等综合成一体。

日本东京的阳光城，位于池袋中心地区，被誉为城中之城。它是一组满足人们生活、工作、娱乐等各种需要的建筑群体，包含了小型都市的内容。

阳光城（图18-87）占地5.5公顷，有4组建筑。阳光大厦地上60层，地下3层；进口商品商场，地上11层；文化会馆，地上12层；旅馆，地上36层。

文化会馆 舶来品 旅馆（36层） 阳光大厦（60层）

图 18-87 东京阳光城

阳光大厦和其他3座建筑之间的多层建筑上，形成屋顶花园和人行平台。平台上有树木、水池、人工瀑布等。平台下面占地3层，地下一层的空间是由220家商店组成的巨大商场，其中有一公共活动的大厅，3层高度，各层回廊上是各色高级商店，大厅设有音控变化的喷泉。

屋顶花园的人行平台上叠置两组建筑，其中综合了各种功能如展览馆、水族馆、剧场、天文馆等。

（二）地下街市

日本地下商业街

大阪"虹"地下街（图18-88）长度1000米、宽50米。在6米多宽步行道的两旁，商店毗连，有百货、衣料、食品、医药、饮食、服务行业等各类店铺310家，营业面积15440平方米，形成一条繁华的地下商业街。

大阪阪急三号街地下商业中心，为丰富步行街的街景，在宽

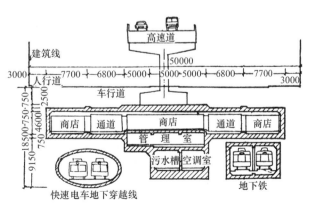

图 18-88 大阪"虹"地下街剖面

7～9 米的步行街中央，开辟了一条长 90 米、宽 2.5 米的人工河，河中有各式喷泉，运用喷枪造成 11 米高的瀑布来丰富步行街的街景。

新宿地下街市规模宏大，地下街全长 6790 米，两边排列灯火辉煌的各种商场。地上的许多新建大厦，各自有地道可通地下商场，地下光线持恒不变，空气清净。东京地下车道把新宿地下街市与东京其他 4 个地下街市联系成网，许多地上商场亦都争挖地道，使与地底街道相通，以招徕顾客。

加拿大地下街市

加拿大规模最大的地下街市是蒙特利尔地下城（图 18-89）。它有 6 个地下中心，总面积 81 万平方米。人行道长约 11 公里，有 1000 余家大小商店，上百家饮食店、餐馆、酒吧，直接通向各个旅馆、大剧场、电影院、银行、股票交易所和 1 个可容 1 万辆汽车的地下停车场。此外，地下街市还与中央火车站、长途电车站以及各航空公司办事处相连。

蒙特利尔气候寒冷，进入地下街市，有鲜花绿草，和暖如春。

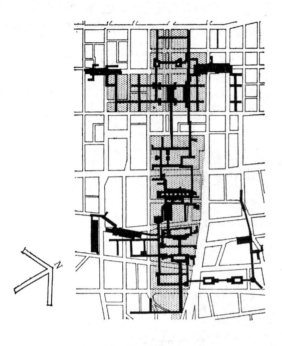

图 18-89　蒙特利尔地下城

四、城市园林绿化

60 年代以来，西方社会的价值观念发生重要变化。城市先进的标准由"技术、工业和现代建筑"，演变为"文化、绿野和传统建筑"，提出"回到自然界"。不仅在绿化数量上，而且在艺术质量上也要求提高。

各国园林一般有国家公园、城市公园和花园三类。国家公园面积很广，有的跨越几个省份，多以大自然景色为观赏对象。城市公园一般是以大片草地与树丛为主，着重大面积的自然意境。花园面积较小，处理得比较精致。

美国新城的绿化面积，一般已达到每人 28～36 平方米，远期规划则要求为每人 40 平方米。一些旧城如华盛顿，其城市绿化指标亦已达到每人 40.8 平方米。

英国早在 19 世纪末就提出城市园林绿化的要求。1944 年大伦敦规划指出，绿化的目的在于限制城市膨胀、保护农业、保存自然美和游憩等。1969 年伦敦的绿化地带按城市规划法规定，是 22 万公顷，现已进一步研究向外扩至 31 万公顷的方案。其绿化目的，为阻止城市地区的扩大，防止与邻里街区的毗连和保持每个街区的独立性。

1971 年 6 月通过的莫斯科总体规划规定，全部保留现有公共绿地并开辟新的绿地（图 18-90），组成西南—东北绿化轴与西北—东南沿莫斯科河湾的水面绿化轴。在城市用地范围以外，则以森林和森林公园来延续，发展 7 块楔形绿地，建立放射环形的区公园。

在绿化规划中，公园绿地为 19600 公顷，平均约 26.1 平方米／人。

西南——东北绿化轴

1—"苏共22大"公园；2—列宁山——高尔基文化休息公园——艺术公园；3—莫斯科军区公园——索柯尔尼克文化休息公园——驼鹿岛国家自然公园；

西北——东南水面——绿化轴

4—西北休息区；5—"伟大十月60周年"公园—柯洛缅斯基国家自然保护博物馆—波里索夫水库；

规划区的公园

6—希姆金水库周围的公园群；7—苏联国民经济成就展览会——奥斯坦金诺公园——苏联科学院总植物院；8—伊兹玛依诺夫休息公园；9—库兹明文化休息公园—库兹明森林公园；10—察里津诺公园；11—比泽夫公园；12—胜利公园—沿塞都尼河湾的公园群；

森林公园保护地带的禁猎区和禁伐区

13—莫斯科河上游综合性自然及历史文化禁伐区；14—莫斯科河下游综合性自然及历史文化禁伐区；15—列宁岗国家历史禁猎区；16—克里亚茨玛综合性自然及历史文化禁伐区；17—莱蒙托夫地区综合性自然和历史文化禁伐区；18—德斯拉历史文化风景保护区；19—别哈尔卡历史文化风景保护区

图 18-90　莫斯科绿化系统

　　为了加强对莫斯科生态环境的文物古迹的保护，一系列的森林公园防护地带被宣布为禁猎、禁伐区，正在着手对编制到 2010 年的规划进行技术论证，拟计划建立两个新的综合性自然禁伐区。

　　各国城市均注意以天然的自然资源，特别是优美的林地和河川来形成城市绿化的基础，如联邦德国科恩（Köln）利用森林和水边地形成环状绿地（图 18-91）；澳大利亚墨尔本利用河川与水道形成绿化系统（图 18-92）；美国弗吉尼亚州的里士满（Richmond）（图 18-93）；英国伦敦的泰晤士河沿岸（图 18-94）；日本的广岛市等也是利用河川形成绿地系统。

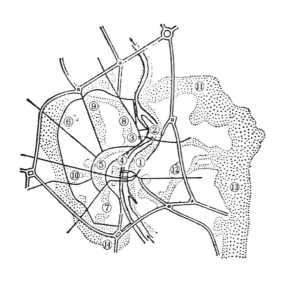

1—莱茵公园；
2—利雷尔河周边林地；
3—植物园；
4—莱茵河散步道；
5—内环状绿地带；
6—外环状绿地带；
7—南放射状绿地；
8—北放射状绿地；
9—西北放射状绿地；
10—魏尔森林；
11—墩瓦尔特森林带；
12—梅尔赫梅丛林；
13—柯尼森林；
14—森林植物园

图 18-91　科恩绿化系统

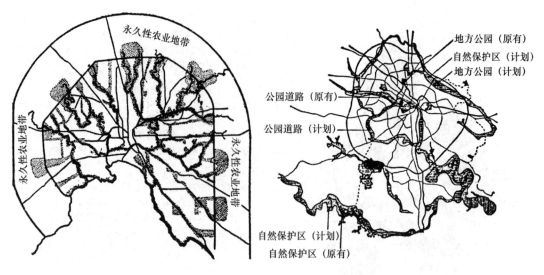

图 18-92　墨尔本园林绿化系统　　　　　　　　图 18-93　里士满园林绿化系统

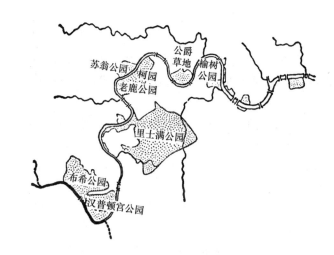

图 18-94　泰晤士河园林绿化系统

五、城市雕塑与街头壁画

60 年代以来，一些发达国家十分注意城市雕塑与街头壁画在环境整治和美化中的作用，重视它的精神、感情和文化价值。除具象雕塑与壁画外，更多地出现大批抽象的非主题性雕塑与壁画。它们有动态雕塑、声学雕塑、电光壁画以及运用视觉心理的大尺度壁画等等。它们并不再现生活，而是通过一定的体型、比例、尺度、色彩、质感构成艺术形象，从而增强建筑空间的艺术气氛。

美国的城市雕塑与街头壁画

1962 年美国政府规定建筑工程费的 5‰用于设置艺术作品。由于经济衰退，这次计划直至 1972 年才以考尔德（Calder）设计的巨型雕塑《火烈鸟》的落成为开端，在全国展开城市雕塑等工作。

《火烈鸟》（图 18-95）为油漆钢材制成，高 16.15 米，全部为鲜红色，布置在密斯设计的巨大钢铁大楼前面。它是根据雕塑的原型和实体在建筑空间之中的各种合适的视点来选位的。远处一瞥可感受到热情开朗的性格再现。近处观览则使人欣赏到它的丰富的块面穿插和空间动态。其细部处理亦与密斯的钢框架建筑协调而使两者相得益彰。

1967 年 8 月装饰于芝加哥市政中心广场的毕加索雕塑品《无题》（图 18-96），使人们联想到神话中的"狮身人首"而感到它的巨大的时空含义。其命名《无题》，亦是为观者留有更多的联想。这个雕塑据说表达的是一个女人头像的抽象，由分开的几块形状不同的部件用钢板焊制组成，它与广场上的建筑使用同一种钢材，在对位与尺度上与后面的巨大建筑取得和谐统一，丰富了广场的空间与情趣。

图 18-95　考尔德《火烈鸟》

图 18-96　毕加索《无题》

60 年代开始，美国壁画盛行，于 70 年代达到高峰。在纽约的下曼哈顿一些地区，在用砖或混凝土建造的建筑物侧墙，在商业街一角或运动场的墙面，可以看到众多的以原色描绘的色泽艳丽的壁画（图 18-97、图 18-98）。它们有的是几何图形，有的是抽象图形或具象图形。

街头壁画，作为一种环境艺术，大众艺术，有时把和平运动、平民主义以及因人种、贫困而产生的社会问题作为壁画内容。纽约街头有名为"意大利人之壁画"、"今日唐人街"、"波多黎各人的遗产、"犹太民族"、"妇女半边天"等若干具象壁画，即表达居民的愿望，向往生活提高，又是诉说环境恶劣苦衷的有力宣传手段。

苏联城市雕塑

50 年代后期，苏联建筑界批判了复古主义和进行了反浪费之后，建筑形式趋于简洁明快，对雕塑装饰的使用少而精，雕塑的手法也吸收了一些外来的表现手法，趋向于概括、粗犷、简练，有的带有图案意味，如 1974 年在维尔纽斯居住区中，题为《日出》的装饰性雕塑（图 18-99）。1978 年建成的塔斯社办公楼大楼的上方，简单地用一个金属地球，表示灵通世界各地消息（图 18-100）。

图 18-97　纽约下曼哈顿壁画　　　　　　图 18-98　纽约下曼哈顿壁画

　　苏联为纪念 1941 年莫斯科保卫城，在北起加里宁市，南至土拉市，全长 560 公里范围内，制订了一个名为"光荣的防御线"的规划（图 18-101），计划在沿线的大小城镇和当年的防御阵地上，建立上千件雕塑。从 1966 年开始到 1980 年已建成了很大部分，有英雄人物潘菲洛夫近卫军（图 18-102），女英雄卓娅等的雕刻，有各兵种的纪念碑。

图 18-99　苏联维尔纽斯雕塑《日出》　　　图 18-100　塔斯社大门的《地球》雕塑

图 18-101　《光荣的防御战》雕塑分布规划　　　　图 18-102　潘菲洛夫近卫军群像

第十节　60 年代以来的居住环境与居住区

50 年代各国为解决战后缺房，进行了大规模的住宅建设，在城市周围建设了许多新居住区。由于建筑理论的偏颇和大规模建设的经验不足，虽在建设数量上满足了需求，但也带来许多问题，如居住区选点不合理，功能单一化，建筑形式千篇一律，难以识别与周围环境不协调等。

60 年代以后人们对住宅建设要求提高，要求增加住宅面积，改善平庸的建筑形象，美化居住环境等。居住环境与居住区规划成为各国学术界进行研究的最活跃的领域。

一、居　住　环　境

60 年代以来，围绕居住环境问题，各国都开展了多方面的研究工作，并发展了一些新的学科，其中：1. 环境社会学（Environmental Society）：研究物质环境与社会生活二者之间的关系，亦即人的活动与环境之间的相互影响和围绕建筑可能产生的各种社会问题。2. 环境心理学（Environmental Psychology）：研究人在客观环境的物理刺激作用下所产生的心理反应和探索不同环境中人们不同的心理反应的规律。3. 社会生态学（Social Ecology）：在城市建设应用中研究城镇社会中物质空间构成的环境形式，提出城市结构的各种不同的环境模式。4. 生物气候学（Bioclimatology）：在城市建设应用中研究建筑对生物和气候条件的利用和控制问题，如利用绿化和水体来调节小气候，改善环境。5. 生态平衡和生态循环（Ecological Balance and Ecological Cycle）：生态平衡系指植物与人类、植物与环境的平衡关系。生态循环是研究顺应自然界中各种自然和人工的环境因素的生态规律。

国外的居住环境设计，随着人民生活的提高，越来越趋向科学化、完善化。

他们注意研究住宅群体组合中各种空间的有机构成，处理好公共性和私密性、接触与隔离等使用特性以弥补居住环境中生活内容的贫乏，清除单调的、划一的建筑群布置模式以及疏远和寂寞的弊病。

他们注意研究自然环境与人工环境的融合，使生活接近自然，兼有乡村的优美自然环境，充分利用地形地貌与水体来活化环境。

他们注意创造良好的小气候，通过对噪声的控制，对风、日照和天然光的控制及利用来改善环境。

他们注意发挥建筑空间的协同作用，创建多功能空间、综合住宅楼、多相形综合体和多功能综合区等等。

二、工作居住综合区

60 年代以前西方国家深受车祸、污染和噪声之苦，从客观上要求把"居住"单独分离出来，产生了严格的功能分区和单纯的居住区。随着社会发展，居住在单纯居住区的人们，对与世隔绝的寂寞生活已感到厌倦，希望将"居住"回到城市综合体中去。城市本身也需要因功能分区而分离出去的居住区重新渗透到城市的综合体中来。加上 60 年代后期，一些发达国家在工业生产和科研试制中采用封闭系统，工业污染已基本得到控制，产生了一些工作与居住建在一起的综合体，其中有工业—居住综合区、科研—居住综合区、行政办公—居住综合区、市中心—居住综合区、副中心—居住综合区、文化中心—居住综合区等等。

英国密尔顿·凯恩斯采用服务性工业、无害工业等就业点分散设置在居住区中，是一种工业—居住综合区。离赫尔辛基市中心 8 ～ 12 公里的哈格、凡塔（Haaga Vantaa），是由 3 个居住和工业综合的小区构成的（图 18-103），居民 2 万人，可提供 5000 个就业岗位，如其中一个小区马尔明卡塔诺小区（图 18-104），规划人口 3300 人，有就业岗位 1600 个。小区以 4 个组群组成，西北角一组以轻工业用房为主，其东南、西南两组亦有少量就业岗位。

法国里莱城科研中心将科研区集中布置在中间，居住区设在科研区周围，是一种科研—居住综合区（图 18-105）。

美国华盛顿的西南改建区（图 18-106）是一个行政办公—居住综合区。该区在美国国会大厦西南，面积约 200 公顷。北面基本上是行政办公区，里面有少量公寓。南面是居住建筑和为居民服务的公共设施。居民多半就在附近的行政办公区就业。

图 18-103　赫尔辛基哈格、凡
塔镇 3 个工业—居住综合区

图 18-104　哈格、凡塔镇马尔明卡诺工
业—居住综合区

1—住宅；2—轻工业；3—住宅、办公；4—商店；5—小学；
6—日托；7—综合楼；8—火车站；9—办公

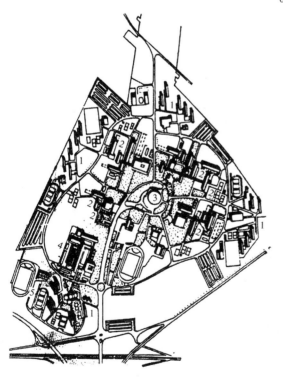

图 18-105　法国里莱科研—居住综合区

1—住宅组团；2—科研所；3—图书馆；4—行政服
务中心；5—体育和休息区

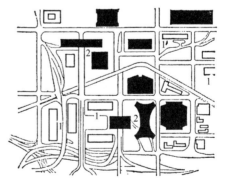

图 18-106　华盛顿国会大厦西南的行
政办公—居住综合区

1—住宅建筑；2—办公楼及其他公共建筑

日本筑波市中心的中心轴上将市级行政办公、市级商业服务、文化设施与居住区建在一起，是市中心—居住综合区。

巴黎台方斯 A 区，在副中心公共建筑群内布置 30 多幢 25～30 层的塔式办公楼和 10 层以下的口字形住宅和少量塔式住宅，是副中心—居住综合区。

英国伦敦巴比坎文化中心在 15.2 公顷的用地上，将居住 6500 人的 2113 套住宅集中在两幢 40 层和一幢 38 层塔楼及 4 幢多层建筑内，致使住宅区用地被压缩到 4.8 公顷，而为文化中心的公共活动争取了大量空间，它是一种文化中心—居住综合区。

三、整体式居住小区

现代居住小区将住宅与公共建筑在平面上和空间上集中起来，组成整体式居住小区，可有效地利用土地以提高建筑面积密度，方便居民与公共设施的联系，增加户外活动场地，并创造一个舒适的居住环境。它的组成模式主要有下列数种：

1. 住宅连续布置配以相应的公共设施组成整体式小区。

法国格勒诺布尔市奥勒坎（Arleguin）小区（图 18-107）建于 1973 年，用地 21 公顷，可容 7500～9000 居民。住宅底层架空，开辟一条宽 15 米、高 6 米、长 1.5 公里的步行街，贯通整个小区。分散的公共设施布置在步行街的两侧（图 18-108）。居民基本上不出住宅楼便能到达所有公共设施。公共设施除托儿所、幼儿园、中小学、俱乐部、交谊厅、食堂外，有图书馆、社会文化中心、医疗中心和体育馆、游泳场等。此外，还有一些工场和小工业，为一部分居民提供就业机会。

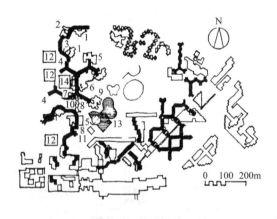

图 18-107　法国格勒诺布尔市奥勒坎整体式小区

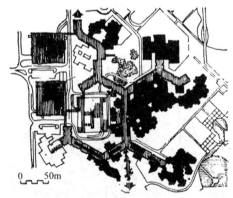

图 18-108　奥勒坎整体式小区住宅及其周围公共建筑的布置

2. 住宅、公共建筑综合楼组成的整体式小区。

联邦德国奥格斯堡市高金奇、莫雷尔小区（图 18-109）将几栋住宅公共建筑综合楼组合成两片整体式建筑，构成了整体式小区。综合楼的住宅（图 18-110）12 层，是台阶形的，有良好的朝向。背面是 7 层高的公共建筑，其下 2 层是汽车库。该小区建筑占地面积可占小区总用地的 50%。在 5.81 公顷的用地上，共有 12 万平方米住宅建筑面积。

3. 住宅坐落在公共设施上组成整体平台式小区。

在纽约，河畔的 1199 广场小区（图 18-111）属于坐落在公共设施上面的整体式小区。

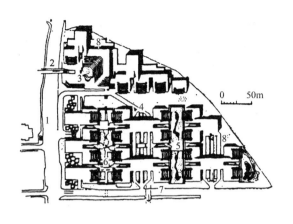

图 18-109 联邦德国奥格斯堡市高金奇、
莫雷尔整体式小区

1—高金奇街；2—步行桥；3—节日广场；4—去地下汽车
库的坡道；5—幼儿园及儿童游戏场；6—娱乐中心；
7—停车场；8—莫雷尔街

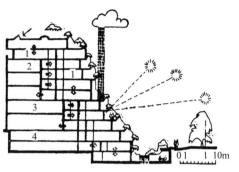

图 18-110 高金奇、莫雷尔小区综合楼
剖面

1—成套公寓式住宅；2—办公室；3—商店
和小型事务所；4—汽车库

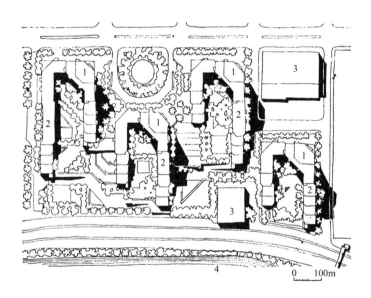

图 18-111 纽约 1199 广场整体平台式小区
1—38 层塔式住宅；2、8—16 层错层住宅；3—公共建筑；4—东河

作为基底的连成一片的公共设施有 3 层，都在地下。屋顶由绿化及活动平台所覆盖。就是在自然地坪以上也有公共建筑将 4 组整体式高层建筑联结在一起。

4. 整块用地建满综合性建筑的整体式小区。

伦敦巴比坎小区视整块土地为一栋综合性建筑的基底，兴建时全部开挖使用，设置了高出自然地面 3 米或 6 米的地坪。这个小区在重复利用土地和组织空间上是整体式小区中的典范。

5. 一栋楼组成一个整体式小区。

60 年代初，苏联建筑师切廖摩什卡设计了一座新生活大楼居住综合体（图 18-112）。它是由两栋 16 层板式大楼和一幢 2 层服务楼联结而成的。两幢大楼内共有 812 套住宅，设有中心餐厅和小食堂。大楼内还设有文化教育中心、图书馆、冬季花园厅、小组作业的房间、艺术工作室、游戏室等。综合体还有自己的儿童中心、体育中心、地段门诊所和行政中心等，可以被认为是一个比较完善的整体式小区。

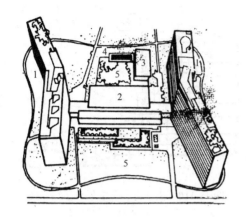

图 18-112　莫斯科切廖摩什卡居住综合体
1—可容 1000 居民的 16 层大楼；2—服务楼；
3—体育馆；4—游泳池；5—公共绿地

四、低层高密度住宅组群

60 年代以来，各国都从事研究传统的低层住宅，并给予新的利用与发展。在城市居住区规划中采用低层高密度，使城市内部具有郊外田园风光，吸引郊区人口回到城市中来。这种低层高密度住宅既有独户住宅的私密性，又具有人们面对面交往的可能性。住宅单元平面和组合的灵活性，可结合地形组成多变的外部空间和公共场地，使人们容易识别自己的独特的居住环境。

美国加利福尼亚奥伦乌兹（Orendwoods）住宅组群（图 18-113）各户紧连。通过屋面重复出现，取得群体的统一感，又强调了每个独户住宅的特征、建筑的造型（图 18-114）和材料，使人们很容易联想到海湾地区的传统特征。

美国匹兹堡阿勒格尼广场东住宅群（Allegheny Commons East）（图 18-115）占地 1.2 公顷，共 136 户。由于地形高差，中部住宅区比街道高出半层。根据传统地方特点，把 3 层高的住宅单元组成弧线形状。人们从住宅群中心的广场进入，由动向的空间轴线引导，自然分向两边。通过一系列的广场、绿化和小巷空间的连续变化，使人们获得亲切的居住气氛。

图 18-113　加利福尼亚奥伦乌兹低层住宅组群

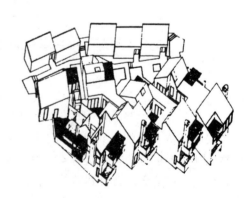

图 18-114　奥伦乌兹住宅透视

美国斯东克顿城的恩巴克特鲁克夫共管住宅（Embarcadero Cove Condominiums）（图 18-116）一边靠林肯湖，其余均由街道围绕。为了取得一个闹中取静的环境，不仅以湖面为景，还通过开沟引渠，把水引到 1.26 公顷小块纵深的空地，创造了一个共享水景与自然环境结合的住宅组群。

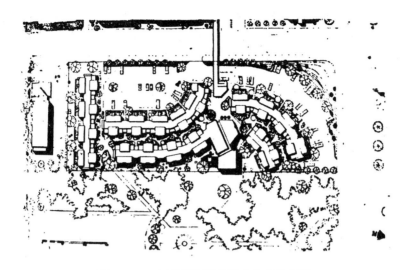

图 18-115　匹兹堡阿勒格尼广场东住宅群

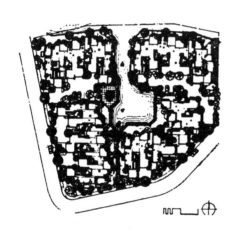

图 18-116　美国斯东克顿的恩巴克特
鲁克夫共管住宅组群

第十一节　60 年代以来城市规划与设计中的环境——行为研究

60 年代以来，环境概念全面深化，城市规划与设计出现了根本性的突破。它不再是停留在强调视觉艺术方法，即由设计者决定的形态设计，而是按照城市使用者的要求，在环境中寻求满足使用者的需要、理想与爱好的场所（Place）与形态。

这种历史转变，有着极其复杂的社会原因，其中与战后 40 ~ 50 年代城市环境面临严重困境（如城市中出现严重社会问题、城市设计的反人性以及城市环境中人的心理与行为受损）有直接关系，与西方二次大战后社会建筑思想的变革有密切关系，与现代科学，尤其是人文科学的发展（包括行为科学、对人的情感研究的重视等等）有重要关系。

60 年代初，罗迦尔·卡逊（Rochal L. Carson）发表了《寂静的春天》（Silence Springs）明确地把环境问题提到人类生存的社会生态系统来认识。为解决面临的巨大困境，西方社会对城市环境进行了广泛的探讨，开展了城市环境的社会目标研究；人与环境的研究；社会心理的研究；生活环境建设的研究等等。

1959 年凯文·林奇（Kevin Lyhch）发表了《城市的意象》（The Image of the City）一书。60 年代初克里斯托弗·亚历山大（Christopher Alexander）发表了《城市并非树形》、《关于形式合成的纲要》。1961 年简·雅各布发表了《美国大城市的生长与消亡》，开始挣脱传统束缚，确定了社会使用方法（Social Usage Approach）。城市环境不再被认为仅是一种视觉艺术空间，而应主要理解为一种综合的社会场所。

一、社会使用方法

社会使用方法包括：研究人的认知，以及对人的行为观察研究、对人的活动与场所情感对应的图式研究、对满足人的行为要求研究、人的情感与场所关系的研究等等。

（一）研究人的认知

林奇发表的《城市的意象》一书，从视觉心理和场所的关系出发，利用群众调查，研究使用者对城市形象认知的基础，从而确定一种全新的城市设计方法。

林奇通过调查，以环境的易识别性为目标，建立认知中的道路（Path）、边界（Edge）、区域（District）、结点（Node）、标志（Landmark）等种种识别元素为基础的视觉分析方法，从而创立研究人对环境的感知和反应的新的设计思想和方法。

（二）对人的行为观察研究

简·雅各布以对人的行为观察来研究城市。她详细探讨人对城市元素（诸如人行道、停车场、广场）的运用，认为城市是在更广泛、更复杂条件下的生活。城市设计是一种解释的策略及对生活的澄清。

（三）人的活动与场所情感对应的图式研究

克里斯托弗·亚历山大主持进行了这项研究。在《关于形式合成的纲要》和《城市并非树形》中都指出了传统设计哲学中的失败，只考虑形式而不考虑内容，不考虑场所与人的活动之间丰富、多种多样的交错和联系。

该方法的基础以倾向（Tendencies）（可观察到的行为图式）替代需要（Need）。认为人的倾向间的冲突，可以通过两种途径解决，即（1）相互间的抑制，（2）创造一种容许各自的倾向得以发展而不互相妨碍的环境。

亚历山大在《图式语言》（Pattern Language）中以各种类型、不同范围的使用者倾向和形态关系为基础，研究满足使用者要求的设计语言。

（四）满足人的行为要求的研究

还有许多学者用系统方法对人的行为进行研究。

雷蒙多·斯塔德（Raymond Studer）的《物质形态系统中的偶然行为的动态》（The Dynamics of Behavior-Contigent Physical Systems）一文，探索人的行为系统理论分析。

唐纳德·阿普莱雅得（Donald Appleyard）将行为研究所获得的城市规划系统方法运用于交通，指出应考虑：1. 使用者系统（乘客和涉及的人），2. 所运用的标准（与人的活动有关），3. 系统的特征（形态、情景对人的影响）。

康斯坦斯·佩林（Constance Perin）提出行为循环（Behavior Circuit）的理论，对人在室内、家庭、街区、邻里等日常生活的行为系统进行研究，从而确定利用何种资源（Resource）（人的或形态的）来满足人的活动要求。

（五）人的情感与场所关系的研究

近年来，社会使用方法的研究，诸如"图式语言"、"符号学"等，已深入使用者的情感与场所的关系，研究人的视觉活动、空间行为及对场所印象的分析。为实现人和环境的交感，探讨人的情感和环境的联系，人在社会空间结构和环境中形成的印象，人对环境的知觉和认知，环境透视的信息含义等等。

二、场　　所

60 年代以来，西方学术界以场所的概念替代传统的空间概念，是历史发展中的一个重要飞跃。

场所指由特定的人或事所占有的环境特定部分。场所具有的重要特征是：（1）场所的占有性：即人对场所的占有。（2）场所的非空间性：场所研究的是人的活动与事件的环境的关系，不涉及固定的空间几何形态，具有非空间性。（3）场所的随机性：不同的人或事对场所的占有，从而使同一地点的场所在不同条件下具有不同的意义。

场所和空间相比，其主要差异在于，空间基本上是一个物体同感觉它的人之间产生的相互关系形成的，具有抽象的概念。而场所则强调物体或人对环境特定部分的占有，以满足人对场所的社会使用要求。

人对场所的社会使用要求，包括情感要求、活动要求和对场所决策的参与要求。

（一）人对场所情感要求的研究

人对场所情感的要求，按个人（领域和私密）、集团（交往）、社会（意义）进行研究。

1. 领域（Territoriarity）和私密（Privacy）

1961 年雅各布在《美国大城市的生长与消亡》一书中提出城市居住邻里的街道要保证安全，所以街道需具有领域划分、对街道的监视以及人行道上不断地有使用者。

1972 年纽曼（Oscar Neumann）在《可防卫的空间》（Defensible Space）一书中也提出了领域性与监视（Natural Surveillances），并把居住环境分为私有、半私有、半公共、公共领域。纽曼于 1980 年又出版了《利益的共有》（Community of Interests）一书，更多地考虑了人、社会和管理的因素。

私密包含在领域的概念内，它还涉及心理现象。维持私密的途径主要通过形态的围护来实现。

2. 交往与半公共环境

场所应具有促使人交往的能力。交往场所和半公共环境有密切的联系。

半公共环境是交往场所的主要形式，但是它的重要作用被忽视，直到 70 年代以后才引起重视。半公共的场所主要是指门厅、中庭、商业营业厅、住宅前的步行道、步行平台、停车场等。波特曼设计的旅馆中庭共享空间就是一种半公共环境。

3. 场所的意义

场所的意义指场所的空间组织、形态元素和材料等传递反映社会、文化等的思想和价值观念，主要通过场所的符号系统来实现。

不同的社会、文化；不同的社会团体（年龄、性别、民族、宗教的差异所构成）；不同的人的认知（主要通过场所的分类、命名、认知地图、印象和识别等来完成）对场所意义均有不同的理解。

（二）人对场所活动要求的研究

人的活动与场所的研究，主要集中在以下三个问题：

1. 活动渗和

克里斯托弗·亚历山大认为在人的活动与场所之间不可能存在一一对应的模式，要求人们寻求一种能包容更大活动范围的场所概念。他试图用图式语言建立起描述与活动一致的场所形态。他认为，场所不再是形式意义的，而是根据人的不同活动具有不同的活动图式含义。

罗布·克莱安（Robert Krier）强调城市空间几何形态的恒固性和城市的典型功能和共性，认为空间和它的形态不是外观细节或历史和社会所导致的具体形式，人的活动应服从典型功能所形成的几何形空间形态。

2. 活动的过渡

人的活动从一种行为场景进入另一种行为场景时，由于前者的影响，会对下一行为拖制和干扰，因此需要一种过渡场所来削弱或减少这种影响。

亚历山大引用 1962 年罗伯特·韦斯（Robert Weiss）的研究指出，从街道进入展览馆，在入口布置一个巨大的橙红色地毯，构成强烈色彩对比的活动过渡场所，能消除观众的"街道行为"紧张心理状态。

迈克尔·克里斯蒂亚诺（Michael Christiano）对室内与室外之间需要一个过渡场所进行了研究，指出，住宅入口的对比、变化和过渡，影响使用者对住户家庭气氛的认识。他作的另一例研究，指出 90% 的住户希望在住宅门前有 7 米的过渡空间。

3. 活动的呼应

活动的呼应，指使用者对他人活动的反应。当人们注意到他人的活动时，会自发地监护他人。呼应的作用可促进邻里的交往和相互关心，可维护邻里的安全。纽曼《可防卫的空间》曾介绍，纽约河湾住宅由于采用活动呼应的措施，在下午 4 点到早晨 9 点才有巡警的条件下，1968 年至 1978 年仅发生 6 件盗窃案件。

（三）人对场所决策的参与要求

60 年代以来，西方规划建筑界的一个重大变革是人民群众对场所决策的参与。1973 年联合国世界环境会议通过宣言，开宗明义首先指出，环境是人民创造的。1977 年的马丘比丘宪章也规定"鼓励建筑使用者创造性地参与设计与施工"和"研制低廉的建筑构件以供需建房的人们使用"。

60 年代中叶曾兴起倡导性规划（Advocacy Planning）运动。这一运动是由那些对摧毁旧城区对"以推土机开路的城市改建"计划持有反对态度的年轻实践家们发起的。他们在居住区中就地建立建筑事务所，称为"社团服务中心"，为当地的居住区遭受拆毁而发起斗争，并改革设计方法，以各种途径让使用者参与决策与设计建造全过程。英国著名建筑师拉尔夫·欧司金（Ralph Erskine）于 1968 年规划设计的拜克住宅区便是采用倡导性方法，就是在该居住区的一所旧房中与群众一起从事场所决策与规划设计工作的。

S.A.R.（Stichting Architecten Research）所进行的研究是荷兰于 60 年代后兴起的让居民参与住宅设计。它将工业化生产的大量性住宅分为"构架"与"可分开的构件"，让居民根据自己的需要来分隔空间、选择外墙、门窗与装修，使人们在一个相同的"框架"里，使用同一种"语言"进行自由结合，创造出许多具有鲜明个性的作品。

根据 S.A.R. 体系所建成的住宅（图 18-117），面积可大可小，单元可分可合。上下层相邻住宅也可相互调剂，以此来满足住户不断变更着的要求。

图 18-117　荷兰按 S.A.R. 体系建造的住宅群

西方国家采用社会目标的群众参与，也就是规划方向上、政策上和规划实施过程的群众参与，是为了缓解资本主义社会不同利益的社会集团对立所造成的整个社会环境与空间结构的严重对抗和冲突。而社会决策，由于采取公开听取、吸收、综合和调解不同集团分歧的方法，局部或暂时地缓和集团间的对抗与冲突，从而引起当权者与规划界的重视和采用。

第十二节　马丘比丘宪章

1977 年 12 月，一些世界知名城市规划设计学者聚集于秘鲁利马进行了学术讨论并来到马丘比丘山的古文化遗址签署了新的宪章——马丘比丘宪章。这个宪章是继 1933 年雅典宪章以后对世界城市规划与设计有深远影响的又一个文件。雅典宪章提出的许多原理虽然今天还同样有效，但由于时代在前进，雅典宪章所阐明的某些指导思想已不适应当前时代的发展变化。修改过的马丘比丘宪章是为了指出城市规划与设计在新的形势下应该有什么指导思想来适应时代的变化。

宪章分成 11 小节，对当代城市规划理论与实践中的主要问题作了论述：

城市与区域

宪章肯定了雅典宪章所承认的城市及其周围区域之间存在着基本的统一性，但由于战后城市化过程正在席卷世界各地，宪章补充："规划必须在不断发展的城市化过程中反映出城市与其周围区域之间的基本动态的统一性"。并要求我们刻不容缓地更有效地使用现有人才和自然资源，"要在现有资源限制之内对城市的增长与开发制定指导方针"。

宪章指出："规划过程应包括经济计划、城市规划、城市设计和建筑设计，它必须对人类的各种要求作出解释和反应"，但"宏观经济计划与实际的城市发展规划之间普遍脱节，浪费掉已经为数不多的资源并降低了两者的效用"，"国家和区域一级的经济决策很少直接考虑到城市建设的优先地位和城市问题的解决以及一般经济政策和城市发展规划之间的功能联系，结果系统的规划与建筑设计的潜在效益往往不能有利于大多数人民"。

城市增长

宪章认为雅典宪章对城市规划的探讨并没有反映30年代以后出现的农业人口大量外流而加速城市增长的现象，由于城市增长率大大超过世界人口的自然增加，城市衰退已经变得特别严重。

宪章指出城市的混乱发展有两种基本形式：第一种是工业化社会具有的特色，就是较富裕的居民都向郊区迁移。第二种形式是发展中国家具有的特色。大批农村住户向城市迁移，大家都挤在城市边缘，既无公共服务设施，又无市政工程设施。宪章尖锐地指出："不论是哪一种形式，不可避免的结论是：人口增长，生活质量下降。"

分区概念

宪章批评了雅典宪章提出的城市规划的目的是为了解决居住、工作、游憩和交通四项基本的社会功能的相互关系和发展。于是为了追求分区清楚却牺牲了城市的有机构成。宪章指出："规划、建筑和设计，在今天，不应当把城市当作一系列的组成部分拼在一起来考虑，而必须努力去创造一个综合的、多功能的环境"。

住房问题

宪章对雅典宪章作了重要补充，它深信人的相互作用与交往是城市存在的基本根据。要争取生活的基本质量以及与自然环境的协调。要把住房看成为促进社会发展的一种强有力的工具。要鼓励建筑使用者创造性地参与设计与施工。

宪章指出："在人的交往中，宽容和谅解的精神是城市生活的首要因素。这一点应作为不同社会阶层选择居住区位置和设计的指南，而不要强行区分，这是同人类的尊严不相容的"。

城市运输

宪章批评了雅典宪章把私人汽车看作交通的决定因素。指出："将来城区交通的政策显然应当是使私人汽车从属于公共运输系统的发展"，"公共交通是城市发展规划和城市增长的基本要素"。

宪章又指出："运输系统是联系市内外空间的一系列的相互连接的网络，其设计应当允许随着城市的增长、变化及形式作经常的试验"。

城市土地使用

宪章赞同雅典宪章提出的坚持一个立法纲领，以便在满足社会用地要求时，可以有秩序地并有效地使用城市土地，并强调"今天仍迫切要求拟订有效的公平的立法，以便在不久的将来能够找到确有很大改进的解决城市土地的办法"。

自然资源与环境污染

宪章揭示"当前最严重的问题之一是我们的环境污染迅速加剧，现在已经到了空前的具有潜在灾难性的程度",并指出世界城市化地区内的居民所用的空气、水和食品中含有大量的有毒物质以及存在的有损身心健康的噪声。

宪章呼吁"控制城市发展的当局必须采取紧急措施,防止环境继续恶化,并按照公认的公共卫生与福利标准恢复环境固有的完整性。"

文物和历史遗产的保存与保护

宪章指出:"不仅要保存和维护好城市的历史遗址和古迹,而且还要继承一般的文化传统。一切有价值的说明社会和民族特性的文物必须保护起来。","保护、恢复和重新使用现有历史遗址及古建筑必须同城市建设过程结合起来,以保证这些文物具有经济意义并继续具有生命力。"

工业技术

宪章指出,由于世界经历了空前的工业技术发展,"技术惊人地影响着我们的城市以及城市规划和建筑的实践"。

宪章认为目前由于技术发展的冲击,出现了依赖人工气候与人工照明的建筑环境,"但建筑设计应当是创造在自然条件下的适合功能要求的空间与环境的过程","技术是手段并不是目的,技术的应用应当是在政府适当支持下进行认真的研究和试验的实事求是的结果"。

设计与实践

宪章认为"区域规划与城市规划是个动态过程",建筑师、规划师与有关当局要努力宣传,使群众与政府都了解"这一过程应当能适应城市这个有机体的物质与文化的不断变化"。

城市与建筑设计

宪章批评了雅典宪章关于"建筑是在光照下的体量的巧妙组合和壮丽表演"的观点,指出"在我们的时代,现代建筑的主要问题已不再是纯体积的视觉表演,而是创造人们能在其中生活的空间。要强调的已不再是外壳而是内容,不再是孤立的建筑(不管它有多美、多讲究),而是城市组织结构的连续性"。

宪章又批评了雅典宪章"在1933年,主导思想是把城市和城市的建筑分成若干组成部分",指出"在1977年,目标应当是把那些失掉了它们的相互依赖性和相互联系性,并已经失去其活力和含义的组成部分重新统一起来"。

宪章肯定了雅典宪章在城市与建筑设计理论的一些发现和成就,但认为还需加上空间的连续性和建筑、城市与园林绿化的统一。

宪章精辟地指出:"新的城市化概念追求的是建成环境的连续性","每一座建筑物不再是孤立的,而是一个连续统一体中的一个单元,它需要同其他单元进行对话,从而使其自身的形象完整"。

宪章指出这种形象持续的原则不仅是一条视觉原则,而且更根本的是一条社会原则。

宪章强调"在建筑领域中,用户的参与更为重要,更为具体。人们必须参与设计的全过程,要使用户成为建筑师工作整体中的一个部分"。宪章号召建筑师从学院戒律和绝对概念中解放出来,并指出:"只有当一个建筑设计能与人民的习惯、风格自然地融合在一起的时候,这个建筑设计才能对文化产生最大的影响"。

第十三节　新技术革命、现代科学方法论，以及电子计算、模型化方法、数学方法、遥感技术与城市环境生态学对西方城市规划的影响

一、新 技 术 革 命

（一）当代科技的新发展

在人类历史上，技术革命已进行过多次。第一次技术革命是制火技术的发明。第二次技术革命是农业技术体系的形成。第三次技术革命是工业技术的重大突破。第四次技术革命是重化工业技术的崛起。目前，进行的技术革命是第五次技术革命，也称新技术革命。

这场革命是从第二次世界大战开始的。第一个标志是原子能的利用。1942 年建立了第一座核反应堆，1955 年建立了第一座商业用的原子能核电站。第二个标志是电子计算机的出现，1946 年 1 月美国宣布第一台电子计算机诞生。第三个标志是集成电路的出现，1946 年出现了第一个集成电路。第四个标志是宇航工业的发展，1957 年苏联第一颗人造卫星上天，开始了宇航时代。

70 年代以后的发展，最主要的是三个方面：

第一个方面是信息技术或叫信息产业的发展。它是以电子计算机和集成电路以及现代化的通信手段为基础的。目前日本已进行第五代电子计算机的研究。这种电子计算机更接近人脑的功能，所以也叫智能计算机。日本还在研究一种能听能看能写能谈能画的电子计算机。苏联学者曾把这种信息科学技术称为继文字发明以后的第二次文化革命。

1969 年开始，发展了一种新的通信手段，即光导纤维通信。日本在东岸铺设了一条从九州到北海道的 2600 公里长的光导通信系统。美国也在东岸和西岸铺设长距离的光纤系统，还准备搞横渡大西洋的海底光缆。

第二个方面是生物技术的发展。就是在人工可以控制的条件下，试验微生物的生成，诸如酶工程、发酵工程、细胞工程以至基因工程。1973 年人们第一次实现了人工对基因剪接和重新组合，即基因工程，这是生命科学的一个重大的飞跃。

第三个方面是新型材料的出现。这里面最重要的是关于信息的材料、关于新能源的材料、关于特殊用途的结构材料和新型功能材料，以及高效能的结构复合材料等等。

除以上三项外，还加上新能源、海洋开发和宇航工业构成了新技术革命的六个领域。

这些新技术的发展将为人类面临的信息爆炸、粮食短缺、材料匮乏和能源危机开辟新的道路。

（二）新的社会理论

由此，一些西方国家的学者认为，一场"新产业革命"已经来临，工业化国家将进入"工业化后社会"或"信息社会"。这些学者发表的论著，主要有美国社会学家丹尼尔·贝尔 1973 年发表的《工业化后社会的到来——社会预测尝试》。美国未来学家阿尔温·托夫勒 1980 年出版的《第三次浪潮》、美国经济学家约翰·内斯比特 1982 年出版的《大趋势——改变我们生活的十个新方向》。日本经济学家松田米津 1982 年出版的《信息社会》等著作。

1. 贝尔的《工业化后社会》论

贝尔首次提出了"工业化后社会"的概念。他认为工业化后社会是"围绕知识组织起来的"。专家和技术人员在各种职业中将占主要部分，保健、研究、教育和管理等服务业将大大增加。他归纳了工业化后社会有五大特征：（1）经济上以制造业为主转向以服务业为主。（2）社会的领导阶层由企业家转变为科学研究员。（3）理论知识成为社会的核心，是社会革新与决策的根据。（4）未来的技术发展是有计划有节制的。技术评价占有重要地位。（5）制定各项政策需通过"智能技术"。

贝尔认为技术发展分为三个阶段。第一阶段是工程技术阶段。第二阶段是发展社会技术。第三阶段是各种决策活动都要依赖智能技术，不仅需要社会工程，而且高层次的决策，还需要系统工程。

2. 托夫勒的《第三次浪潮》理论

托夫勒认为，人类已经经历了两次巨大的变革浪潮。第一次变革浪潮，是距今 0.8 万～1 万年的农业革命。第二次变革浪潮是以 18 世纪中叶的蒸汽机为标志的工业革命。而以电脑发明为标志，人类则进入了第三代浪潮，即被称为"信息革命"的时代。

那些新兴科学基础上发展起来的新兴工业群将取代传统工业。新兴工业的发展将使经济结构、社会结构发生巨大变化，社会生产力将得到迅猛发展，人们的生产方式、政治准则、生活方式、社会传统及意识形态都将受到第三次浪潮的冲击而发生深刻的变化。

托夫勒认为第三次浪潮与第二次浪潮的一个重要的区别是多样化。第二次浪潮产生的是大规模的社会。当时的推动力是取消差别，使之集体化、同一化。第三次浪潮则是要造成一种非集体化、非大规模化和多样化的社会。

这种非集体化、非大规模化和多样化的现象已在社会的各个领域中出现，如能源系统的多样化，工业生产的多样化（成为分散全国各地，非集体化的大规模的生产），分配手段的多样化，分散的经济、政治（管理）上的弹性，社会结构的变化（多样化的家庭结构），工作形式（地点）的变化（工作又从工厂和办公室里还原到家庭之中），农业方面的变化，军事领域的变化，以及科学技术方面的变化。

3. 奈斯比的大趋势论

美国社会学家约翰·奈斯比 1982 年发表了《大趋势——改变我们生活的 10 个新方向》一书。他提出未来的 10 个方向是（1）从工业社会向信息社会转变。（2）从强迫性技术向高技术与高情感相平衡的变化趋势。（3）从一国经济向全球经济的变化。（4）从短期向长期的变化趋势。（5）从集中向分散的变化趋势。（6）从向组织机构求助向自助的变化趋势。（7）从代议民主制向分享民主制的变化趋势。（8）从等级制度向网络组织的变化趋势。（9）从北向南的发展趋势。（10）从非此即彼的选择向多样选择的变化趋势。

4. 松田米津的"信息社会"

日本经济学家松田米津 1982 年撰写《信息社会》一书，认为、信息社会是与工业社会"截然不同的人类新社会"。信息社会的主导工业是"智力工业"，与信息有关的工业将组成"第四产业"。信息社会以电脑为核心，按电脑化的发展过程可分为 4 个阶段：1945～1970 年左右是以大科技为基础的电脑化阶段，电脑主要被用于军事和太空探险。1955～1980 年左右为管理电脑化阶段，电脑主要被用于政府和企业界。1970～1990 年左右为社会电脑化阶段，电脑主要用于增进社会福利，满足社会需要。1975～2000 年左右为个人电脑化阶段，每个人都可以从电脑系统取得他所需要的资料，解决问题，追求未来的目标。

（三）新的技术革命对社会和经济的巨大影响

新的技术革命，将对社会和经济发生巨大影响，可归纳为以下几个方面：

1. 以新技术群为基础的新兴产业群的形成，将成为社会的经济支柱，使整个产业结构发生重大变革。

2. 新技术革命将改变地区的经济结构、经济布局和就业结构。如日本于60年代，它的传统工业的布局是"临海型"，沿海建立起大的工业基地。现在日本的新兴工业不打算向临海发展，而是准备向"临空"发展。修建了许多大的航空港，在它们的周围，布置了许多中小型工厂，主要为信息工业、电子工业等创汇高、体积小、重量轻的尖端技术集约型产品工业。

3. 新技术革命将带来生产组织与管理的变革。新技术发展的结果使企业趋向小型化、分散化、专业化。纵向树形结构将减少，横向网状结构将增加。生产体制转向多品种、小批量。生产和消费走向个性化、多样化。从整个社会来看，将出现大、中、小企业并举的局面。城市规划的发展趋势向分散网络型发展，形成大中小城市结合的网络状城市群。美国旧金山湾附近就已经形成这类的城市群。

4. 新技术革命将带来劳动方式和内容的变革，解放人的智力。很大一部分脑力劳动将被计算机代替，人们将主要从事创造性劳动。

5. 新技术革命将带来社会生活的大变化，带来工作方式、生活方式、消费结构和教育手段的变革。办公室工作信息化，家庭电脑化，教育手段电子化是发展的必然趋势。日本等发达国家已出现三A革命，即FA（Factory Automation 工厂自动化）革命，OA（Office Automation 办公室自动化）革命和HA（House Automation 住宅自动化）革命。

对科学技术突飞猛进的发展所引起的经济、社会生活的各种变化，西方国家形成了两个比较大的学派，即悲观派与乐观派。悲观派认为前景不那么理想，不要幻想依靠科学技术解决所有问题和矛盾，其主要代表是贝切尼领导的国际性组织罗马俱乐部。1971年罗马俱乐部发表了一个报告书，题目叫《增长的极限》，认为地球上人口的增长，工农业生产的增长，都应当有个极限，否则地球总有一天要承受不了。因此要控制，使增长有个极限。报告中列举了很多问题如人口爆炸、大陆资源枯竭、能源消耗、生态危机等等。报告发表后在西方世界引起了很大震动。当时也有一批人反对这个报告，包括贝尔、托夫勒、美国世界观察研究所所长卡恩等等。

二、现代科学方法论

以老三论（系统论、信息论、控制论）与新三论（协同论、突变论和耗散结构论）为代表的现代科学方法论，是20世纪以来最伟大的理论成果。它的崛起，为人类认识世界与改造世界提供了新的有力的思想武器。

系统论、信息论、控制论这三门学科是于1948年左右同时诞生的。60年代以后得到重大的发展。

协同论是1973年创立的，耗散结构论是1969年提出的，突变论是1972年提出的。

系统论

系统论的创始人奥地利生物理论学家贝塔朗菲提出了系统论的三个基本原则。第一，系统观点，也就是有机整体性原则。第二，动态观点，认为生命是自组织开放系统，也就是自组织性原则。第三，组织等级观点，认为事物存在着不同的组织等级和层次，各自的组织能力不同。

现代城市是一个大系统，是一个以人为主体，以空间利用为特点，以聚集经济效益为目的的集约人口、集约经济、集约科学文化的地域空间系统。

为使城市大系统具有有机整体性，西方国家从环境设计构思到空间秩序的组织，时时研究建筑和环境的关系、人与空间和环境的关系，使建筑与自然环境、社会历史环境相协调而融为有机整体，这也就是1959年荷兰提出的整体设计的思想。

为使城市大系统具有动态观点，比利时布鲁塞尔派的埃伦（Allen）等人，运用自组织理论建立了城市发展的动力学模型。他们提出了影响城市发展的6个变量，然后将城市分成若干小区，列出相应的非线性运动方程，用计算机进行模拟计算，得出一些有兴趣的结果。

国外学者把城市看作一种不断发展的动态过程，不断地与社会及经济环境进行反馈交流，以适应社会的变化。

为使城市大系统具有组织等级层次，各国规划工作者，把整个系统逐层分成不同等级和层次结构，在动态中协调整体与部分的关系，使部分的功能和目标服从系统总体的最佳目标，以达到整体最优。

克里斯托弗、亚历山大否定了一般地看待城市的各级组织设施，即把各层次的等级看成系统的"树形结构"，而提出根据实际城市生活，要比这种"树形模型"复杂得多，很多方面是交织在一起，互相重叠的"半网状结构（Semi Lattice）"，这就是按城市的内在规律，以系统的观念来进行城市研究的一个良好的起点。

信息论

信息论主要研究信息的本质，研究如何运用数学理论描述和度量信息的方法，以及传递、处理信息的基本原理。

信息论的创始人申农认为，信息是用以消除随机不定性的东西。维纳则认为"信息就是我们在适应外部世界和控制外部世界的过程中，同外部世界进行交换的内容的名称"，还有人把信息理解为集合的变异度，事物的变异或关系以及系统的有序性等等。一般地说，信息是指反映客观世界中各种事物的特征和变化的组织，是一种有用的知识。

60年代以来，城市规划中运用信息论方法为科学整体化提供了重要手段，为某些事物运动揭示了新的规律，为实现城市规划与管理的现代化提供了武器。信息流亦调节着人流与物流，驾驭人和物作有目的、有规划的活动，并使无序变为有序。信息论方法的使用还提供了科学决策的基础。

控制论

控制论是研究各种系统的控制和调节的一般规律的科学。控制论是美国数学家维纳创立的。它的发展大致可分3个时期。第一个时期，在40年代末到50年代，是经典控制论时期，研究单变量自动控制。第二个时期到了60年代是现代控制论时期，从单变量控制到多变量控制，从自动调节到最优控制。第三个时期是70年代以后，是大系统理论时期，使工程控制领域深入到生物领域、社会领域和思维领域。控制论的主要方法是信息方法、黑箱方法和功能模拟法。

社会控制论在城市规划中的体现是把控制论应用于交通运输、电力电网、能源管理、通信工程、环境保护、城市规划与设计以及整个社会。社会是个活的自组织系统，有信息反馈，社会控制系统的决策能力和作用，在社会系统的发展过程中具有重要地位。

系统论诞生后，在深度和广度上不断发展，又出现了新的"三论"，即协同论、耗散结构论和突变论。

协同论

协同论又称协同学，是 1973 年由联邦德国物理学家哈肯首先创立的。该理论是一门研究完全不同的学科中存在的共同本质特征的横断学科，研究开放系统普遍存在的有序和无序及其转化规律。协同论揭示的协同与不协同的规律，首次将无序与有序真正统一起来。

协同论认为，客观存在的很多物质系统，都是由大量的子系统所组成。现代城市就是由不同性质、不同层次的子系统所组成的复杂的大系统。把组成这个大系统的众多的子系统进行分类概括。从第一个层次来看，是三大系统：经济系统、社会系统、生态系统。现代大系统的各子系统之间存在着错综复杂的相互制约、互相推动的内在的非线性的相变作用。但是各子系统之间的相互关联，在保证不断对外交流的条件下，总会产生对子系统的制约，从而在现代城市系统的总体结构和功能上显现出来，这时各子系统便形成了协同。

耗散结构论

耗散结构论是比利时布鲁塞尔学派领导人普里高津于 1969 年提出的。与协同论一样，也是一种非平衡系统的自组织理论。该理论研究耗散结构性质以及它的形成、稳定和演变规律。它指出一个远离平衡的开放系统，通过不断地与外界交换物质与能量，在外界条件变化达到一定阈值时，可能从原有混沌无序的混乱状态转变为一种在时间、空间或功能上的有序状态。

耗散结构论认为，系统在与外界不断进行的交流中，可能产生负熵流，从而产生逐步导致稳定有序的促协力，所以熵就是一个系统失去信息的度量。负熵流是指较大的信息量。

城市就是一种耗散结构，它必须不断从外界获取物质和能量，又不断输出产品和废物，才能保持稳定有序的状态，否则就会趋于混乱乃至消亡。

突变论

突变论又被译为灾变论，是 1972 年法国数学家托姆提出的，是一门新兴的数学分支学科。突变论从微分拓扑学的角度，着重研究那些连续的作用如何导致不连续的突变问题。

事物的突变性也是一个客观现实。有的是孕育性突变，有的则是瞬时性突变，其机理现已有了初步数学模型，应用于设计分析，则有智爆技术、激智技术、创造性思维与创造性设计等。

三、电子计算机在城市规划中的应用

发达国家在城市规划中使用电子计算机，自 60 年代开始逐渐增长。80 年代被喻为一个反思的时代。美国、英国、澳大利亚、日本等国相继做了不同形式的调查、统计、分析计算机在规划中使用的情况。

英国

英国规划界在使用计算机方面居于前列。1968 年修订的新规划法规规定郡级政府为全郡制订关于发展策略的战略规划（Structure Plan）。在英国规划界掀起了使用计算机的浪潮，愈来愈多的规划工作者开始设计出各种规划模式和预测方法，同时又利用它数据管理的功能存储和处理庞大的供规划用的信息。到 1984 年使用计算机的部门激增至 64%。

美国

60 年代中期，克里斯托弗、亚历山大用电子计算机作为新的分析手段去突破某些在城市分析中常见的传统假定和惯用程序，他把资料整理成数字形式，把人类活动模式化，输入计算机中。他们正在试图采用一种"通用设计词汇"的模式语言，使设计过程科学化。亚历山大的"模式"由三个部分组成。第一是应用范围。第二是说明在什么情况下应作出什么样的反应。第三是提出问题，加以批评和修改。

在 CAD 图像研究中作出成绩的有康奈尔大学计算机图形研究所。他们研究的一个重要成果就是很精巧的"步行全程"（Walk through）程序。这实际上是一种从视觉上进行解析的过程。从计算机显示器上，可以看到当人们在指定的地点和路线上移动时的各种透视效果。他们还研究把规划设计中的一些设想以三维的全色图像加以反映。

SOM 建筑事务所研究以道路转角的三维计算机模型，把规划中的建筑物试着放入预定的用地，从任何一个角度看和周围的环境能否很好地协调。

法国

巴黎的城市再开发局研究出一种称之为巴尔撒（Balsa）的系统。它可以将环境、风景和建筑以及永久的基础设施规划加以组合。由此而将变更的方案从三维的形式加以表现。例如，为了改造巴黎东郊的旧仓库区，从 1980 年开始，将 97 公顷用地中的街道、树木以及原有建筑等加以数字化而存储入系统之中，完成了十多个方案的设计透视图，并且有近百个方案，作为比较而在荧光屏上加以评价。

日本

日本把电子计算机技术视为推动其他工业发展的先导工业，并动员科技界、电子计算机技术界、社会学家、经济学家和未来学家共同讨论制定第五代全新电子计算机技术——智能化电子计算机技术。

苏联

苏联于 60 年代初，开始应用电子计算机解决城市道路系统的规划和城市交通管理。市政工程管网系统的布置和大型公共建筑设计方案的选择等等。后来，苏联又把电子计算机应用在新建城镇的用地选择规划结构方案的比较，大城市改建等方面的课题。

四、模型化方法、数学方法、遥感技术在城市规划中的应用

60 年代以后，西方国家在城市规划设计中应用模型化方法。它是现代设计方法的中心一环，是根据事物内部联系的相似性原理，借助数学的、物理的、几何的直至仿生的手段，把我们规划设计的研究对象用数学或其他形式模拟再现出来，是对复杂对象进行规划设计研究的有力手段。

模型化方法的优点是可以在不用直接的试验的条件下选择正确有效的方案。能在城市规划与设计尚未实施之前，预先知道选用的方案能够为我们提供多大的服务能力和实际使用中可能出现的某些情况及其发展趋势。

在城市规划中可供采用的模型，大体可分为数学模型、物理模型和几何模型三大类。

数学模型是用公式、方程式、不等式和矩阵等数学语言来描述和模拟模型化对象的某些特性、内部联系以及反映这些特性联系的指标和系数，可从不同方案中找出最优或准优方案。

物理模型，也叫类比模型。它是把某些课题的基本物理过程，如城市交通流在路网中的最优分配等，用类比的方法以物理模型代替数学模型。

几何模型也称图像模型，是以最直观的形式把系统的功能结构和逻辑关系表达出来。

数学方法自引进城市规划领域以来，已经解决了许多有关规划、预测和具体设计的定量问题，其中尤以运筹学最为突出。例如应用回归分析法对城市人口发展规模的预测，用排队论安排许多为城市居民服务的设施以及用线性规划确定广场、站场、码头、汽车站的位置和企业合理投资问题等。决策论是一种在不确定情况下做出决策的随机运筹学方法，目前已广泛应用到城市规划。

遥感技术于40年代在城市规划与研究中得到运用。目前各发达国家已经把城市规划和广义的遥感技术开始联系在一起。在规划中主要还是依靠航空摄影，但其目的已不仅用于测绘普通地形图，还为了分析、搜集地物数据，制作影像图等等。

从航空遥感与卫星遥感的图像中，读出被凝聚收集起来的多种信息，如地形、地貌、植被、建筑、水面，乃至于不同污染物的扩散范围与危害程度，隐蔽的地质构造、矿体、潜水等等。借助对这些图像的电子计算机数字化处理，可以提取单项因素，也可以作综合分析，如对在不同时间摄取的图像进行对比，还可以往后或往前求得动态变化趋势。

五、城市环境生态学在城市规划中的应用

借助生态学过程的类比，来解释人类的种种居住模式及其演进，这至少在20世纪20年代就有过了。从此时起，人们曾多次企图使生态学变得"人化"起来。1921年芝加哥的一群城市社会学家提出了"人类生态学"（Human Ecology）的概念。1935年坦斯莱又提出较重要的生态系统概念。它要求对一个社区和其环境的结构与功能作出明确的阐述，并予以定量化。1958年以多加底斯为首成立了"雅典技术组织"，并予1963年建立了雅典人类环境生态学（Ekistics）中心。这个机构的任务遍及30多个国家，在新城建设、旧城改造、市区更新、区域规划方面都做了大量的工作。它着重研究城市居民与其生态环境的十分复杂的关系，研究城市建设对自然条件、环境质量的作用与反作用，力图创造适合人类居住和工作的城市环境，以求全面地合理地解决现代城市面临的环境污染与生态破坏的问题。

1969年美国麦克哈格（I.Mc Harg）教授撰写的《结合自然的设计》（Design with Nature）一书，被誉为城市环境生态学方面的指导性学术著作。他不仅从生态学的外部因素去观察自然景观的各种变化，而且把自然环境与人类作为一个整体去观察研究。他认为人与自然必须是伙伴关系，必须与大自然合作才能使两者共同繁荣。他研究分析了城市和区域的土地利用、道路选线、城市绿地对气流和小气候的控制，对流域和森林植被的保护，防止土地的侵蚀等实际工程和规划问题。美国城市规划理论家芒福德曾指出，麦克哈格的贡献在于，将许多关于自然的知识综合在一起，最后落在建设上，而且它以复杂的综合的实例，阐述如何管理自然区，如何选择城市用地，如何在巨大的集合城市地区重新建立人

活动的规范和提高生活的目标。

日本从过去忽视生态的教训中，深刻认识到，列岛改造，必须开展城市环境生态的规划。1977 年公布了"第三次全国综合开发计划"，优先考虑保护自然环境，建立健康和文明的生活环境，并计划在全国建立 800 个"定居圈"，以此作为生态学规划的最小单元。实践证明，日本的这种做法的效果良好。

第十四节 未 来 城 市

从古到今，人们都憧憬着美好的未来。对城市未来的研究有种种的设想。20 世纪初美国人凯姆勒斯（E.Chamles）设想了在屋面上连续运行的车辆交通系统。1910 年法国发明家赫纳德（Eugene Henard）设想城市的建筑物立在高支柱上，交通系统是环状的，飞机在屋面上降落。60 年代以来，在世界新技术革命的冲击下，城市的规划和建设面临着更复杂和更紧迫的挑战。经济和社会、文化、科技每前进一步，都将在城市规划上反映出来。近 20 多年来，各国规划工作者提出了各种未来城市的方案设想。有的设想从土地资源有限考虑，拟上天、入地、进山、下海，以建设海上城市（Floating City）、海底城市（Submarine City）、高空城、吊城、地下城、山洞城。有的设想从不破坏自然生态考虑，以移动式房屋与构筑物建设空间城市（Space City）或插入式城市（Plug-in City）。有的从模拟自然生态出发，拟建设以巨型结构（Megastructure）组成的集中式仿生城市（Arcological City）。有的设想从其他角度提出其他方案。它们的共同点是具有丰富想象和大胆利用一些尚在探索中的尖端科学技术。

一、阿基格拉姆、可动建筑研究组与新陈代谢派

（一）阿基格拉姆和未来城市

阿基格拉姆（Archigram）是 60 年代初以彼得·柯克（P. Cook）为核心的几名英国青年建筑师组成的英国先锋建筑师小组。1961 年他们出版了《阿基格拉姆》（Archigram 即 Architectural Telegram 的简缩用词）把建筑与城市问题紧缩为一个信息形象迅速传布出去。这个学派叛离传统建筑观念，是作为 60 年代建筑革命的起爆剂存在的。

阿基格拉姆的规划设计题材极为广泛、庞杂，他们充满科学幻想。它与第十小组所强调的流动与变化、GEAM 所倡导的可动建筑有相似的共同语言。他们的主题有时是坚硬的，如 1964 年的"步行城市"和"插入式城市"等，有时则是柔软的，如 1963 年的城市展览会等。他们对高度发达的科学技术乐观崇拜。对基于它的商业文化持肯定态度。他们的主要作品还有席恩中心（1962 年）、蒙特利尔塔规划（1963 年）、即时城市（1969 年）、蒙特卡罗游乐设施规划（1969 年）等。1970 年阿基格拉姆小组停止活动。

阿基格拉姆建筑师柯克于 1964 年设计了一种插入式城市（图 18-118、图 18-119）可在已有交通设施和其他各种市政设施的网状构架上插入有似插座的房屋（图 18-120）或构筑物。它们的寿命一般为 40 年，可以轮流地每二十年在构架插座上由起重设备拔除一批和插上一批。也就是说，随着生产、生活的剧变，科学技术的跃进，城市里的房屋和各种设施可以周期性地进行更新。

同年，赫隆（Ron Herron）设计了"步行城市"（Walking City）（图 18-121），是一种

模拟生物形态的金属巨型构筑物，有望远镜形状的可步行的"腿"，可在气垫上从一地移动至他地。

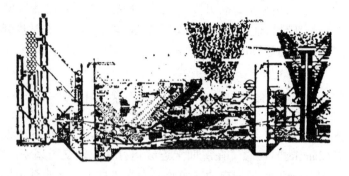

图 18-118　柯克设想的插入式城市

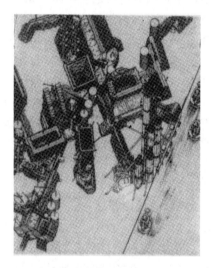

图 18-119　阿基格拉姆学派设想的
插入式城市

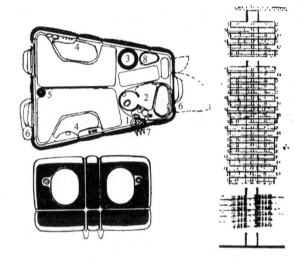

图 18-120　插入式高层住宅

1—综合管道；2—厨房与浴室；3—气动电梯；
4—备有饰件的墙体；5—可移动的墙体；6—供服
役的便门；7—各种装置的插头；8—储藏单元

图 18-121　赫隆设想的步行城市

（二）可动建筑研究组（GEAM 即 Groupe d'etude d'architecture Mobile）与未来城市
GEAM 是以美国建筑师约那、弗里德曼（Y. Friedman）为首而结成的一个"可动建筑研究组"。他们设计了各种各样的"可动建筑"、"可动城市"方案。此外，还进一步发展了由"第十小组"最先提出的城市"基础结构"（Infrastructure）概念。

弗里德曼认为未来建筑可以是活动安装式的，所在环境也可以是临时租赁性的，可以适时转移至另一环境，所谓建筑物也就等于一个标准式的包装外壳，既不需永久性定居点，也可以尽量不改变定居点的原来自然生态面貌。弗里德曼于1970年规划的空间城市（图18-122）是在大地上构筑起一个柱间距为60米的空间结构网络，在这个网络上可被装上活动安装式的各种房屋，可创造各种生活与工作环境。

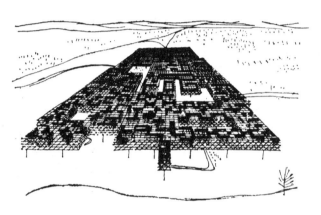 

图18-122　弗里德曼设想的空间城市　　　　图18-123　矶崎新设想的空间城市

矶崎新于1960年设计的另一空间城市方案（图18-123）是可动的连续延伸的构架，可在地面以上跨越原有的城市。

（三）新陈代谢派与未来城市

新陈代谢派的理论

1960年丹下健三事务所成员菊竹清训、黑川纪章等提出"新陈代谢"（Metabolism）规划理论，发表宣言，并印发小册子，题为《新城市规划创议》。新陈代谢派把人类社会纳入从原子到大星云的宇宙生成发展过程中。采用"新陈代谢"这一生物学上的术语，不外是把设计和技术看作人的生命力的外延。反对过去那种把城市和建筑看成固定的、自然进化的观点，认为城市和建筑不是静止的，而是像生物新陈代谢那样的动态过程，主张在城市和建筑中引进时间因素，明确各个要素的"周期"。在周期长的因素上装置可动的周期短的因素，以便过时的建筑单体或设备可随时撤换而不影响其他单体。

丹下健三明确地提出了成长与变化、长周期与短周期的结合方式、主要结构与次要结构的构成及其取代系统、从单人尺度到多人尺度以至超多人尺度的连续构成，以及城市的交往网络对建筑的渗透、建筑物内部交往空间的构成等一系列问题。

菊竹清训是把建筑和城市作为实体结构，其中包括长期性的支承结构和短期性的可动单元。他想要研究可动部分的更换体系，并进一步通过它来研究与人同时成长的建筑与城市。

黑川纪章的研究是为了适应变化或者说允许共存的新陈代谢。他的概念可以用许多说法来称呼，即："城市连接体"、"二进位法体系"、"主空间化"、"内在化"、"囊状建筑"等。

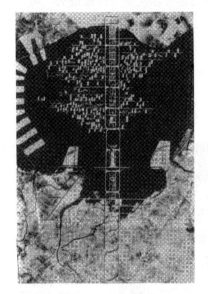

图 18-124　丹下健三东京 2000 年
规划方案

丹下健三的东京 2000 年规划设想

　　丹下健三于 1960 年提出了东京 2000 年规划设想（图 18-124）。在这个规划中，改变了东京城市结构的基本骨架，把它从一个封闭型的中心放射系统转换为一个开发型的线型发展的城市，使城市的结构、交通运输及建筑构成一个有机整体，并确立一个能反映现代社会自身机动性的城市空间法则。

　　这个规划方案是向海上发展，开拓城市新空间的海上城市。那时东京人口为 1000 万。城市发展已缺乏足够用地，因而将生活居住区与城市的业务部门设在东京湾海底深度只有 50 ～ 80 米的地方，建设一个新的都市轴，把东京湾两岸连接起来。

　　都市轴由两条间距约 2000 米的平行超高速道路组成（图 18-125、图 18-126）。都市轴有一组平行环状交通系统，分成三层。都市轴中央，规划有中央机关、技术情报中心、交通控制中心、商业服务中心以及文化娱乐设施。随着城市的扩大，都市轴可不断地向前延伸。都市轴的两侧，布置生活单元。

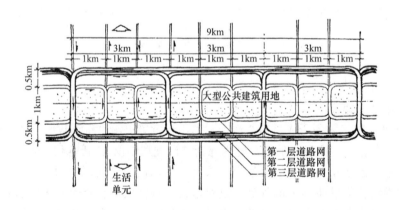

图 18-125　都市轴功能布局示意

竹菊清训的共同体计划与夏威夷海上城市构想

　　竹菊清训的东京都临海地域的共同体计划（图 18-127）设想在水深约 6 米的平坦海底，设置数万个正四面体结构，由此组成基础，在这个基础上建设上部构造。这种城市空间的构造是，先把正三角锥体的公共场所（A）固定在下边，然后再架起桥型（B）空间，把好几个（A）连接固定起来，再在（A）的上部重叠高层（C）空间。另外，固定拴住浮动广场（D），最后，用交通空间（E）把这些空间连接起来。

　　在池袋再开发计划中，竹菊清训提出高 500 米、直径 50 米的塔状共同体（图 18-128）。

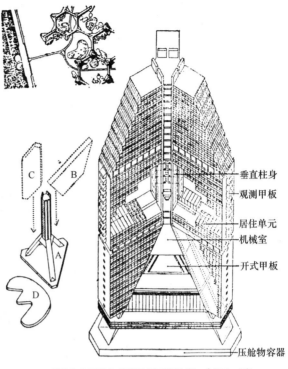

图 18-126　都市轴局部模型

建设东京都临海地域的再开发计划，水深5～6米
高密度的城市型共同体配置图（左上），结构示
意图（左下），断面图（右）

图 18-127　竹菊清训的共同体计划

这个居住塔，具有支持 1250 户的居住单位的共同体构造，使之能支持起现代家庭生活的多种要求。在居住塔中还可以设置生产工厂。在塔的下方建造 6～7 层房屋以配备停车场、杂务、商店以及屋顶花园、公共设施等。

　　竹菊清训于 1971 年构想的夏威夷海上城市，以同心圆的空间结构组成。内侧一圈以高层单元组成中心区域，有旅馆、办公、居住、大学、商业、文娱设施职能；外侧用海洋博览会会场的空间来包围，其组成单元是广场。广场上部是薄膜结构的低层单元，伸入海面的撑柱部分装上消波装置。

黑川纪章的城市模式

　　黑川纪章提出的城市模式都是具有发展可能的开放型，或是单元化，或是留下发展的接头，即采用"基础结构"方式。农村城镇规划方案是一座 2000 人规模的农业城市，正方形，每边 500 米，以架空于地面之上的

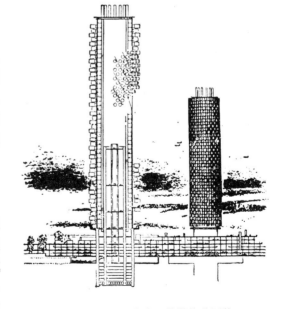

图 18-128　竹菊清训的塔状共同体

方格网状骨架作为基础结构。农业生产工作面（地面）与住宅间设"接触面"、住宅及小学等公共设施布置在这一平面上，使生产工作面与城镇分离开。

二、上天、入地、进山、下海

上天

建设摩天城堡曾是建筑师弗里斯奇蒙的一种奇想。他构思的摩天城堡高达 3000 米，可以居住 25 万人，占地面积只有 0.5 平方公里。在这座城堡里，居民们可以在这里工作和生活。

苏联建筑师格·波·波利索夫斯基提出了"吊"城，即"悬浮"建筑的方案（图 18-129）。他设想在城市用地上装置几百米高的垂直井筒，彼此间用空间网络联系起来。这类井筒和网络占有城市的全部面积，在空间的任何地方和任何状态中都可以悬挂所需要的一切，可以悬挂街道、房屋、花园、运动场地。城市也可以成为多层的。这是文艺复兴大师达·芬奇在其手稿中曾幻想过的。

图 18-129　波利索夫斯基设想的吊城

也有人建议在两山之间的峡谷建造悬吊挂复网城市。在两座山头上拉起超高强钢筋网，然后把各种轻质泡沫塑料楼房、玻璃钢楼房等，一个个悬挂在网上，这也是另一种形式的吊城。

据认为，名副其实的"天上居民点"将在下一世纪实现。第一批宇宙居民点将建在距地球和月球都为 40 万公里的地方。在这些点上两个星球的引力相互抵消，且不需要额外耗能来维持城市的运转。美国休斯敦大学正在设计可居住 100 人的宇宙村。美国普林斯顿大学的阿勒尔博士一直在主持进行一项空间居住区的研究计划，准备建立 1 万居民的自给空间体系。其内部类似于地球的环境，有陆地、水、动物和小溪，并将在特定区域内发展农业生产。美国航天局负责人还预计到 2060 年在火星上可以建立一个繁荣的有人的基地。

入地

有些学者认为，城市向地下发展，已逐渐成为城市发展的方向，未来的城市或许属于地下王国的。从现实情况看，美国堪萨斯市已由于开采石灰石矿遗留下来的许多巨大洞穴，已有三千多人在位于地下 100 ~ 200 米处的 170 家公司工作。美国明尼苏达大学已建成一幢离地 110 米深的地下摩天大楼。通过两个电控透镜跟踪太阳，将阳光反射和折射到所有的房间和空间，使地下居民所接触到的光线，和地面上毫无二致。科学家们又在设想，如何在地下空间中创造与自然环境接近的条件，使较多的植物能在地下空间中生长。

有些学者又认为，在可预见的将来中，城市地下空间将是这样一种景象：在地表以下10米左右的范围内，主要是商业空间和文娱空间，以及部分业务空间。在地下 10 ～ 50 米范围内，主要是交通空间和物流空间，以及一部分贮存空间。至于地表 30 ～ 50 米以下的深层地下空间，则应留给采用新技术的，为城市服务的新系统和新空间。

基于这种思想，尾岛俊雄建议在东京地下 50 ～ 100 米深处建造一条直径 11 米的共同沟干线。其中容纳以利用火电厂余热为主的区域供热系统、污水处理后重复使用的（饮用水除外）中水系统、垃圾运送和焚烧发电系统、电力供应和附设的余热回收系统以及信息传递（通信）系统等。在东京几个主要区域形成一个地上使用、地下输送和处理的再循环系统。这种构想是利用地下空间将开放式的自然循环系统变为封闭式的再循环系统，被称为集积回路（Integrated Urban Circuit）。

进山

进山建设，古已有之。古代约旦人在崇山峻岭中雕凿出辉煌的岩石要都——佩特腊王城，至今仍为中东文明的见证。近十多年来，法国与瑞士交界的卢瓦尔峡谷地区，洞穴生活再度时兴，不少旅馆、公寓、住宅都纷纷建造在山洞内。由于这一带山区空谷能满足田园生活的猎奇，不少居民前来定居。

地球表面，有许多地方被高山占据。与建筑上天、入地、下海的同时，人类亦将运用先进的科学技术成就来探索未来城市进山的新途径。

下海

70 年代初，美国建筑师富勒（B. Fuller）设想的海上城市（图 18-130），有 20 层高，可漂浮于 6 ～ 9 米深的港湾或海边，与陆上可有桥连通。这是一个四面体，成上小下大的锥形。所有机械设置都位于底层，商业中心与公共设施位于四面体内部，网球场与其他运动设施在上层甲板。海上城市人口 15000 ～ 30000 人，以 3 ～ 6 个邻里单位组成，并可设置无害轻工业厂房。预制定型房屋可插入钢或钢筋混凝土四面体上。富勒的另一个设想方案是一个四面锥体，可容 100 万人口。由于四面体的基础是钢筋混凝土空心箱形结构，可在海上浮游，可停泊与锚住于海上任何地方。

日本于 70 年代初提出建立海底城市的设想。其方案之一是由许多圆柱体城市单元组成一个城市整体。每个圆柱体城市单元与其他单元的连接采用自动步行装置以及运输交通轨。城市单元突出海面的大平台（图 18-131）供直升机升降与轮船泊岸。医院与老人住宅设在上层近海岸处，学校与办公楼位于圆柱体中部，突出海面布置的少数高级住宅，能享受到阳光与自然空气。海底城市的水（海水淡化）以及能源（海底电站）都可以自给，食物也大部分可自给。

1983 年一个建设"巨大的海上信息城"的研究开发计划在日本政界、财界、学界的合作下开始制定。它被称为日本"新的建国计划"，作为 21 世纪的宏伟蓝图而引人注目。这个海洋城市的构思方案是由日本工程师寺井精英提出来的。建成后可使用海上新干线气垫船把东京都中心区与海洋城市连接在一起。最佳居住人口为 60 万。

这个构思中的海洋城市（图 18-132）须从坐落在水深 100 米的海底建立起一万座桥墩以支撑边长 5 公里、高度为 4 层的正方体基础结构。4 层结构的平台的层间距离为 20 米，最下一层与海面之间也相距 20 米。这样，构造物就像是一座在海面以下 100 米和海面以上100 米、5 公里见方的巨大建筑物。

图 18-130　富勒设想的海上城市　　　　图 18-131　日本设想的海底城市突出
　　　　　　　　　　　　　　　　　　　　　　　　海面的大平台

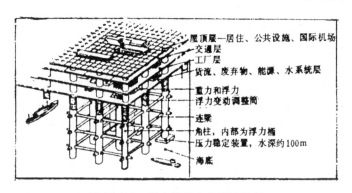

图 18-132　日本构思中的海洋城市

　　海洋城市的第一层设有各种机构的办公大楼、新鲜物质交易中心、废弃物再处理的循环系统、能源供应设施。第二层是工业区，在这里林立着各种尖端的企业群。第三层里设有设备齐全的新城市交通系统。第四层设有居住、公共设施和国际机场。整个城市能经得起波浪的压力和地震的震动。

　　日本的另一项建造完成期限为 2000 年的宏伟计划是"建设人工岛以倍增国土"计划。这项计划的主要内容是，在日本周围的海上填造 114 万公顷的土地作为建设、生产和游憩用地。

三、生　态　城　市

　　借助生态学过程的类比，来解释人类的种种居住模式及其演进，至少在 20 世纪的 20 年代就有过。60 年代初，意大利建筑师索莱利（Paolo Soleri）曾设计出"仿生城市"。他建议建造大树状的巨型结构，以植物生态形象模拟城市的规划结构，把城市各组成要素如居住区、商业区、无害工业企业、街道广场、公园绿地等里里外外、层层叠叠地密置于此庞然大物中。1968 年索莱利规划的仿生城市（图 18-133）其中间主干为公共建筑与公共设施以及公园。从主干向周围悬挑出来的是四个层次的居住区。空气和光线通过气候调节器透入中间主干。居住区部分悬挑出来的平台花园可接触天然空气阳光。

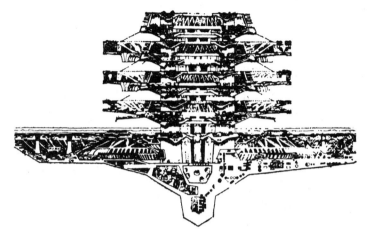

图 18-133　索莱利设想的仿生城市

　　建筑生态学是以索莱利所谓的"微缩化"为基础的。"微缩化"就是把土地、资源和能源紧密地结合在一起。1965 年索莱利设想了一种圆形"微缩化"城市，命名为 Babel ll D（图 18-134）。他于 1971 年又以贝勃尔诺（Babelnoah）命名，构思出一座可居住 600 万人口的多功能超巨型摩天楼生态城市。这是一种对特大城市进行"微缩"，像大规模集成电路那样紧凑高效的"集成化"城市。

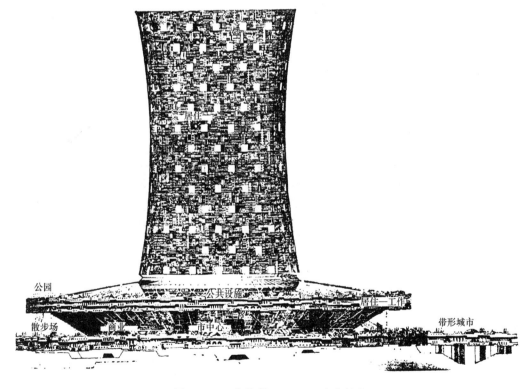

图 18-134　索莱利 Babel ll D 生态城市

阿科桑底（Arcosanti）（图18-135、图18-136）是索莱利的"建筑生态学"的一个实例，它于70年代已开始施工，估计80年代能完成附属工程，90年代将进行主体部分的施工。全部工程希望在公元2000年竣工。

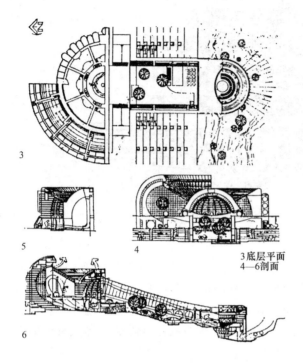

图 18-135　索莱利阿科桑底仿生城市平剖面

该工程位于美国亚利桑那州、凤凰城北112公里处一块344公顷的土地上。整个城市为一座巨大的25层、高75米的建筑物，可居住5000人。楼内设有学校、商业中心、轻工业、剧院、博物馆和图书馆等。在建筑下面有占地1.74公顷的大片暖房倾斜而下。城市建筑和暖房用地仅占5.6公顷，其余的338.4公顷土地则用来作为种植农作物和文化娱乐之用，成为环绕城市的绿带。

索莱利认为，阿科桑底将显示出人类可以和自然共同生活而不引起伴随现代城市环境而来的对自然破坏和浪费。城市用地仅为一个5000人标准城市所需用地的2%。在城市内部没有汽车。几乎阿科桑底全部的食物、热源、冷源和生活需要都可以通过建筑设计和运用某些物理学的效应而得到。这个城市在食品和能源的供应方面将是自给自足的。

索莱利认为阿科桑底是他理想中的未来城市的最好体现。这个试验也曾被社会人士誉为"未来城镇的典范"，人们正注视着它的进展。

图 18-136　索莱利阿科桑底仿生城市部分建成区

主 要 参 考 书 目

Benevolo，Leonardo：《The History of the City》，London，Scolar Press，1980。

Mumford，Lewis：《The City in History：Its Origins，Its Transformations，and Its Pro-spects》，San Diego：A Harvest/HBJ Book，1961。

А. В. Бунин，Т. Р. Саваренская：《История Градостроительного Искусства》 В Двух ТоМах，Москва Стройиздат，1979。

Morris A. E. J：《History of Urban From：Before the Industrial Revolution》，New York，Wiley，1979。

Сава，ренская：《Истории Градосроительного искусства》。

Gallion，Arthur B：The Urban Pattern：《City Planning and Design》，Eisner，Simon，Jt. Auth. N. Y. Van Nostrand Reinhold Co.，1986。

Korn：《History Builds the Town》，London，Lund Humphries，1953。

Hirons：《Town Planning in History》，George G Harrap & Co Ltd.，London，1956。

Burke，Gerald：《Towns in the Making》，London，Edward Arnold，1971。

Benevolo，Leonardo：《The Origins of Modern Town Planning》，Cambridge M. I. T，1967。

Magnago Lampugnani，Vittorio：《Architecture and City Planning in the Twentieth Century》 N. Y. Van Nostrand Reinhold Co.，1985。

Bacon，Edmund N《Design of Cities》，Penguin Books，1974。

Whittick，Arnold：《Encyclopedia of Urban Planning》 1973，McGraw Hill，U. S. A。

Gutkind，E. A 《International History of City Development》。

Benevolo Leonardo：《History of Modern Architecture》，London，Routledge & Kegan Paul，2 vols.，1971。

Giedion，Sigfried：《Space，Time and Architecture：The Growth of a New Tradition》，Cambridge，Harvard Univ.，1982。

Johnston，Norman J.《Cities in the Round》，Seattle，Univ. of Washington Press，1983。

Jencks，Charles《Modern Movements in Architecture》，Anchor Books Edition，N. Y. Anchor Press，1973。

Frampton，Kenneth：《Modern Architecture：A Crifical History》，London，Thames and Hudson Ltd.，1980。

Stierlin，Henri：《Encyclopedia of World Architecture，London，McMillan Press，1977，2 vols. 。

Galantay，Ervin Y.《New Towns：Antiquity to the Present》，New York，George Braziller，1975。

Jencks，Charles《Architecture 2000；Predictions and Methods》，N. Y. Praeger Pub.，1971。

《The Future of Urban Form：The Impact of New Technology》 Edited by John Brotchie et al.，London，Croom Helm，1985。

Я. КОУЭНА П：《Будущее Планировки》，1976。

Wall D. R.《Visionary Cities：The Arcology of Paolo Soleri》 1971，Praeger，U. S. A. 。

Ward-Perkins，J. B《Cities of Ancient Greece and Italy：Planning in Classical Antiquity》 N. Y. George Braziller，1974。

Doxiadis：《Architectural Space in Ancient Greece》，Cambridge，M. I. T. 1972。

Howard E：《Garden Cities of Tomorrow》，Faber and Faber，London，1946。

Wright，F. L：《When Democracy Builds》，Univ of Chicago Press，Chicago，1945。

Golany G：《New Town Planning：Principles and Practice》Wiley-Interscience，U. S. A.。

Sarin，Madhu：《Urban Planning in the Third World：The Chandigarh Experience》，London，Mansell Pub.，1982。

Rowe Colin and Koetler，Fred：《Collage City》，Cambridge M. I. T. Krier，Rob：《Urban Space（Stadraum）》，N. Y. Rizzoli，1979。

Osborn，F. J：《The New Towns，the Answer to Megalopolis》，1963。

Rossi，Aldo：《The Architecture of the City》。

Rasmussen，Steen Eiler：《Villes et Architecture》。

Krier，Rob：《L'Espace de la Ville》。

Catanese and Snyder：《Introduction to Urban Planning》。

Jacobs，Jane：《The Life and Death of Great American Cities》，Jonathan Cape，1961。

French，Jere Stuart：《Urban Space：A Brief History of the City Square》，Dubuque：Kendall Hunt Pub. Co.，1983。

Gruen，Victor and Smith，Larry：《Shopping Towns U. S. A》。

Restone：《The New Downtowns：Rebuilding Business Districts》Mc Graw Hill，1976。

Uhlig，Klaus：《Pedestrian Areas，From Malls to Complete Networks》N. Y. Architectural Book Pub. Co.，1979。

日本建筑学会:《建筑设计资料集成 5》，丸善株式会社，1972。

朱自勋:《城市更新，理论与范例》，台北，台隆书店，1982。

同济大学等:《外国近现代建筑史》，中国建筑工业出版社，1982。

陈志华:《外国建筑史》（十九世纪末叶以前），中国建筑工业出版社，1979。

张承安:《城市发展史》，武汉大学出版社，1985。

吉伯德等著，程里尧译:《市镇设计》，中国建筑工业出版社，1983。

奥斯特罗夫斯基著，冯文炯等译:《现代城市建设》，中国建筑工业出版社，1986。

鲍尔著，倪文彦译:《城市的发展过程》，中国建筑工业出版社，1981。

霍尔:《世界大城市》，中国科学院地理所译，中国建筑工业出版社，1982。

霍尔著，邹德慈、金经元译:《城市与区域规划》，中国建筑工业出版社，1985。

《城市规划译文集 I》，中国建筑工业出版社，1981。

《城市规划译文集 II》，中国建筑工业出版社，1983。

沙里宁著，顾启源译:《城市：它的发展、衰败与未来》，中国建筑工业出版社，1986。

宋俊岭、陈占祥:《国外城市科学文选》，贵州人民出版社，1984。

竹菊清训:《城市规划与现代建筑》，上海翻译出版公司，1987。

李哲之等:《国外住宅区规划实例》，中国建筑工业出版社，1981。

格、波、波利索夫斯基著，陈汉章译:《未来的建筑》，中国建筑工业出版社，1979。

图书在版编目（CIP）数据

外国城市建设史 / 沈玉麟编. —北京：中国建筑工业出版社，
1989（2025.6重印）

高等学校教学用书

ISBN 978-7-112-00856-8

Ⅰ. 外… Ⅱ. 沈… Ⅲ. 城市建设—城市史—外国—高等学
校—教材 Ⅳ. TU984

中国版本图书馆 CIP 数据核字（2005）第 026784 号

本书分别从古代、中古、近代及现代四个历史时期阐述了外国城市建设的发展过程与特点。作者在参考大量文献的基础上，结合各时期的社会背景，对各国的城市建设理论以及城市建设实践作了科学的评介。全书内容翔实，实例丰富，图文并茂。本书为高等学校教学用书，可供大专院校城市规划专业和建筑学专业教学用，也可供从事城市规划和建筑设计的专业人员参考。

高 等 学 校 教 学 用 书

外 国 城 市 建 设 史

沈玉麟 编

*

中国建筑工业出版社出版、发行（北京海淀三里河路9号）

各地新华书店、建筑书店经销

北京建筑工业印刷厂制版

建工社（河北）印刷有限公司印刷

*

开本：787毫米×1092毫米　1/16　印张：18½　字数：444千字

1989年12月第一版　　2025年6月第五十七次印刷

定价：**25.00**元

ISBN 978-7-112-00856-8

（14846）